高等学校计算机应用规划教材

Visual FoxPro 程序设计基础(第二版)

宋耀文 主编

郭轶卓　张广玲　贾仁山　副主编

清华大学出版社

北　京

内 容 简 介

本书是根据教育部高教司关于非计算机专业计算机基础教育的指导性意见，并依据全国计算机等级考试二级(Visual FoxPro)考试大纲要求，结合目前我国高等院校计算机课程开设的实际情况，融合编者多年从事计算机教学的实际经验编写而成的。

本书内容涵盖了全国计算机等级考试二级 Visual FoxPro 6.0 大纲要求的相关内容，包括数据库系统的基本理论知识、Visual FoxPro 基本操作、表的维护及基本应用、Visual FoxPro 数据库及其操作、程序设计基础、SQL、面向对象与表单设计、查询与视图、报表设计、菜单设计、项目管理器等相关知识。书后配有常用文件类型、常用命令、常用函数、全国计算机等级考试二级考试 Visual FoxPro 数据库程序设计考试大纲、模拟试卷及参考答案等丰富的资料内容。

为了方便读者学习，本书配有《Visual FoxPro 程序设计基础实验与习题(第二版)》一书。本书对应的电子教案可以到 http://www.tupwk.com.cn 网站下载。

图书在版编目(CIP)数据

Visual FoxPro 程序设计基础/宋耀文 主编. —2 版. —北京：清华大学出版社，2016（2023.1 重印）
(高等学校计算机应用规划教材)
ISBN 978-7-302-44062-8

Ⅰ. ①V… Ⅱ. ①宋… Ⅲ. ①关系数据库系统—程序设计—高等学校—教材 Ⅳ. ①TP311.138

中国版本图书馆 CIP 数据核字(2016)第 128017 号

责任编辑：胡辰浩　袁建华
装帧设计：孔祥峰
责任校对：成凤进
责任印制：曹婉颖

出版发行：清华大学出版社
网　　址：http://www.tup.com.cn，http://www.wqbook.com
地　　址：北京清华大学学研大厦 A 座　　**邮　　编：**100084
社 总 机：010-83470000　　**邮　　购：**010-62786544
投稿与读者服务：010-62776969，c-service@tup.tsinghua.edu.cn
质 量 反 馈：010-62772015，zhiliang@tup.tsinghua.edu.cn
课 件 下 载：http://www.tup.com.cn，010-83470236

印 装 者：三河市龙大印装有限公司
经　　销：全国新华书店
开　　本：185mm×260mm　　**印　张：**17.75　　**字　　数：**443 千字
版　　次：2014 年 12 月第 1 版　2016 年 6 月第 2 版　　**印　　次：**2023 年 1 月第 6 次印刷
定　　价：58.00 元

产品编号：068643-03

前　言

Visual FoxPro是目前应用比较广泛的一种小型数据库管理系统编程开发语言工具，它将可视化、结构化、过程化和面向对象程序设计技术有机地结合为一体，极大地简化了应用程序的开发方法和开发过程。Visual FoxPro版本很多，且还在不断推出新的版本，本书旨在以Visual FoxPro 6.0为背景，淡化版本意识，重点介绍数据库系统的基本概念、基本原理；讲解Visual FoxPro的基本操作方法及其功能和应用。本书是根据教育部高教司关于非计算机专业计算机基础教育的指导性意见，并依据全国计算机等级考试二级(Visual FoxPro)考试大纲要求，结合目前我国高等院校计算机课程开设的实际情况，融合编者多年从事计算机教学的实际经验编写而成的，内容涵盖了全国计算机等级考试二级 Visual FoxPro 6.0大纲要求的相关内容。

全书共分9章，由宋耀文担任主编。各章主要编写人员如下。

全书由宋耀文副教授统稿、审校。

第1章 数据库系统基础由宋耀文编写。

第2章 数据库与表的基本操作由宋耀文编写。

第3章 程序设计基础由宋耀文编写。

第4章 关系数据库标准语言SQL由郭轶卓编写。

第5章 表单设计与应用由郭轶卓编写。

第6章 查询与视图由贾仁山编写。

第7章 报表由贾仁山编写。

第8章 菜单设计由张广玲编写。

第9章 项目管理器由张广玲编写。

附录A~E由宋耀文编写。

本书内容安排合理，讲解通俗透彻，注重系统性和实践性，适合作为高等院校非计算机专业教材和计算机等级考试用书，也适合作为从事利用Visual FoxPro 6.0进行程序设计的专业或非专业初、中级开发人员及各类培训班学员的参考书。

除封面署名的作者外，参加本书编写的人员还有邓博巍、王振航、付艳平、隋文轩、王文娟、化小强、刘洪利、何忠志、康龙、单玲、李青宇、刘甦、王丽梅、袁博、李雪、李继梅、孙大伟、郑佳明、张成海、王铁男、李岩书、杨延博、张立森、马冠宇等，在此深表感谢。

为了方便读者学习，本书配有《Visual FoxPro 程序设计基础实验与习题(第二版)》一书。

由于编者水平有限，书中的疏漏或错误之处在所难免，敬请广大读者批评指正。我们的电话是 010-62796045，信箱是 huchenhao@263.net。

本书对应的电子教案可以到 http://www.tupwk.com.cn 网站下载。

编 者

2016 年 6 月

目　录

第1章　数据库系统基础

本章将介绍有关数据库的一些基本概念和关系型数据库设计的基础知识，掌握这些内容是学好、用好 Visual FoxPro(简称 VFP)的必要前提条件。

学习目标：

- 理解数据库、数据库系统、数据库管理系统的概念
- 掌握数据模型的概念、数据模型的分类及特点
- 掌握数据库系统的组成和特点，特别是关系数据库的特点
- 熟练掌握关系数据库的相关运算

1.1　数据库系统知识概述

信息在现代社会和经济发展中所起的作用越来越大，信息资源的开发和利用水平已成为衡量一个国家综合国力的重要标志之一。在计算机的三大主要应用领域(科学计算、数据处理和过程控制)中，数据处理是其中较为重要的一部分。数据库技术就是作为数据处理中的一门技术而发展起来的。

1.1.1　数据库系统的有关概念

数据库系统涉及许多基本概念，主要包括：数据、数据库、数据库管理员和数据库系统等。

1. 数据

数据(Data)是指描述事物的具体符号记录。数据的概念包括两个方面：其一是，描述事物特性的数据内容(值)；其二是，存储在某一种媒体上的数据形式(型)。由于描述事物特性必须借助一定的符号，这些符号就是数据形式。数据形式可以是多种多样的。例如，某人的出生日期是“1998 年 7 月 27 日”，当然也可以将该形式改写为“07/27/98”，但其含义并没有改变。

在数据处理领域，数据的概念已经大大地拓宽了。数据不仅仅指数字、字母、文字和其他特殊字符组成的文本形式的数据，还包括图形、图像、动画、影像和声音(包括语音、音乐)等多媒体数据。

2. 数据库

数据库(DataBase)是指在数据库系统中以一定的方式将相关数据组织在一起，存储在外

存储设备上形成的、为多个用户共享、与应用程序相互独立的相关数据集合。数据库不仅包括描述事物的数据本身，而且还包括相关事物之间的联系。

3. 数据库管理员

数据库管理员(DataBase Administrator，简称 DBA)是负责全面管理和实施数据库控制及维护的技术人员。

4. 数据库系统

数据库系统(DataBase System，简称 DBS)是一种实现有组织地、动态地存储大量相关数据，提供数据处理和信息资源共享的有力手段。数据库系统一般由计算机硬件系统、数据库集合、数据库管理系统、相关软件和用户这 5 部分组成。

(1) 计算机硬件系统

计算机硬件系统(Hardware)是数据库系统赖以存在的物质基础，是存储数据库及运行数据库管理系统的硬件资源系统。

(2) 数据库集合

数据库集合指存储在计算机外存设备上的满足用户应用需求的数据库。

(3) 数据库管理系统

数据库管理系统(DataBase Management System，简称 DBMS)是用于建立、使用和维护数据库的系统软件。数据库管理系统提供对数据库中数据资源进行统一管理和控制的功能，将用户应用程序与数据库数据相互隔离。它是数据库系统的核心，其功能的强弱是衡量数据库系统性能优劣的主要指标。VFP 就是一款典型的数据库管理系统。

(4) 相关软件

相关软件包括操作系统、应用开发工具软件、计算机网络软件等，通常大型数据库系统都是建立在多用户系统或网络环境中的。

(5) 用户

用户是指管理、开发、使用数据库系统的所有人员，通常包括数据库管理员和终端用户。数据库管理员是对数据库系统进行管理和控制的相关人员，DBA 具有最高的数据用户权利，负责管理数据库系统；终端用户(End-User)是在 DBMS 与应用程序的支持下，操作使用数据库系统的使用者。大多数用户都属于终端用户。在小型数据库系统中，特别是在微机上运行的数据库系统中，通常 DBA 就是终端用户。

1.1.2　数据库系统的发展

计算机数据管理随着计算机硬件、软件技术和计算机应用范围的发展而不断发展，数据库技术的发展也使数据处理进入了一个崭新阶段。根据计算机所提供的数据独立性、数据共享性、数据完整性、数据存取方式等水平的高低，计算机数据管理主要经历了人工管理、文件系统、数据库系统、分布式数据库系统和面向对象数据库系统等几个阶段。

1. 人工管理阶段

20 世纪 50 年代中期以前，计算机主要用于科学计算，计算处理的数据量比较小，数据管理处于人工管理阶段。

这一时期计算机数据管理的特点是：数据管理没有统一的数据管理软件，也没有像磁盘这样的外存储设备，对数据处理没有一定的格式。在这一阶段，对数据的管理是由编程人员个人考虑和安排的，程序和数据是一个整体；数据是面向应用程序的，不具有独立性，一组数据只能对应一个应用程序，数据不能共享；数据不能长期保存，程序运行结束后就退出计算机系统；一个程序中的数据不能被其他程序应用，所以程序与程序之间存在着大量的重复数据，称为数据冗余。

2. 文件系统阶段

从 20 世纪 50 年代后期到 20 世纪 60 年代中后期，数据管理进入了文件系统阶段。随着操作系统的产生和发展，程序设计人员可以利用操作系统提供的文件系统功能，将数据的内容、结构及作用等组成若干相互独立的数据文件。

这一时期计算机数据管理的特点是：在文件系统中，文件系统为程序和数据提供了一个公共接口，所以应用程序可以采用统一的存取方法来存取数据，程序和数据之间具有相对的独立性。也就是数据不再属于某个特定的应用程序，数据可以重复使用；程序和数据分开存储，有了程序文件和数据文件的区别；数据可以长期保存在外存储器上，被多次存取。

虽然用文件系统管理数据已有了长足的进步，可是，同一数据项可能重复出现在多个文件中，导致数据冗余度大。这不仅浪费存储空间，增加更新开销。更严重的是，由于不能统一修改，容易造成数据的不一致性。由于文件系统没有统一的模型来存储数据，仍有较高的数据冗余，而且文件系统存在的这些问题已经不能满足日益增长的信息需求，由此数据库系统就产生了。

3. 数据库系统阶段

从 20 世纪 60 年代后期开始，伴随着计算机系统性价比的持续提高，软件技术不断发展，为实现计算机对数据的统一管理，达到数据共享的目的，数据库系统应运而生。数据库系统克服了文件系统的不足，将数据管理技术推向了数据库管理阶段。数据库管理系统运用数据库技术进行数据管理。

这一时期计算机数据管理的特点是：数据库技术使数据有了统一的结构，对所有的数据实行统一管理，提高了数据的共享性，使多个用户能够同时访问数据库中的数据，提高了数据管理效率；减小了数据的冗余度，以提高数据的一致性和完整性；有较高的数据独立性，从而减小应用程序的开发和维护代价；为用户提供了方便的用户接口。

数据库也是以文件方式存储数据的，但它是数据的一种高级组织形式。在应用程序和数据库之间，由 DBMS 把所有应用程序中的相关数据汇集起来，按统一的数据模型存储在数据库中，为各个应用程序提供方便、快捷的查询和调用方式。

4. 分布式数据库系统

在 20 世纪 70 年代后期以前，数据库系统大多数是集中式的，网络技术的发展为数据库提供了分布式运行环境。分布式数据库系统是数据库技术和计算机网络技术紧密结合的产物。数据库技术与网络技术的结合分为紧密结合与松散结合这两大类。因此，分布式数据库系统分为物理上分布、逻辑上集中的分布式数据库结构和物理上分布、逻辑上分布的分布式数据库结构这两种。

5. 面向对象数据库系统

直接面向对象数据库系统是 20 世纪 80 年代引入计算机科学领域的一种新型设计程序数据库。它的发展非常迅速，深刻影响着计算机科学及其应用的各个领域。

直接面向对象的数据库是数据库技术与面向对象程序设计相结合的产物。VFP 不但支持标准的过程化程序设计，还提供了面向对象程序设计的强大功能和灵活性。

1.1.3 数据库系统的特点

数据库系统具有如下特点。

1. 具有统一的数据控制功能

多个用户可以同时使用一个数据库。DBMS 必须提供必要的保护措施，包括并发访问控制、安全性控制和完整性控制。

- 并发访问控制：当多个用户的并发进程同时存取、修改数据库时，必须对用户的并发操作予以控制。
- 安全性控制：数据库系统有一套安全保护措施，以防止不合法的使用造成数据的泄密。
- 完整性控制：完整性是指数据的正确性、有效性和相容性。系统不但提供必要的功能以保证数据库中的数据在输入、修改时符合原来的定义，而且还提供了相应机制，在计算机系统发生故障时可以将数据恢复到正常状态。

2. 具有较高的数据独立性

在数据库系统中，数据与应用程序之间的相互依赖性大大减小，数据的修改对程序不会产生大的影响。因此，数据库系统具有较高的数据独立性。用户只需要用简单的逻辑结构来操作数据，不需要考虑数据在存储器上的物理位置与结构。

3. 采用特定的数据模型

数据库中的数据是有结构的，这种结构由数据库管理系统所支持的数据模型表现出来。因此，任何数据库管理系统都支持一种抽象的数据模型。

4. 实现数据共享，减少数据冗余

数据库可以被多个用户或应用程序共享，多个用户可以同时使用一个数据库，这是数据库系统最重要的特点。在数据库系统中，通过 DBMS 来统一管理数据。数据库中的数据集中管理，统一组织、定义和存储，可以避免不必要的冗余，所以也避免了数据的不一致性。

在建立数据库时，应当以面向全局的观点组织数据库中的数据。

1.2 数据模型

1.2.1 数据模型的基本概念

在现实世界中，事物和事物之间存在着联系。这种联系是客观存在的，并且是由事物本身的性质所决定的。从而，引出实体的概念与描述如下。

1. 实体

客观存在、可以相互区别的事物称为实体。实体既可以是具体的对象，也可以是抽象的对象。例如，电脑、学生等客观存在的物和人，订货、比赛等比较抽象的对象都是实体。

2. 实体的属性

描述实体的特性称为属性。例如，工人实体用工作编号、姓名、性别等若干个属性来描述；图书实体用总编号、分类号、书名、作者、单价等多个属性来描述。

3. 实体集和实体型

属性值的集合表示一个实体，而属性的集合表示一种实体的类型，称为实体型。同类型的实体的集合称为实体集。

注意：

在Visual FoxPro中，用表来存放同一类实体，即实体集，如学生表、图书表等。Visual FoxPro的一个表包含若干个字段，表中所包含的字段就是实体的属性。字段值的集合组成表中的一条记录，代表一个具体的实体，即每一条记录都表示一个实体。

1.2.2 实体间联系

实体与实体之间相对应的关系称为联系，它反映了现实世界事物之间的相互关联。例如，一位乘客可以乘坐若干辆汽车，同一辆汽车也可以被若干个乘客乘坐。

实体间联系的种类是指一个实体型中可能出现的每一个实体与另一个实体型中多少个具体实体存在联系。实体间的联系可以归结为以下3种类型。

1. 一对一联系

在VFP中，一对一联系(One-to-One Relationship)表现为表A中的一条记录在表B中只有一条记录与之对应。例如，考查公司和董事长这两个实体型，如果一个公司只有一个董事长，一个董事长也不能同时在其他公司再兼任董事长，这种情况下公司和董事长之间存在一对一联系(简记为1:1)。

2. 一对多联系

在VFP中，一对多联系(One-to-Many Relationship)表现为表A中的一条记录在表B中可以有多条记录与之对应，但表 B 中的一条记录最多只能有一条与表 A 中的记录相对应。例如，考查部门和职工两个实体型，一个部门有多名职工，而一名职工只能在一个部门就职，则部门与职工之间就存在一对多联系(简记为 1:m)。

注意：

一对多联系是最普遍的联系，也可以把一对一联系看做一对多联系的一种特殊情况。

3. 多对多联系

在 VFP 中，多对多联系(Many-to-Many Relationship)表现为表 A 的一条记录在表 B 中有多条记录相对应，而表 B 中的一条记录在表 A 中也可以有多条记录相对应。例如，考查学生和课程两个实体型，一个学生可以选修多门课程，一门课程也可以由多个学生选修，则学生和课程间存在多对多联系(简记为 m:n)。

1.2.3 数据模型

数据模型是在数据库领域中定义数据及其操作的一种抽象表示。

数据库不仅可以用来管理数据，而且要使用数据模型表示出数据之间的联系。因此，数据模型是数据库管理系统用来表示实体及实体间联系的一种方法。数据模型主要有以下 3 种。

1. 层次模型

用树形结构表示实体及其实体间联系的模型称为层次模型。支持层次模型的 DBMS 称为层次数据库管理系统。在这种系统中建立的数据库是层次数据库，它体现了实体间的一对多联系，不能直接表现出多对多联系。

层次模型的特点如下。

- 有且仅有一个结点无向上(无双亲)的联系，称为根结点。
- 除根以外的其他结点有且仅有一个向上(双亲)的联系。
- 层次分明，结构清晰，反映一对多联系。

层次模型如图 1-1 所示。

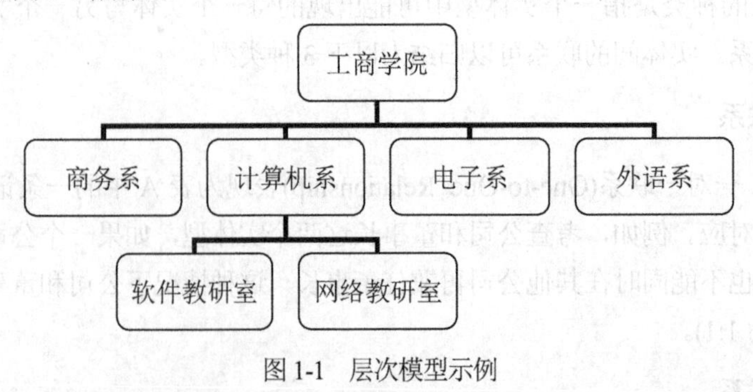

图 1-1　层次模型示例

2. 网状模型

利用网状结构表示实体及其之间联系的模型称为网状模型。网状模型体现了实体间的多对多联系，但数据结构复杂。

网状模型的特点如下。

- 有一个以上的结点无向上(无双亲)的联系。
- 一个结点可有多个向上的联系。
- 表达能力强，反映多对多的联系，结构复杂。

图1-2所示为一个简单的学生选课网状模型，表示了某学校的教师、学生、课程和选课之间的联系。

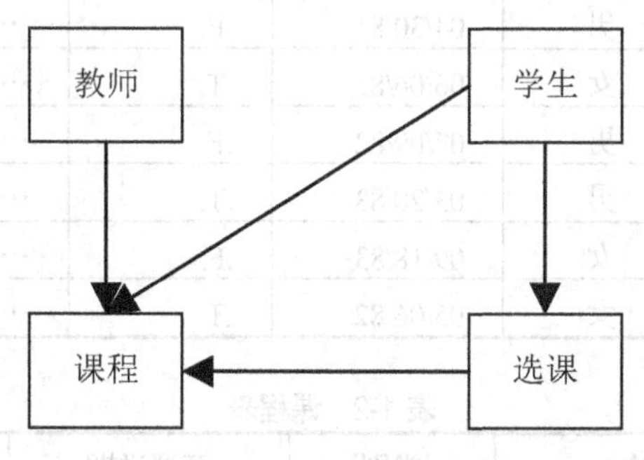

图1-2 网状模型示例

3. 关系模型

用二维表结构来表示实体间联系的模型称为关系模型。相对于层次模型和网状模型数据库，关系型数据库属于较新的数据库类型。其本质区别在于数据描述的一致性，模型概念比较单一。

在关系型数据库中，每一个关系都是一个二维表，无论实体本身还是实体间的联系均用称为“关系”的二维表来表示，使描述实体的数据本身能够自然地反映它们之间的联系。

关系型数据库有完备的理论基础、简单的模型、说明性的查询语言和使用方便等诸多优点。

1.3 关系数据库

从20世纪80年代以来，新推出的数据库管理系统几乎都支持关系模型，VFP就是一种关系型数据库管理系统。

1.3.1 基本概念

1. 关系术语

一个关系是由一个二维表来定义的，一个“表”就是一个关系。也可以说，关系型数据库是由若干表格组成的。在这些表格中，每行代表着一条记录，而每列则代表着该表存在的不同属性。

例如，表 1-1、表 1-2 和表 1-3 描述了学生综合信息管理系统中的部分数据。

表 1-1　学生表

学号	姓名	性别	出生日期	是否党员		入学成绩
0304030101	张梦婷	女	10/12/82	.T.	……	500
0304030102	王子奇	男	05/25/83	.F.	……	498
0304030103	平亚静	女	09/12/83	.F.	……	512
0304030104	毛锡平	男	06/23/82	.T.	……	530
0304010105	宋科宇	男	04/30/81	.F.	……	496
0303020101	李广平	女	06/06/82	.T.	……	479
0303020202	周磊	男	07/09/82	.F.	……	510
0303030101	李文宪	男	03/28/83	.T.	……	499
0303030102	王春艳	女	09/18/83	.F.	……	508
0403030201	王琦	女	05/06/82	.T.	……	519

表 1-2　课程表

课程号	课程名	类别	开课学期	学时	学分
0101	微积分	1	1	96	4
0102	线性代数	2	2	32	2
0103	大学物理	4	1	64	3
0401	英语	1	1	96	4
0303	数据库	1	2	64	4
0201	财务管理	3	1	32	2
0106	计算机计算	1	1	64	3
0301	数据结构	2	3	64	3
0302	操作系统	2	4	64	3
0403	日语	4	2	64	3

表 1-3　成绩表

学号	课程号	成绩
0303010105	0101	88.00
0303010105	0401	76.00
0303010105	0301	91.00
0303020101	0101	81.00
0303020101	0403	62.00
0303020202	0301	83.00
0303020202	0401	58.00
0303030101	0102	69.00
0303030102	0102	79.00

下面以表 1-1 至表 1-3 为例，介绍关系模型中所涉及的一些基本概念。

(1) 关系：一个关系就是一个二维表，每个关系有一个关系名，表 1-1、表 1-2 和表 1-3 分别是一个关系。

(2) 元组：关系中的每一行称为一个元组。在 Visual FoxPro 中，一个元组对应表中的一条记录，如表 1-1 的一个学生记录即为一个元组。

(3) 属性：关系中的每一列称为属性，如表 1-1 中有 13 个属性(学号，姓名，性别，是否党员，出生日期，籍贯，地址，邮编，个人简介，照片，院系代码，专业代码，入学成绩)。每一个属性都有属性名和属性值。在 Visual FoxPro 中，一个属性对应表中的一个字段，属性名对应字段名，属性值对应字段值。

(4) 域：属性的取值范围，如性别的域是(男，女)。

(5) 分量：每一行对应的列的属性值，即为元组中的一个属性值。

(6) 关键字：能唯一标识一个元组的属性或属性集，如表 1-1 的“学号”可唯一标识每个学生；表 1-2 的“课程代码”可唯一标识每一门课；表 1-3 的“学号”和“课程代码”可唯一标识一个学生一门课程的成绩。有时一个表可能有多个关键字。例如，表 1-1 中，如果姓名不允许重名，则“学号”、“姓名”均是关键字。对于每一个关系，通常可指定一个关键字作为“主关键字”。

注意：

关键字的属性值不能取“空值”。

(7) 外部关键字：关系中某个属性或属性集不是该关系的关键字，而是另一个关系的主关键字，则此属性或属性集称为外部关键字，如成绩表中的学号是成绩表中的外部关键字。

(8) 关系模式：关系模式是对关系的描述，一个关系模式对应一个关系的结构，一般表示为“关系名(属性名 1，…，属性名 n)”。在 Visual FoxPro 中表示为表结构，即“关系名(字段名 1，…，字段名 n)”。在关系模式中，一般用下划线标出主关键字。设表 1-1 的名字为学生表，关系模式可表示为“学生表(学号，姓名，性别，是否党员，出生日期，籍贯，地址，邮编，个人简介，照片，院系代码，专业代码，入学成绩)”。设表 1-2 的名字为课程表，关系模式可表示为“课程表(课程代码，课程名，类别，开课学期，学时，学分)”。设表 1-3 的名字为成绩表，关系模式可表示为“成绩表(学号，课程代码，成绩)”。

关系是关系模式在某一时刻的状态或内容，它随元组的建立、删除或修改而变化。但实际上，人们常常把关系模式和关系统称为关系，读者可以通过上下文加以区别。

基于关系模型建立的数据库就是关系数据库。在 Visual FoxPro 中，把相互之间存在联系的表放到一个数据库中统一管理。例如，在学生综合信息数据库中可以加入学生表、课程表、成绩表等。

2. 关系的特点

尽管关系与二维表格非常类似，但它们之间又有重要的区别。在关系模型中，对关系有一定的要求，关系必须具有以下特点。

(1) 每个属性必须是不可再分的，即不允许表中含表。

(2) 在同一个关系中不能出现相同的属性名，Visual FoxPro 不允许同一个表中有相同的字段名。

(3) 在同一个关系中不允许出现重复的元组。

(4) 在一个关系中列的次序是任意的。

(5) 在一个关系中元组的次序任意的。

以上是关系的基本性质，也是衡量一个二维表格是否构成关系的基本要素。表 1-4 所示的表格不是二维表，不能直接作为关系来存放，去掉表中的“成绩”字段就是一个关系二维表了。

表 1-4　复合表示例

姓　名	学　号	性　别	成　绩	
			平时成绩	上机成绩

1.3.2　常用的关系运算

关系的基本运算主要有两类：一类是传统的集合运算(并、差、交等)，另一类是专门的关系运算(选择、投影、连接)。

1. 传统的集合运算

进行并、差、交等集合运算的两个关系必须具有相同的关系模式，即两个关系的结构相同。

(1) 并

设关系 R 和关系 S 具有相同的结构关系，则关系 R 和关系 S 的并集是由属于 R 或属于 S 的元组组成的集合。

例如，有两个结构相同的学生关系 Y1、Y2，分别用来存放两个班的学生，把第一个班的学生记录追加到第二个班的学生记录后面，则为两个关系的并集。

(2) 差

设关系 R 和关系 S 具有相同的结构关系，则关系 R 和关系 S 的差集是指从关系 R 中去掉关系 S 的元组得到的集合。

例如，设有参加计算机小组的学生关系 X1，参加羽毛球小组的学生关系 X2，求参加了计算机小组，但没有参加羽毛球小组的学生。此时，就应当进行差运算。

(3) 交

设关系 R 和关系 S 具有相同的结构关系，则关系 R 和关系 S 的交集是指既属于关系 R 又属于关系 S 的元组组成的集合。

例如，设有参加计算机小组的学生关系 X1，参加羽毛球小组的学生关系 X2，求既参加了计算机小组又参加了羽毛球小组的学生。此时，应进行交运算。

2. 专门的关系运算

在 VFP 中，查询是高度过程化的，可以使用关系型数据库管理系统提供的专门的关系运算从一个关系中找出用户所需的数据。关系运算包括选择、投影和连接等。

(1) 选择

从一个关系模式中找出满足给定条件的记录的操作称为选择。选择是从行的角度进行的运算，相当于对关系进行水平分解。运算的结果构成关系的一个子集，是关系中的部分元组，其关系模式不变。选择运算是从二维表格中选取若干行的操作，在表中则是选取若干条记录的操作。

例如，要从学生表中找出女同学的记录，所进行的查询操作就属于选择运算，如图 1-3 所示。

学号	姓名	性别
0304030101	张梦婷	女
0304030102	王子奇	男
0304030103	平亚静	女
0304030104	毛锡平	男
0304010105	宋科宇	男

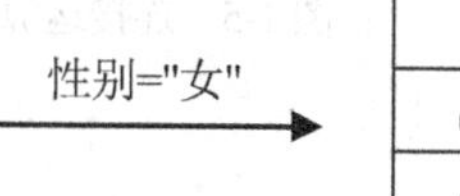

学号	姓名	性别
0304030101	张梦婷	女
0304030103	平亚静	女

图 1-3　选择运算

(2) 投影

从关系模式中指定若干个属性组成新的关系称为投影。投影运算从关系中选取若干属性形成一个新的关系，其关系模式中的属性个数比原关系少，或者排列顺序不同，同时也可能减少了某些元组。排除一些属性后，尤其是排除原关系中的关键字属性后，所选的属性可能具有相同值，出现相同的元组，而关系中必须排除相同元组，所以有可能减少某些元组。投影运算是垂直调整关系的手段。投影是从列的角度进行的运算，相当于对关系进行垂直分解，关系中的列可以相互交换。

例如，要从学生关系中找出学号和姓名两个字段，所进行的查询操作就属于投影运算，如图 1-4 所示。

学号	姓名	性别
0304030101	张梦婷	女
0304030102	王子奇	男
0304030103	平亚静	女
0304030104	毛锡平	男
0304010105	宋科宇	男

投影 →

学号	姓名
0304030101	张梦婷
0304030102	王子奇
0304030103	平亚静
0304030104	毛锡平
0304010105	宋科宇

图 1-4　投影运算

(3) 连接

连接是关系的横向结合。连接运算将两个关系模式拼接成一个更宽的关系模式，生成的新关系中包含满足连接条件的元组。在对应的新关系中，包含满足连接条件的所有元组。连接过程是通过连接条件来控制的，连接条件中将出现两个关系中的公共属性名，或者具有相同语义、可比的属性。连接结果相当于 Visual FoxPro 中的“内部连接”(Inner Join)。

选择和投影运算的操作对象只是一个表，属于单目运算，即只对一个关系进行操作。连接运算需要两个表作为操作对象，属于双目运算。两两连接可以实现多个关系的连接。

连接指将多个关系的属性组合构成一个新的关系，如图 1-5 所示。

在连接运算中，按字段值相等执行的连接称为等值连接，去掉重复值的等值连接称为自然连接，如图 1-6 所示。

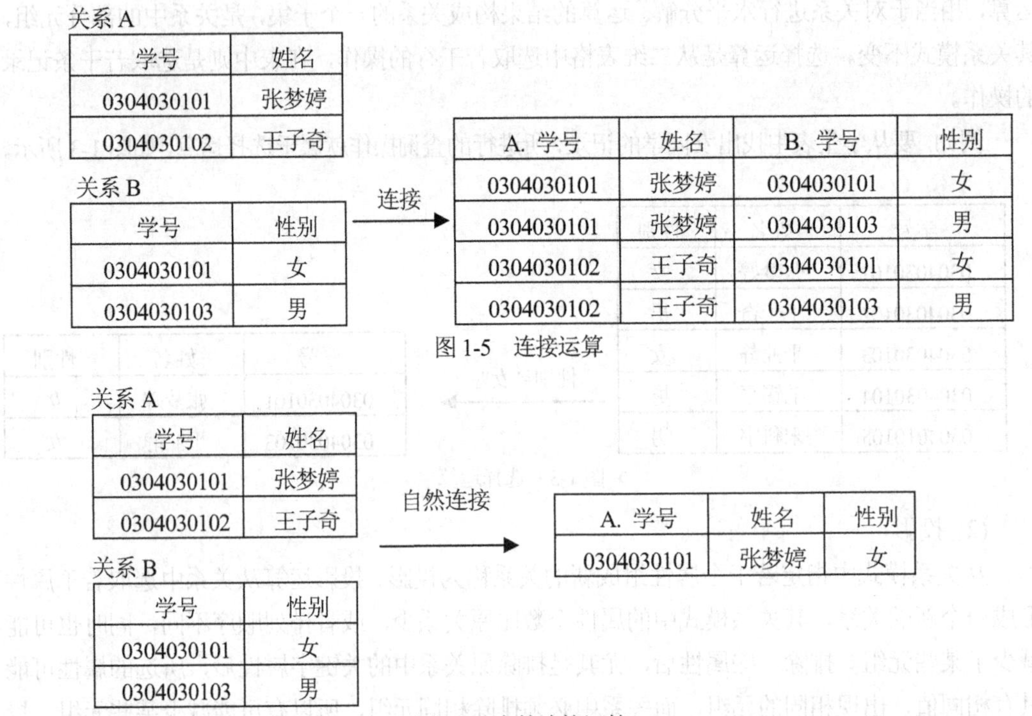

关系 A

学号	姓名
0304030101	张梦婷
0304030102	王子奇

关系 B

学号	性别
0304030101	女
0304030103	男

连接

A. 学号	姓名	B. 学号	性别
0304030101	张梦婷	0304030101	女
0304030101	张梦婷	0304030103	男
0304030102	王子奇	0304030101	女
0304030102	王子奇	0304030103	男

图 1-5　连接运算

关系 A

学号	姓名
0304030101	张梦婷
0304030102	王子奇

关系 B

学号	性别
0304030101	女
0304030103	男

自然连接

A. 学号	姓名	性别
0304030101	张梦婷	女

图 1-6　自然连接运算

从表 1-1、表 1-2、表 1-3、图 1-3、图 1-4 中可以看出，按关系模型组织的数据表达方式简洁、直观，插入、删除、修改操作方便。因此，关系模型得到了广泛应用。目前，市面上的数据库管理系统大多支持关系数据模型，Microsoft 公司推出的 Visual FoxPro 数据库管理系统也不例外。

下面用 E-R 模型组织数据库中的数据，对数据对象及数据对象之间的联系进行分析。

1.3.3　E-R 模型

通常，把每一类数据对象的个体称为“实体”，每一类对象个体的集合称为“实体集”。而每个实体集涉及的信息项称为属性。在学生综合信息管理系统中，主要涉及“学生”和“课程”这两个实体集。其他非主要的实体可以很多，如班级、学院等实体。就“学生”实体集而言，它的属性有学号、姓名、性别、是否党员、出生日期、籍贯、地址、邮编、个人简介、照片、院系代码、专业代码和入学成绩等。而“课程”实体集的属性有课程代码、课程名、类别、开课学期、学时和学分等。

实体集中的实体彼此是可区别的，如果实体集中的属性或最小属性组合的值能唯一标识其对应实体，则将该属性或属性组合称为码。对于每一个实体集，可指定一个码为主码。如果用矩形框表示实体集，框内标注实体集名称，用椭圆形框表示属性，框内标注属性名称，用无向边连接实体集与属性，当一个属性或属性组合指定为主码时，在实体集与属性的连接线上标记一斜线，则可以用图 1-7、图 1-8 描述学生综合信息管理系统中的实体集及每个实体集所涉及的相关属性。

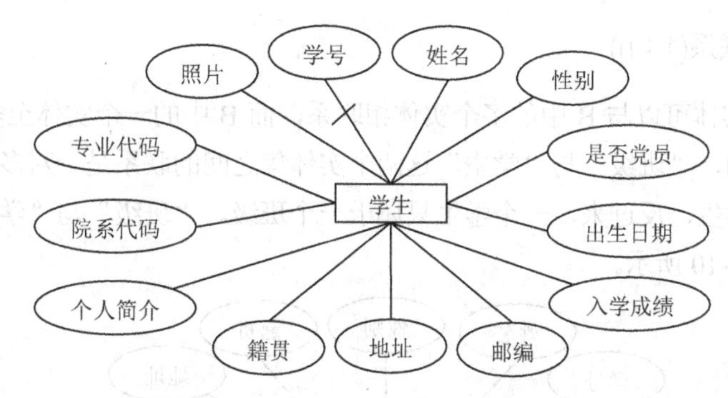

图 1-7　“学生”实体集属性的描述

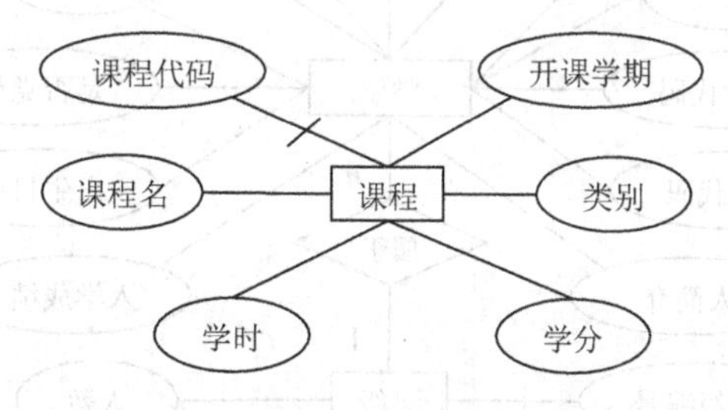

图 1-8　“课程”实体集属性的描述

实体集 A 和实体集 B 之间存在各种关系，通常把这些关系称为“联系”。通常，将实体集与和实体集联系的图表称为实体联系(Entity-Relationship)模型。联系用菱形框表示，框内标注联系名称，通过无向边与实体集相连，同时在无向边旁标上联系的类型，即 1∶1 或 1∶n 或 m∶n。这样构成的图就是 E-R 图，E-R 图就是 E-R 模型的描述方法。从分析用户项目涉及数据对象之间的联系出发，到获取 E-R 图的这一过程称为概念结构设计。两个实体集 A 和 B 之间的联系可能是以下 3 种情况之一。

1. 一对一的联系(1∶1)

A 中的一个实体至多与 B 中的一个实体相联系，B 中的一个实体也至多与 A 中的一个实体相联系。例如，“班级”与“正班长”这两个实体集之间的联系是一对一的联系，因为一个班级只有一个正班长，反过来，一个正班长只属于一个班级。“班级”与“正班长”两个实体集的 E-R 模型如图 1-9 所示。

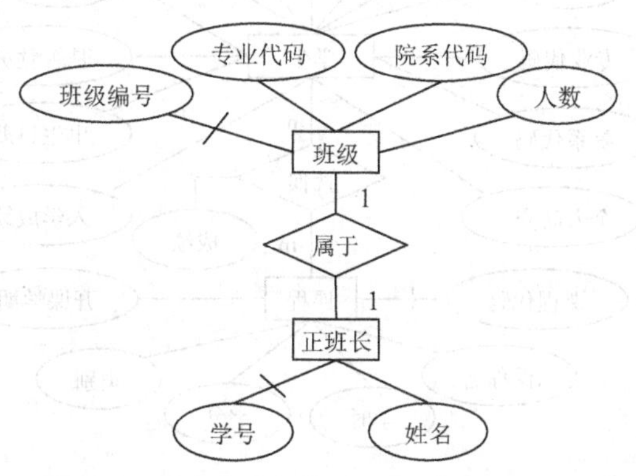

图 1-9　“班级”与“正班长”实体集 E-R 模型

2. 一对多的联系(1：n)

A 中的一个实体可以与 B 中的多个实体相联系，而 B 中的一个实体至多与 A 中的一个实体相联系。例如，“班级”与“学生”这两个实体集之间的联系是一对多的联系，因为一个班级可有若干学生，反过来，一个学生只属于一个班级。“班级”与“学生”两个实体集的 E-R 模型如图 1-10 所示。

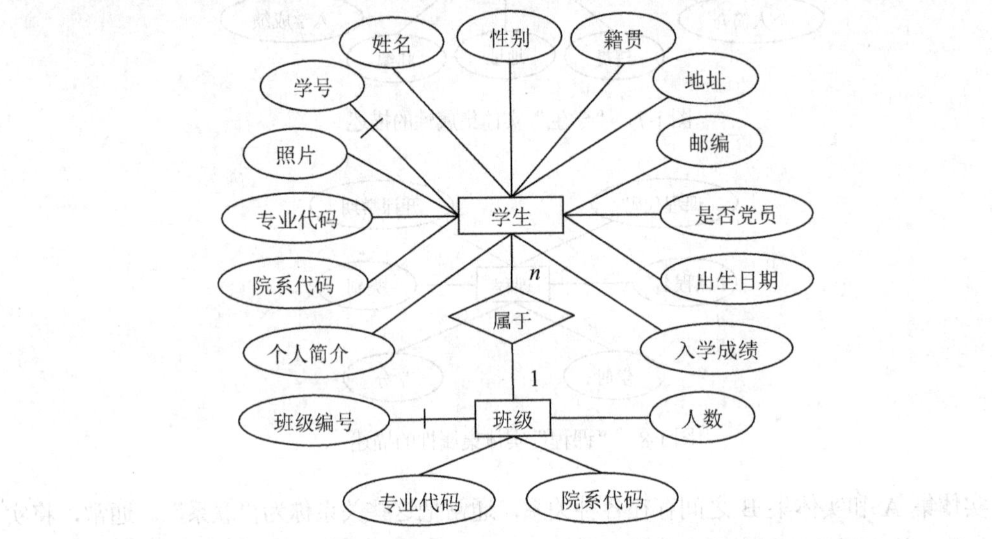

图 1-10　“班级”与“学生”实体集 E-R 模型

3. 多对多的联系(m：n)

A 中的一个实体可以与 B 中的多个实体相联系，而 B 中的一个实体也可以与 A 中的多个实体相联系。例如，“学生”与“课程”这两个实体集之间的联系是多对多的联系，因为一个学生可选多门课程，反过来，一门课程可被多个学生选修。“学生”与“课程”两个实体集的 E-R 模型如图 1-11 所示。

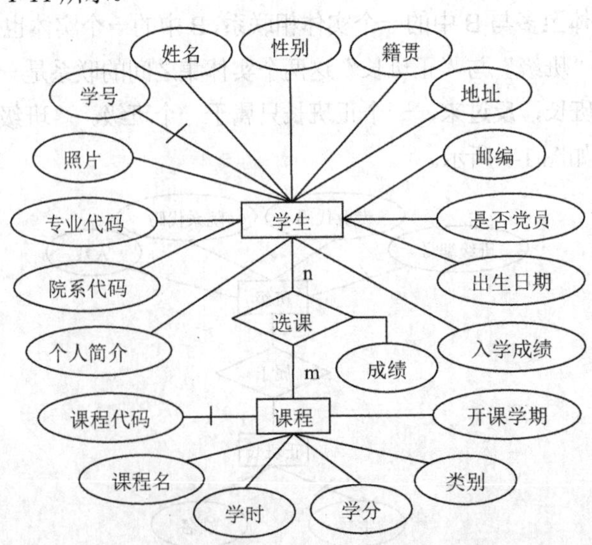

图 1-11　“学生”与“课程”实体集 E-R 模型

1.3.4　逻辑结构设计

前面用E-R模型描述了学生综合信息管理系统中实体集与实体集之间的联系，但这不是最终的目的。最终的目的是以E-R模型为工具，设计关系型的数据库，即：确定应用系统所使用的数据库应包含哪些表？每个表的结构是怎么样的？

前面已介绍了实体集之间的联系，可能是(1∶1)、(1∶n)和(m∶n)这3种联系之一，下面将根据3种联系介绍从E-R图获得关系模式的方法。

1. (1∶1)联系的E-R图到关系模式的转换

对于(1∶1)的联系既可单独对应一个关系模式，也可以不单独对应一个关系模式。

(1) 联系单独对应一个关系模式，则由联系属性、参与联系的各实体集的主码属性构成关系模式，其主码可选参与联系的实体集的任一方的主码。例如，考虑图1-9中E-R模型描述的“班级”与“正班长”实体集及所属联系，可设计如下关系模式(下划线表示该字段为主码)。

班级(班级编号，院系代码，专业代码，人数)
正班长(学号，姓名)
属于(学号，班级编号)

(2) 联系不单独对应一个关系模式，联系的属性及一方的主码加入另一方实体集对应的关系模式中。例如，考虑图1-9描述的“班级”与“正班长”实体集通过所属联系E-R模型可设计如下关系模式。

班级(班级编号，院系代码，专业代码，人数，学号)
正班长(学号，姓名)

或者

班级(班级编号，院系代码，专业代码，人数)
正班长(学号，姓名，班级编号)

2. (1∶n)联系的E-R图到关系模式的转换

对于(1∶n)的联系既可单独对应一个关系模式，也可以不单独对应一个关系模式。

(1) 联系单独对应一个关系模式，则由联系属性、参与联系的各实体集的主码属性构成关系模式，n端的主码作为该关系模式的主码。例如，考虑图1-10中E-R模型描述的“班级”与“学生”实体集及所属联系，可设计如下关系模式。

班级(班级编号，院系代码，专业代码，人数)
学生(学号，姓名，性别，是否党员，出生日期，籍贯，地址，邮编，个人简介，照片，院系代码，专业代码，入学成绩)
属于(学号，班级编号)

(2) 联系不单独对应一个关系模式，则将联系的属性及1方的主码加入n方实体集对应的关系模式中。例如，考虑图1-10中E-R模型描述的“班级”与“学生”实体集及所属联系，可设计如下关系模式。

班级 (班级编号，院系代码，专业代码，人数)
学生 (学号，姓名，性别，是否党员，出生日期，籍贯，地址，邮编，个人简介，照片，院系代码，专业代码，入学成绩，班级编号)

3. (m：n)联系的 E-R 图到关系模式的转换

对于(m∶n)的联系，单独对应一个关系模式。该关系模式由联系属性、参与联系的各实体集的主码属性构成，该关系模式主码由各实体集的主码属性共同组成。例如，考虑图 1-11 中 E-R 模型描述的“学生”与“课程”实体集及选课联系，可设计如下关系模式。

学生 (学号，姓名，性别，是否党员，出生日期，籍贯，地址，邮编，个人简介，照片，院系代码，专业代码，入学成绩)
课程 (课程代码，课程名，类别，开课学期，学时，学分)
选课 (学号，课程代码，成绩)

至此，已介绍了根据 E-R 模型设计关系模式的方法，通常这一设计过程称为逻辑结构设计。

在设计好一个项目的关系模式后，下一步的任务是选择合适的数据库管理系统，利用其提供的命令语句创建数据库和数据库的关系表以及输入相应数据，并根据需要对数据库中的数据进行各种操作。

1.3.5　关系的完整性

(1) 实体完整性：是对关系中元组唯一性的约束。该约束规定构成主关键字的所有属性均不能为空值(Null)或有重复值。

(2) 参照完整性：是关系之间数据引用的约束。该约束规定某个关系外部关键字的值必须是与其已建立联系的另一个关系主关键字的值或空值。

(3) 域完整性：是对关系中属性的约束。该约束确定属性的数据类型、取值的域以及是否可以为 Null 等。

1.4　Visual FoxPro 操作基础

Visual FoxPro 6.0 是 Microsoft 公司推出的为处理数据库和开发数据库应用程序而设计的可视化开发环境，其特点是功能强大、面向对象，既是关系型数据库管理系统，也是关系数据库应用系统开发工具。

本节将介绍该系统的安装与启动，Visual FoxPro 6.0 的主界面，并简单介绍它的工作方式、可视化设计工具、系统选项的设置、数据类型和命令概述等，使读者对其整体环境有一个大致的了解。

1.4.1　Visual FoxPro 6.0 的安装与启动

1. 安装 Visual FoxPro 6.0

安装 Visual FoxPro 6.0 的计算机的最低配置如下。

- 处理器：Pentium 586 133 MHz 以上。
- 内存储器：16 MB 以上的内存，推荐使用 32 MB 以上的内存。
- 硬盘空间：典型安装需要 85 MB 硬盘空间；若选择全部安装需要约 190 MB 的硬盘空间。
- 操作系统：Windows 95 以上的操作系统。
- 显示器：VGA 或更高分辨率显示器。
- 其他：鼠标、光盘驱动器。

Visual FoxPro 6.0 既可以从网络上安装，也可以从本地磁盘上安装。从 CD-ROM 上安装 Visual FoxPro 6.0 的步骤如下。

(1) 将带有 Visual FoxPro 6.0 系统的光盘插入 CD-ROM 驱动器中。

(2) 从“资源管理器”或“我的电脑”中打开光盘，找到 setup.exe 文件，并双击该文件，运行安装向导，出现如图 1-12 所示的界面。按照提示，单击“下一步”按钮进行安装。

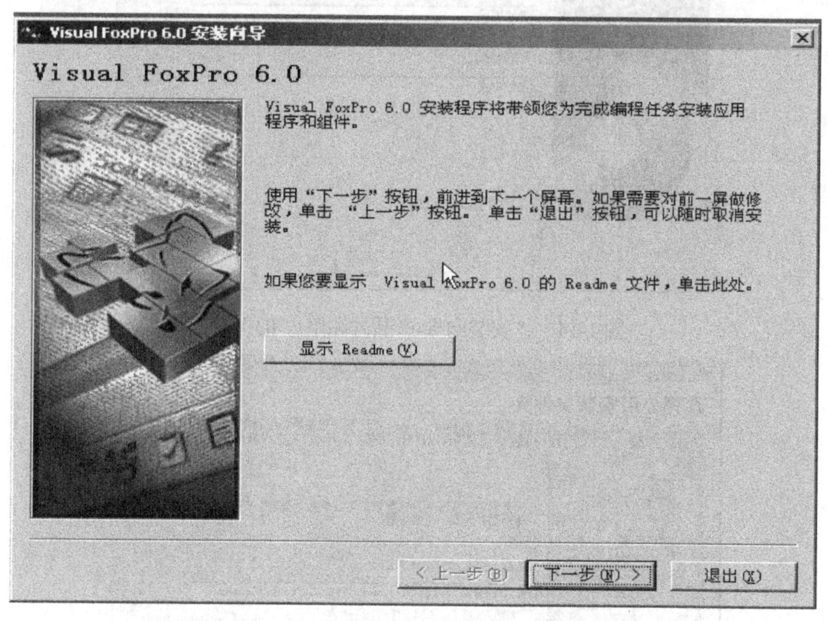

图 1-12　“安装向导-Visual FoxPro 6.0”对话框

(3) 在如图 1-13 所示的对话框中选择“接受协议”单选按钮，单击“下一步”按钮。

(4) 在如图 1-14 所示的界面中，输入产品号和用户 ID。

(5) 在如图 1-15 所示的界面中，选择安装文件夹。

(6) 在如图 1-16 所示的界面中，单击“典型安装”或“自定义安装”即可开始安装。

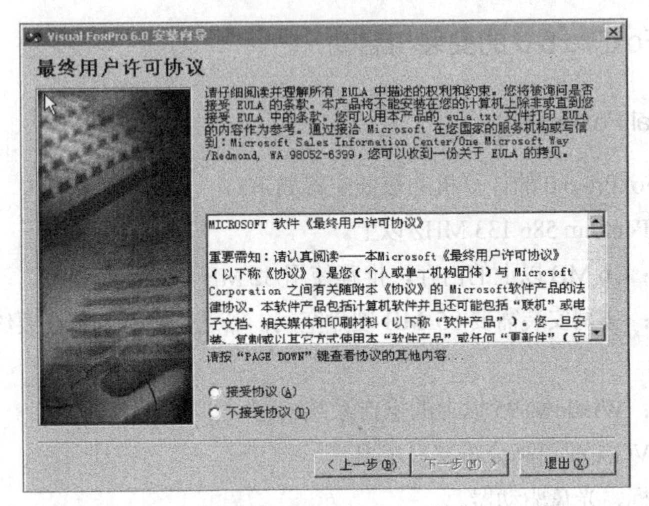

图 1-13　“安装向导-最终用户许可协议”对话框

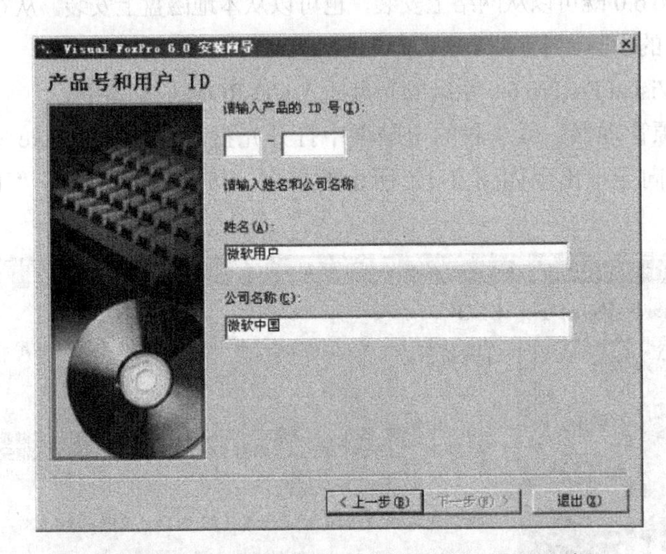

图 1-14　“安装向导-产品号和用户 ID”对话框

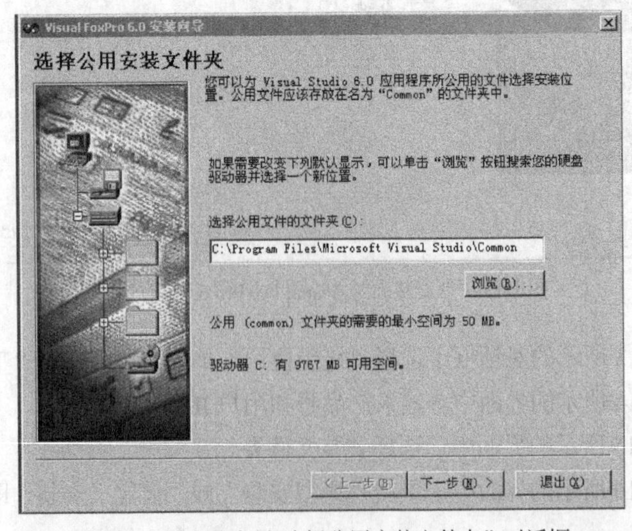

图 1-15　“安装向导-选择公用安装文件夹”对话框

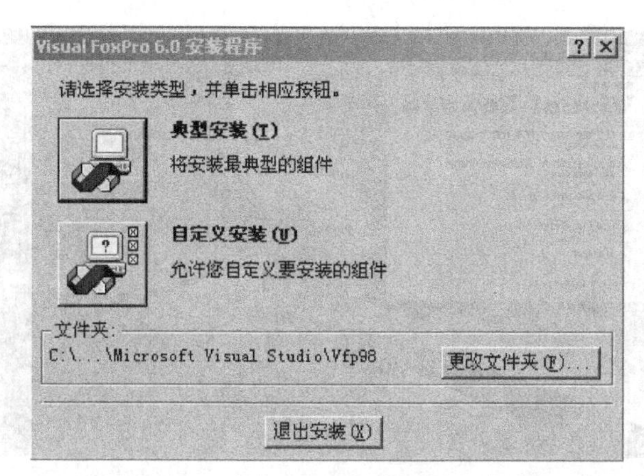

图 1-16 “Visual FoxPro 6.0 安装程序”对话框

2. 安装 MSDN

(1) 安装完 Visual FoxPro 6.0 后，就自动提示安装 MSDN(微软开发者网络)。将 MSDN 系统光盘放入 CD-ROM 驱动器中，开始安装。

(2) MSDN 为开发者提供了技术资料、帮助和事例，它包括 3 个级别：开发版、专业版和企业版。

(3) 企业版最全面，包括 Visual Basic、Visual C++、Visual J++、Visual InterDev、Visual FoxPro、Visual SourceSafe 等组件。

(4) 因此，在安装时应根据需要按照“自定义安装”选择安装的内容。

3. 启动 Visual FoxPro 6.0

启动 Visual FoxPro 6.0 时，可以采用下列方法之一。

(1) 在“开始”菜单的“程序”选项中找到 Microsoft Visual FoxPro 6.0 组，单击组内的 Microsoft Visual FoxPro 6.0 菜单项。

(2) 如果在桌面上有 Visual FoxPro 6.0 的快捷方式，则双击该快捷方式即可。

(3) 运行 Visual FoxPro 6.0 安装目录下的 VFP6.EXE 文件。

(4) 在“开始”菜单中选择“运行”选项，打开“运行”对话框，输入“C:\PROGRAM FILES\MICROSOFT VISUAL STUDIO\VFP98\VFP6.EXE”，单击“确定”按钮，如图 1-17 所示。

第一次启动中文 Visual FoxPro 6.0 时，将弹出如图 1-18 所示的欢迎界面，可以选择“以后不再显示此屏”复选框，并单击“关闭此屏”按钮，进入 Visual FoxPro 6.0 应用程序窗口。

图 1-17 从“运行”对话框启动 Visual FoxPro 6.0

图 1-18　第一次启动 Visual FoxPro 6.0 时显示的画面

4. 退出 Visual FoxPro 6.0

退出 Visual FoxPro 6.0 时，可以采用下列方法之一。

(1) 单击 Visual FoxPro 6.0 应用程序窗口的“关闭”按钮。

(2) 在“文件”菜单中，选择“退出”命令。

(3) 按 Alt+F4 组合键。

(4) 在命令窗口中输入 QUIT，并按 Enter 键。

(5) 双击标题栏中的系统控制菜单选择系统控制菜单中的“关闭”命令。

1.4.2　Visual FoxPro 6.0 的主界面

启动 Visual FoxPro 6.0 后，系统将显示 Visual FoxPro 6.0 中文版的集成环境，如图 1-19 所示。

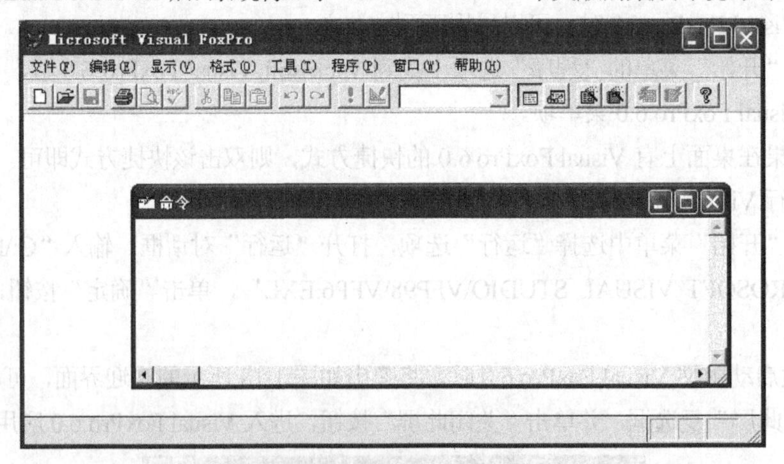

图 1-19　Visual FoxPro 6.0 的主界面

Visual FoxPro 6.0 主界面中各部分的含义如下。

1. 标题栏

位于窗口的顶行，显示应用程序的名称，最左端是系统控制菜单图标，最右端是窗口的最小化、最大化或还原、关闭按钮。

2. 菜单栏

标题栏的下一行为菜单栏，用于显示 Visual FoxPro 6.0 的功能菜单项。单击其中任何一个功能菜单项，均可打开其对应的下拉菜单。菜单栏中包含的菜单项会随着当前操作的状态作相应变化。

3. 工具栏

菜单栏的下一行为工具栏，由一组常用工具按钮组成。VFP 的工具栏上的按钮对应于最常使用的菜单命令，使用工具栏可以加快和方便用户操作 VFP。

(1) 打开和关闭工具栏

在“显示”菜单中选择“工具栏”菜单项。弹出如图 1-20 所示的“工具栏”对话框。选择要使用的工具栏(如“常用”工具栏)，单击“确定”按钮。或者右击工具栏空白处，选择需要的工具栏。

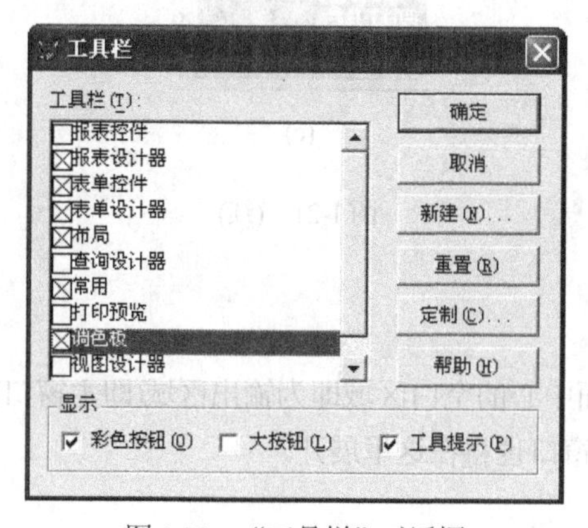

图 1-20　“工具栏”对话框

(2) 停放工具栏：把鼠标指针指向工具栏的左边缘，可以四处拖动工具栏，将它放在窗口的任意位置。

(3) 定制工具栏：使用 VFP，可以定制个性化的工具栏，满足用户自身所需。

在“显示”菜单中选择“工具栏”菜单项后，系统弹出“工具栏”对话框。在该对话框中，单击“新建”按钮，弹出“新工具栏”对话框。在其中输入新工具栏名称，如“我的工具栏”，单击“确定”按钮，如图 1-21(a)所示。系统又弹出新的对话框，如图 1-21(b)所示。在“定制工具栏”对话框中找到合适的按钮，将其拖动到左侧“我的工具栏”中，如图 1-21(c)所示。最后，单击“关闭”按钮。这样，自定义的“我的工具栏”就出现在了“工具栏”对话框中，可以像系统工具栏一样来显示和关闭它。

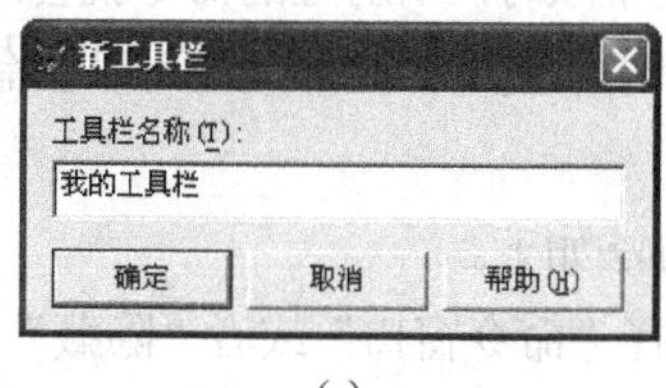

(a)

图 1-21　定制工具栏

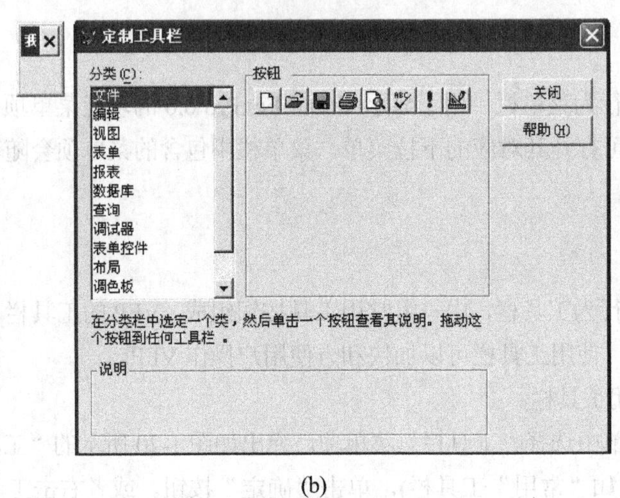

(b)

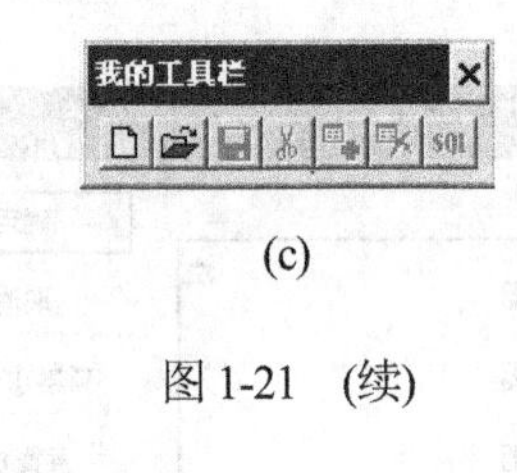

(c)

图 1-21　(续)

4. 输出区域

Visual FoxPro 6.0 界面中心的空白区域即为输出区域(即主窗口)，通常用于显示命令或程序的运行结果，各种工作窗口也将在这里展开。

5. 命令窗口

命令窗口用于接受用户输入的命令，是与 VFP 进行交流的主要界面。当用户启动 Visual FoxPro 6.0 时，命令窗口就会自动漂浮在 VFP 的主窗口中，如图 1-22 所示。

图 1-22　命令窗口

在选择了主菜单的某一个菜单项时，所对应的命令就会出现在命令窗口中。也可以将命令窗口中的命令剪切、复制到程序中使用。此外，还可以在命令窗口中输入一些交互命令，按下回车键，该命令就会执行。

显示或者隐藏命令窗口的方法如下。

(1) 在“窗口”菜单下，选择“命令窗口”或者“隐藏”，可以打开或者关闭命令窗口。

(2) 单击“常用”工具栏上的“命令窗口”按钮。

(3) 按 Ctrl+F4 组合键即可隐藏命令窗口；按 Ctrl+F2 组合键即可显示命令窗口。

6. 状态栏

状态栏位于 Visual FoxPro 6.0 主窗口的最下方，用于显示当前状态和帮助信息等。

1.4.3　Visual FoxPro 6.0 的工作方式

Visual FoxPro 6.0 提供了交互式工作方式和自动化工作方式。其中，交互式工作方式分为可视化操作和单命令操作。可视化操作通过菜单或者单击工具栏中的按钮来实现各种命令功能。单命令操作就是在命令窗口直接输入一条命令，按 Enter 键后执行，然后直接在屏幕上可以看到执行的结果。

1. 菜单操作

Visual FoxPro 6.0 主界面的菜单栏实际上是各种命令的分类组合，菜单栏包括 8 个菜单：文件、编辑、显示、格式、工具、程序、窗口和帮助。

下面是选择命令的方法。

(1) 鼠标操作

单击菜单，出现下拉菜单；单击想选择的命令，可以激发与之相关的操作。

(2) 键盘操作

所有菜单的名字中都有一个带下划线的字母，该字母是菜单的“热键”。对于菜单栏，按住Alt键后再按所选菜单的“热键”就能够激活该菜单。例如，按Alt+E组合键，可打开“编辑”菜单。在菜单中，按住Ctrl键后再按下相应的“热键”则执行命令的功能。例如，按Ctrl+O组合键，则执行打开文件操作。

(3) 光标操作

在选择菜单命令时，按光标键将光标移动到所需的命令上，然后按 Enter 键即可激活相关操作。

2. 命令操作

系统刚启动时，总是自动打开命令窗口。在命令窗口中，可以直接输入 Visual FoxPro 6.0 的各条命令，按 Enter 键后便立即执行该命令。对已经执行过的命令会在窗口中自动保留，如果需要执行前面输入过的相同命令，只要将光标移到该命令行所在的任意位置，按 Enter 键即可。另外，还可以对命令进行修改、删除、剪切、复制和粘贴等操作。

显示与隐藏命令窗口有以下 3 种操作方法。

- 单击命令窗口右上角的“关闭”按钮可以关闭它，然后通过“窗口”|“命令窗口”命令可以重新打开。
- 单击“常用”工具栏中的“命令窗口”按钮，按下则显示命令窗口，弹起则隐藏命令窗口。
- 按 Ctrl+F4 组合键隐藏命令窗口，按 Ctrl+F2 组合键显示命令窗口。

3. 程序方式

将执行一系列操作命令在程序编辑窗口编写成一个程序，通过运行程序完成一系列操作。

1.4.4　Visual FoxPro 6.0 可视化设计工具

为了加快 VFP 应用程序的开发，减轻用户的程序设计工作量，VFP 提供了 3 类支持可视化设计的工具。

1. 向导

向导是一种快捷设计工具。它通过一组对话框依次与用户对话，引导用户分步完成 VFP 的某项任务，如创建一个新表、建立一项查询、设置一个报表的格式等。

VFP 有 20 余种向导工具。从创建表、视图、查询等数据文件，到建立报表、标签、图表、表单等 VFP 文档，直至创建 VFP 的应用程序，SQL 服务器上的数据库等操作，均可使用相应的向导工具来完成。表 1-5 列出了 VFP 提供的 21 种向导的名称及其简明用途。

表 1-5　VFP 6.0 向导一览表

向导名称	用途
表向导	创建一个表
查询向导	创建查询
本地视图向导	创建一个视图
远程视图向导	创建远程视图
交叉表向导	创建一个交叉表查询
文档向导	格式化项目和程序文件中的代码并从中生成文本文件
图表向导	创建一个图表
报表向导	创建报表
分组/总计报表向导	创建具有分组和总计功能的报表
一对多报表向导	创建一个一对多报表
标签向导	创建邮件标签
表单向导	创建一个表单
一对多表单向导	创建一个一对多表单
数据透视表向导	创建数据透视表
邮件合并向导	创建一个邮件合并文件
安装向导	从发布树中的文件创建发布磁盘
升迁向导	创建一个 Oracle 数据库，使之尽可能多地重复 VFP 数据库的功能
SQL 升迁向导	创建一个 SQL 数据库，使之尽可能多地重复 VFP 数据库的功能
导入向导	导入或追加数据
应用程序向导	创建一个 VFP 应用程序
WWW 搜索页向导	创建 Web 页面，使该页的访问者可以从 VFP 表中搜索及检索记录

向导工具的最大特点是“快”。不仅操作简捷，得出结果也很迅速。但正因它强调要快，其完成的任务也相对比较简单。所以通常的作法，是先用向导创建一个较简单的框架，然后再用相应的设计器进一步对它修改。例如，若需创建一个新表，可先用表向导来创建，然后再用表设计器进行修改。

2. 设计器

设计器一般比向导具有更强的功能，可用来创建或者修改 VFP 应用程序所需要的构件。例如，使用表设计器来定义表，使用表单设计器来定义表单等。

表 1-6 列出了 VFP 中 9 种设计器的用途一览表。与向导相似，设计的对象也包括数据文件与 VFP 文档这两大类。

表 1-6　VFP 设计器一览表

设计器名称	用途
表设计器	创建表并在其上建索引
查询设计器	运行本地表查询
视图设计器	运行远程数据源查询；创建可更新的查询
表单设计器	创建表单，用于查看并编辑表中的数据
报表设计器	创建报表，显示及打印数据
标签设计器	创建标签布局以打印标签
数据库设计器	设置数据库；查看并创建表间的关系
连接设计器	为远程视图创建连接
菜单设计器	创建菜单或快捷菜单

3. 生成器

生成器也可译为构造器，均来源于英文 builder 一词。它的主要功能，是在 VFP 应用程序的构件中生成并加入某类控件，如生成一个组合框或生成一个列表框等。表 1-7 显示了由 VFP 提供的 10 种生成器。

表 1-7　VFP 生成器一览表

设计器名称	用途
组合框生成器	生成组合框
命令组生成器	生成命令组
编辑框生成器	生成编辑框
表单生成器	生成表单
表格生成器	生成表格
列表框生成器	生成列表框
选项组生成器	生成选项组
文本框生成器	生成文本框
自动格式生成器	格式化控件组
参照完整性生成器	数据库表间创建参照完整性

以上三类设计工具全部使用图形交互界面。通过直观、简单的人机交互操作，即可使用户轻松地完成应用程序的界面设计任务。不仅如此，所有上述工具的设计结果，都能自动生成 VFP 的代码，使用户可摆脱面向对象程序设计繁琐的编码任务，轻松地建立起自己的 VFP

应用程序。

1.4.5 Visual FoxPro 6.0 系统选项的设置

系统选项设置决定了 Visual FoxPro 6.0 的外观和命令执行方式。选择“工具”|“选项”命令，打开“选项”对话框，如图 1-23 所示，可在其中修改 Visual FoxPro 6.0 的系统选项。

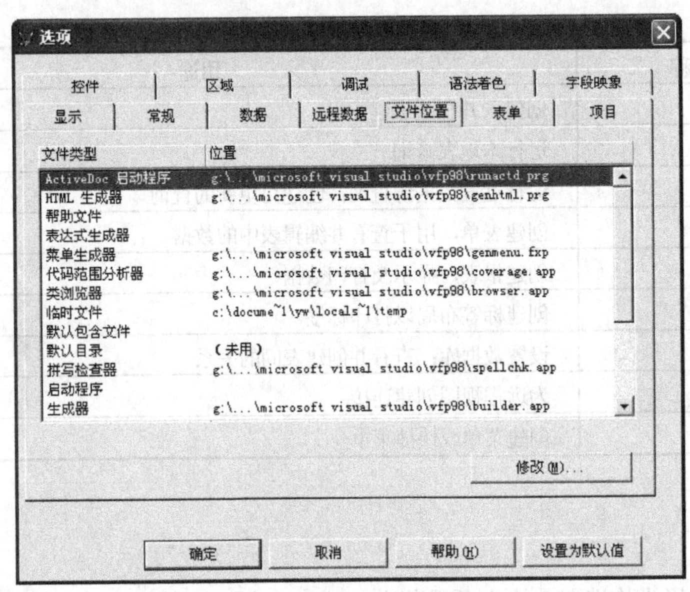

图 1-23　“选项”对话框

“选项”对话框的内容如表 1-8 所示。

表 1-8　“选项”对话框中的选项卡

显示	界面选项，包括是否显示状态栏、时钟、命令结果、系统信息或最近使用的项目列表等
常规	数据输入以及编程选项，包括设置警告声音、是否记录编译错误、是否自动填充新记录、使用什么定位键、使用什么调色板以及改写文件前是否警告等
数据	表选项，包括是否使用 Rushmore 优化、是否使索引中不出现重复记录、备注块大小、记录查找计数器间隔以及使用什么锁定选项等
远程数据	远程数据访问选项，包括连接超时值、一次拾取记录数目以及如何使用 SQL 更新等
文件位置	Visual FoxPro 的默认目录位置，帮助文件和临时文件的存储位置
表单	“表单设计器”选项，包括网格间距、所用度量单位、最大设计区域以及使用什么模板类等
项目	“项目管理器”选项，包括是否使用向导提示、双击时是运行还是修改文件以及源代码管理的选项等
控件	在“表单控件”工具栏中单击按钮时，可视类库以及 ActiveX 控件中的哪些选项可用
区域	日期、时间、货币以及数字的格式
调试	调试器的显示以及跟踪选项，如使用字体及颜色
语法着色	用于区分程序元素(如注释及关键字)等的字体及颜色
字段映象	当从“数据环境设计器”、“数据库设计器”或者“项目管理器”中向表单拖动表或字段时，创建的控件类型的选项

1. 修改默认目录

默认情况下，系统以安装目录下的 vfp98 目录作为默认目录。当用户没有指定文件路径时，就在默认目录下搜索文件。可将默认目录修改为应用程序目录，让系统到指定的工作路径去存取文件。

修改默认目录的操作步骤如下。

(1) 选择“工具”|“选项”命令，打开“选项”对话框。

(2) 打开该对话框中的“文件位置”选项卡。

(3) 在列表框中选择“默认目录”选项，单击“修改”按钮，打开“更改文件位置”对话框，如图 1-24 所示。

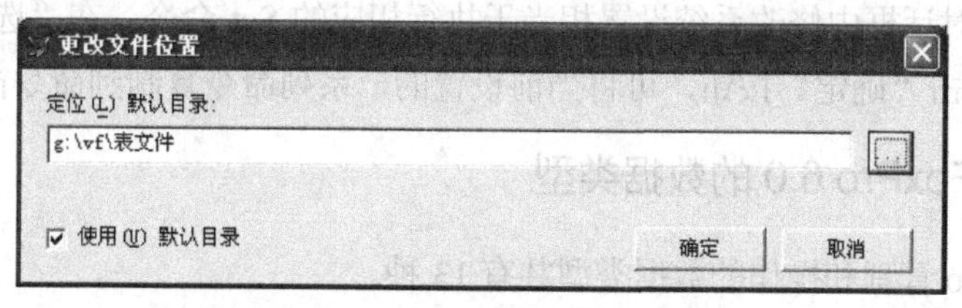

图 1-24　“更改文件位置”对话框

(4) 选中 使用(U) 默认目录 复选框，激活“定位默认目录”文本框，在其中输入新的目录，或单击 按钮打开一个对话框选择目录，单击 确定 按钮关闭对话框。

(5) 单击 确定 按钮保存设置，并关闭“选项”对话框。

2. 日期和时间

在“区域”选项卡可以设置日期和时间的显示方式，设置货币和数字的格式，如图 1-25 所示。

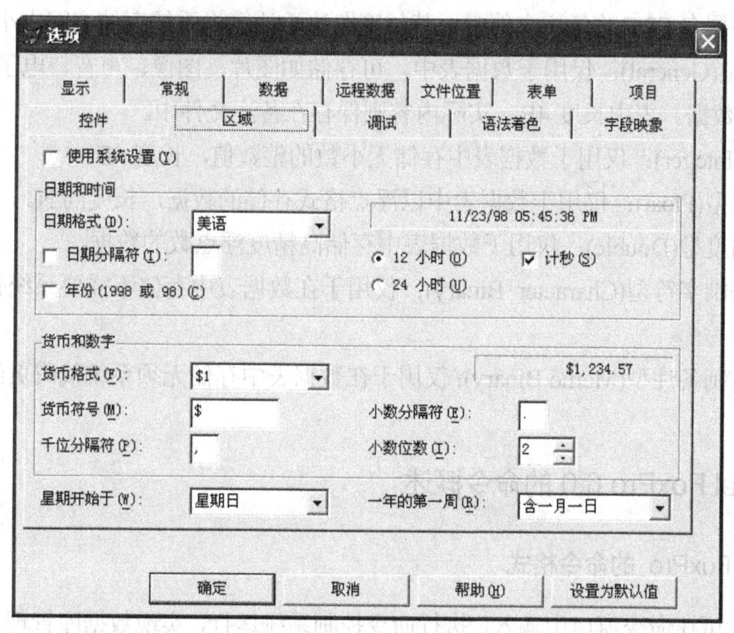

图 1-25　“区域”选项卡

3. 保存设置

(1) 将设置保存为仅在本次系统运行期间有效

方法：在“选项”对话框中设置完成后，单击“确定”按钮。下一次启动后，仍然还原为原有的系统配置。

(2) 保存为默认设置

方法：在“选项”对话框中设置完成后，单击“设置为默认值”，再单击“确定”按钮。将设置结果存贮在注册表中，设置结果长期有效。

4. 其他操作

在“选项”对话框中修改系统设置相当于执行相应的 Set 命令。在“选项”对话框中，按住 Shift 键后单击“确定”按钮，可将当前设置的一系列命令复制到命令窗口中。

1.4.6 Visual FoxPro 6.0 的数据类型

Visual FoxPro 管理和操作的数据类型共有 13 种。

(1) 字符型(Character)：由英文字母、数字、标点符号、空格、中文字符和其他可打印符号组成。

(2) 数值型(Numeric)：由数字(0～9)，正负号(+，-)，小数点(.)组成，用于表示数值的大小。

(3) 货币型(CurrencY)：专用表示货币的数值型数据，需加货币前缀符“$”。

(4) 日期型(Date)：由年、月、日组成的数据，长度 8B。

(5) 日期时间型(DateTime)：由年、月、日及时、分、秒组成的数据。

(6) 逻辑型(Logical)：有逻辑真值.T.和逻辑假值.F.，长度 1B。

(7) 备注型(Memo)：仅用于数据表中的字符型数据。在表中长度 4B，实际内容保存在与表文件同名(扩展名.FPT)的备注文件中，其长度取决于计算机系统存储空间大小。

(8) 通用型(General)：仅用于数据表中，可存储如图片、图像、声音、电子表格等 OLE 对象和多媒体数据。表中长度 4B，实际内容则保存在备注文件中。

(9) 整型(Integer)：仅用于数据表中存储无小数的整数值，长度 4B。

(10) 浮点型(Float)：仅用于数据表中以浮点格式存储的数据，长度同 N。

(11) 双精度型(Double)：仅用于数据表中存储高精度浮点数的数据。

(12) 二进制字符型(Character Binary)：仅用于在数据表中存储不需要系统代码页维护的字符数据。

(13) 二进制备注型(Memo Binary)：仅用于在数据表中存储无须系统代码页维护的备注型数据。

1.4.7 Visual FoxPro 6.0 的命令概述

1. Visual FoxPro 的命令格式

VFP 中，可在命令窗口中输入、执行命令控制系统运行，实现数据库管理与数据处理等操作；也可将命令编制成程序文件来执行操作。

(1) 命令格式

```
<命令动词> [范围] [[Fields] 表达式表] [For|While 条件] [To 目标]
```

(2) 命令举例

```
Display   All  Fields 学号，姓名，性别 For 性别="男" To Print
命令动词   范围              表达式表     条件       目标
```

(3) 命令说明

- <命令动词>必不可少，它规定了要完成或实现的操作与功能。
- 大多数命令和功能短语只须输入前 4 个字母即可。
- 除字符串外，其他符号均为 ASCII 码字符，字母不分大小写。
- 各子句顺序可任意排列，之间用空格分隔；表达式表中各项用“，”分隔。
- 命令或函数格式中以“|”分隔的两项表示两者之中只选其一，如 LIST|DISPLAY。用中括号“[]”扩起来的部分表示可选项。用尖括号“< >”括起来的部分表示由用户定义的内容，必不可少。但这些符号并非命令或函数的组成部分。

2. Visual FoxPro 命令的书写规则

(1) 每个命令行必须以一个命令动词开头。

(2) 大多数命令动词后可以跟一个或多个限定该动词的子句。

(3) 命令行中的各个子句可以按任意次序排列，并用空格分隔各子句。

(4) 命令行的内容可以大写、小写或大小写混合。

(5) 当命令动词和子句中的关键字多于 4 个字母时，可以用前 4 个以上的字母来简写。如 DISPLAY STRUCTURE 可以简写为 DISP STRU 或 DISPL STRUC 等。

(6) 命令行中的动词、短语和表达式之间应以一个或多个空格隔开。

(7) 如果一条命令太长，一行写不下时，可以使用分行符“；”分多行书写。

(8) 命令动词、短语等 FoxPro 的保留字有特定的含义，不能作为字段名、变量名等。

(9) 每条命令的结束标志是回车键，不能用其他标点符号作为命令的结束标志。

1.5　本 章 小 结

本章需要掌握以下知识。

(1) Visual FoxPro 基础知识

数据库、数据库系统、数据库管理系统以及之间的关系、数据库系统的特点、数据模型。

(2) 关系型数据库

关系中的关系、元组、属性、域、关键字、外部关键字，关系的特点，关系模型。

(3) 关系运算

传统的集合运算：并、差、交。专门的关系运算：选择、投影、连接。

(4) Visual FoxPro 6.0 的安装与启动

安装 Visual FoxPro 6.0、启动 Visual FoxPro 6.0、退出系统。

(5) Visual FoxPro 的主界面

菜单操作、命令操作、项目管理器、工具栏的使用。

(6) Visual FoxPro 6.0 的配置

使用“选项”对话框、保存设置。

(7) Visual FoxPro 的数据类型

字符型、数值型、货币型、日期型、日期时间型、逻辑型、备注型、通用型、整型、浮点型、双精度型、二进制字符型、二进制备注型。

(8) Visual FoxPro 命令概述

Visual FoxPro 的命令格式及书写规则。

第2章　数据库与表的基本操作

学习目标：

- 理解数据库与表的关系
- 掌握表的操作
- 掌握数据库的操作
- 理解索引并掌握索引的建立、使用过程

2.1　数据库与表的概述

2.1.1　数据库

在 Visual FoxPro 中，数据库可以说是一种逻辑上的概念和手段，它通过一组系统文件将相互关联的数据库表及相关的数据库对象统一组织和管理。在建立 Visual FoxPro 数据库时，实际建立的数据库是扩展名为“.DBC”的文件，与之相关的，还会自动建立一个扩展名为“.DCT”的数据库备注文件和一个扩展名为“.DCX”的数据库索引文件。其中，“.DCT”和“.DCX”这两个文件是提供 Visual FoxPro 数据库管理系统管理使用的，一般不能直接使用这些文件。

2.1.2　表

在关系数据库中，将关系称为表。在 Visual FoxPro 中，表就是规则的带有表头的二维表格，如图 2-1 所示为本章要用到的 4 个表。

表由表结构和表数据组成。表结构包括字段名、字段类型、字段宽度和小数位数等属性。表数据由表中的记录组成。表中的行称为记录，表中的列称为字段，字段由字段变量和字段值组成。表中的第一行由字段变量组成，称为表头，字段变量是多值变量。

2.1.3　数据库与表

数据库管理的重要对象之一就是表，表既可以由数据库管理，也可以单独存在。归数据库管理的表称为数据库表，不归任何数据库管理的表称为自由表。自由表可以添加到数据库中，成为数据库表；反之，数据库表也可以从数据库中移出，成为自由表。在 Visual FoxPro 中，通过数据库操作可以将相互关联的数据库表统一管理。

学生表

学号	姓名	性别	出生日期	是否党员	入学成绩	在校情况	照片
0101	张梦婷	女	10/12/82	T	500	memo	gen
0102	王子奇	男	05/25/83	F	498	memo	gen
0103	平亚静	女	09/12/83	F	512	memo	gen
0201	毛锡平	男	06/23/82	T	530	memo	gen
0202	宋科宇	男	04/30/81	F	496	memo	gen
0203	李广平	女	06/06/82	T	479	memo	gen
0204	周磊	男	07/09/82	F	510	memo	gen
0301	李文宪	男	03/28/83	T	499	memo	gen
0302	王春艳	女	09/18/83	F	508	memo	gen
0303	王琦	女	05/06/82	T	519	memo	gen

职工表

职工号	姓名	性别	出生日期	婚否	职称	工资	简历
0001	王洋	男	05/30/60	T	副教授	2550.50	memo
0002	李杰	女	08/28/58	T	教授	3800.00	memo
0003	张敏	女	12/25/45	T	教授	2950.00	memo
0004	张红	女	09/08/75	F	讲师	1480.00	memo
0005	王小伟	男	03/18/70	T	助教	1300.00	memo
0006	杨林	男	06/22/65	T	讲师	1510.00	memo
0007	李天一	男	01/28/72	F	助教	1320.50	memo

授课表

职工号	课程号	授课班级
0001	601	9801
0001	601	9802
0005	502	9901
0005	502	9902
0003	403	9802

课程表

课程号	课程名	学时	学分
601	数据库	96	4
502	计算机基础	80	4
403	C语言	54	2
304	计算机英语	54	2

图 2-1　本章要用到的 4 个表

2.2　表的建立与修改

2.2.1　创建表

创建表分为设计表结构、建立表结构和输入表数据几种操作。

1. 设计表结构

所谓设计表结构，其实就是定义各个字段的属性。基本的字段属性可包括字段名、字段类型、字段宽度和小数位数等。

(1) 字段名用来标识字段，它是一个以字母或汉字开头，长度不超过 10 的字母、汉字、数字、下划线序列。

(2) 字段类型、宽度及小数位数等属性都用来描述字段值。

表 2-1 给出了表中字段的数据类型、类型符、宽度等。

表 2-1 字段变量的数据类型

数据类型	类型符	说明	字段宽度
字符型	C	任何字符，最多 254 个字节	2 字节/中文，1 字节/西文
货币型	Y	数值型数据前加$	8 字节
数值型	N	整数或实数	内存中占 8 字节，表中最长为 20 字节
浮动型	F	同数值型	同数值型
日期型	D	年、月、日	8 字节
日期时间型	T	年、月、日、时、分、秒	8 字节
双精度型	B	双精度浮点数	8 字节，可设置小数位数
整型	I	整数值	4 字节
逻辑型	L	.T.或.F.	1 字节
备注型	M	大块文本数据	4 字节
通用型	G	OLE(对象嵌入与链接)	4 字节
字符型(二进制)	C	与字符型相同，但是当代码页更改时字符值不变	2 字节/中文，1 字节/西文
备注型(二进制)	M	与备注型相同，但是当代码页更改时字符值不变	4 字节

说明：

① 字段宽度指明允许字段存储的最大字节数。对于字符型、数值型和浮点型这 3 种字段，建立表时应根据数据的实际需要设定合适的宽度；其他类型字段的宽度均由 Visual FoxPro 统一规定。

② 小数位数：只有数值型、浮点型与双精度型字段才有小数位数，小数点和正负号都须在字段宽度中占一位。

③ 备注型字段和通用型字段在.DBF 文件中只存放一个指针，其内容存放在与该文件同时生成且主文件名相同的.FPT 文件中。

④ 整型、浮点型、双精度型用 VARTYPE 函数测试，返回的类型符用 N 表示，但在 SQL 语言的 CREATE TABLE 命令中分别用 I、F、B 表示类型符。二进制字符型和二进制备注型变量是以二进制格式保存其内容的，当代码页更改时字符值不变，因而有着特殊的功能。

根据上述规定，图 2-1 所示的 4 个表的表结构分别如表 2-2 至表 2-5 所示。

表 2-2 学生表结构

字段名	类型	宽度	小数位数
学号	C	4	—
姓名	C	8	—
性别	C	2	—
出生日期	D	8	—
是否党员	L	1	—

(续表)

字段名	类型	宽度	小数位数
入学成绩	N	4	0
在校情况	M	4	—
照片	G	4	—

表 2-3　职工表结构

字段名	类型	宽度	小数位数
职工号	C	4	—
姓名	C	8	—
性别	C	2	—
出生日期	D	8	—
婚否	L	1	—
职称	C	6	—
工资	N	7	2
简历	M	4	—

表 2-4　授课表结构

字段名	类型	宽度	小数位数
职工号	C	4	—
课程号	C	4	—
授课班级	C	8	—

表 2-5　课程表结构

字段名	类型	宽度	小数位数
课程号	C	4	—
课程名	C	20	—
学时	N	3	0
学分	N	2	0

2. 建立表结构

建立表结构是指在 Visual FoxPro 环境中用命令或菜单的方式进入表设计器，将上述设计完成的表结构内容输入计算机中。

(1) 命令格式

```
CREATE [<表文件名>|?]
```

功能：启动表设计器，在表设计器对话框中创建表结构。

说明：表文件名是给出要建立的表文件名，如果不指定表文件名或使用参数“?”，就会弹出“创建”对话框。

启动表设计器后，根据提示，逐项输入表 2-2 中各字段的字段名、类型、宽度、小数位数。待各字段的属性输入完毕后，单击“确定”按钮，即可完成表结构的创建。

(2) 菜单格式

选择“文件”|“新建”命令，或单击“常用”工具栏上的“新建”按钮，打开如图 2-2 所示的“新建”对话框。在“新建”对话框中选择“表”单选按钮，单击“新建文件”按钮，显示如图 2-3 所示的“创建”对话框。在“创建”对话框中选择文件的保存位置，并给出表的文件名，单击“保存”按钮，显示如图 2-4 所示的“表设计器”对话框。启动表设计器之后，在表设计器对话框中创建表结构。

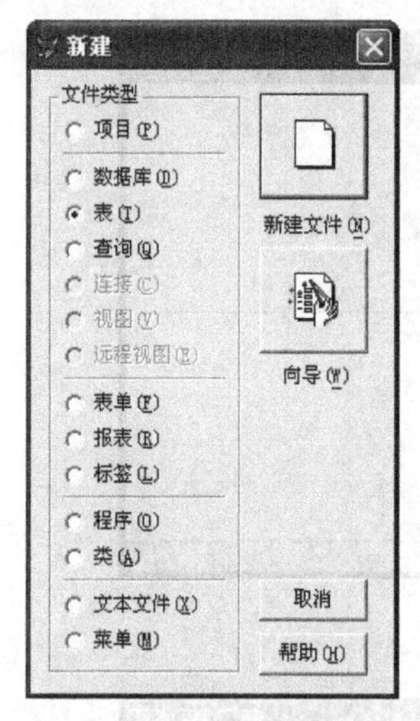

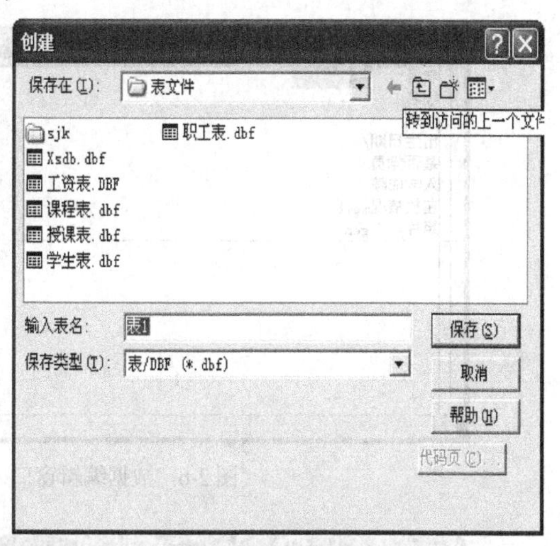

图 2-2　“新建”对话框　　　　图 2-3　“创建”对话框

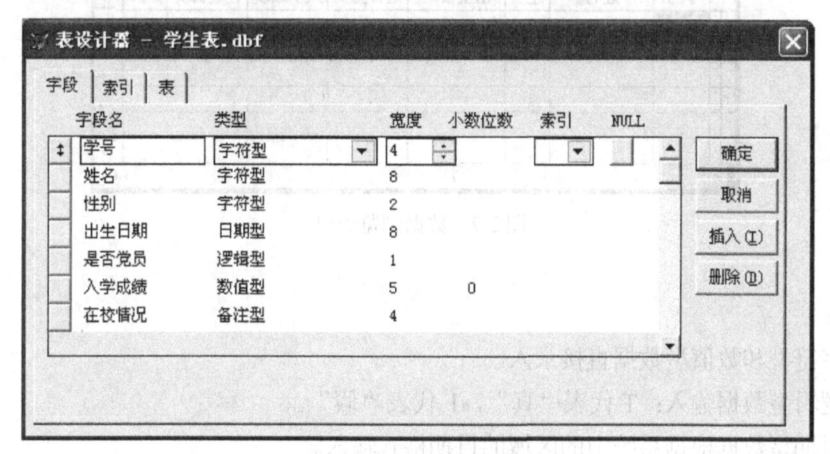

图 2-4　建立“学生表.dbf”结构

3. 输入表数据

(1) 立即输入

在完成表结构创建的同时，系统给出如图 2-5 所示的“现在输入数据记录吗？”的提示，用户只须单击“是”按钮，即可在如图 2-6 所示的编辑窗口中开始录入表 2-2 给出的各条记录中各个字段的值，也可选择“显示”|“浏览”命令到如图 2-7 所示的数据浏览窗口中输入表数据。当数据录入完毕后，若要保存数据且退出编辑状态，可直接关闭编辑窗口，或使用快捷键 Ctrl+W。若放弃保存，则需使用 Esc 键。

图 2-5　输入数据提示框

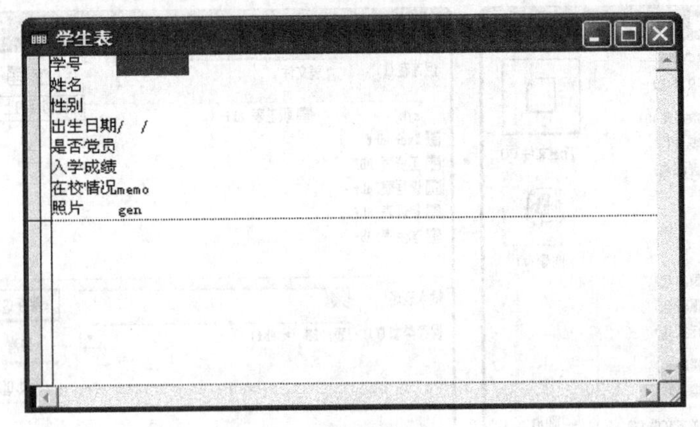

图 2-6　数据编辑窗口

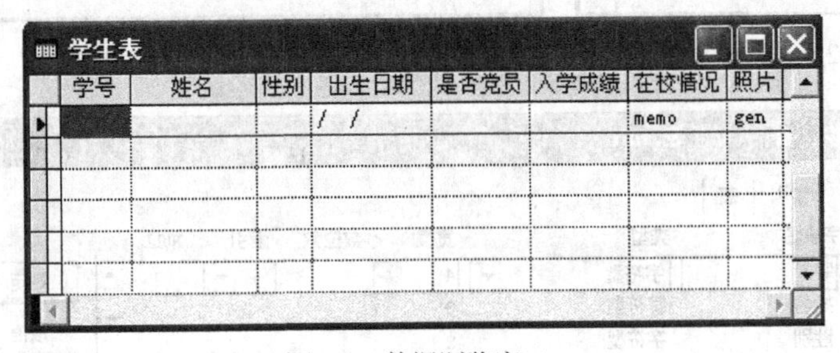

图 2-7　数据浏览窗口

说明：

① 字符型和数值型数据直接录入。

② 逻辑型数据输入：T 代表“真”，F 代表“假”。

③ 日期型数据根据系统中的区域的日期格式输入。

④ 备注型字段输入方法：双击 memo，在打开的如图 2-8 所示的 memo 编辑窗口中输入字符型内容。输入完毕后，关闭该窗口即可。

⑤ 通用型字段输入方法：双击 gen，在打开的如图 2-9 所示的 gen 编辑窗口中用粘贴等方法输入图、表、声音等内容。或选择“编辑”|“插入对象”命令，选择某种插入对象。

在完成表结构建立时，若在图 2-5 输入数据提示框中单击了“否”按钮，则不会出现图 2-6 所示的数据编辑窗口，无法继续输入数据。如果想要输入数据，需要以追加记录的方式来输入数据。即使原来已经输入了数据，当又有数据记录需要加入表文件时，也可以进行数据追加。

图 2-8　备注型字段编辑窗口

图 2-9　通用型字段编辑窗口

(2) 追加输入

命令格式：

```
APPEND [BLANK]
```

功能：在表数据的末尾追加数据记录。

说明：若带任选项 BLANK 项，则直接在表的末尾加一条空记录；否则，系统就会以编辑窗口形式让用户以交互方式输入记录数据。

(3) 插入输入

命令格式：

```
INSERT [BEFORE] [BLANK]
```

功能：在当前记录位置插入新记录。

说明：若带任选项 BEFORE 项，则新记录插入到当前记录之前；否则默认为新记录插入到当前记录后。

(4) 菜单方式

① 进入表的编辑或浏览窗口。

② 选择“显示”|“追加方式”命令，可依次向下追加若干记录；或选择“表”|“追加新记录”命令，可追加一个新记录。

③ 在最后记录位置输入数据记录。

2.2.2　修改表

修改表分为修改表结构和修改表中数据。

1. 修改表结构

修改表结构时需要打开表设计器，在表设计器中完成字段属性的更改、字段的插入、字段的删除等。打开表设计器可以采用以下方式。

(1) 命令格式

```
MODIFY STRUCTURE
```

功能：对当前的表结构进行修改。值得注意的是对表结构进行修改操作时，应每修改一项属性存一次盘，不要怕麻烦。这样可以防止修改表结构时的数据丢失。

(2) 菜单方式

选择“显示”菜单中的“表设计器”命令。

2. 修改表数据

在浏览窗口或编辑窗口中可以直接修改表中的数据。

打开编辑窗口可以采用以下方式。

(1) 命令格式

```
BROWSE | EDIT | CHANGE
```

说明：浏览指对记录可边看边修改，这种方法的记录将横向显示，一页可显示多条记录。同时，浏览方式下，还具有调整列宽度，重新安排列位置、打开或关闭网格线、分割浏览窗口等功能；EDIT 和 CHANGE 命令均用于对当前表的记录进行编辑、修改，操作界面类似于图 2-7 所示的界面，默认编辑的是当前记录。

(2) 菜单方式

在表文件打开的状态下选择“显示”菜单中“浏览”命令。

必要时，再次打开“显示”菜单，选择“编辑”命令。

(3) 成批替换修改

在表文件打开的状态下，对于有规律的大批数据的修改，可以使用替换命令。

命令格式：

```
REPLACE [<范围>] <字段名 1> WITH <表达式 1> [，<字段名 2> WITH <表达式 2>……]
[FOR <条件 1>] [WHILE <条件 2>]
```

功能：在指定的范围内，对符合条件的记录，用表达式 1 替换字段 1 的值，依此类推。

说明：

① 范围的默认值在 FOR、WHILE 子句都不存在的情况下，指当前记录，即 NEXT 1。FOR、WHILE 子句默认时，指范围内的所有记录都符合条件。

② 需要指出的是，在 Visual FoxPro 中，命令中凡涉及到范围子句时，都可以根据需要取 4 种值，而各命令关于范围的默认值也不同。这 4 种范围值如下。

- NEXT N，　其操作的范围从当前记录开始向下共 n 条记录(含当前记录)。
- REST，　其操作的范围是从当前记录开始一直到表的最后一条记录。
- ALL，　其操作的范围是全部记录。
- RECORD N，其操作的范围仅限于第 n 条记录。

③ FOR 子句的作用是指在范围内选定满足该条件的所有记录。

④ WHILE 子句的作用是指在范围内选定满足该条件的记录，但遇见第 1 条不满足条件的记录时，则即使后面还有满足条件的记录也停止选取。

⑤ Visual FoxPro 规定，当 FOR 和 WHILE 子句同时存在时，WHILE 优先。

【例 2-1】将学生表.DBF 中的所有记录的入学成绩增加 10 分。

```
USE 学生表
REPLACE  ALL 入学成绩  WITH  入学成绩+10
```

【例 2-2】将学生表.DBF 中的党员学生的入学成绩增加 5 分。

```
USE  学生表
REPLACE  入学成绩  WITH  入学成绩+5  FOR  是否党员=.T.
```

2.3 表的操作

2.3.1 表的打开、关闭与显示

对表的任何操作，都必须在将原存于磁盘上的表调入内存后方可进行，这个过程叫打开表。同样对已操作完的表，则应由内存转到磁盘方可保存下来，这个过程则称之为表的关闭。显示则是指列出表的内容。

1. 表的打开

命令格式：

```
USE  <表名>  [ALIAS  <表别名>]
```

功能：关闭原来已打开的表、打开新的表，并为新打开的表起一个由 ALIAS 子句给出的别名。默认该子句时表名与表别名同名。

2. 表的关闭

命令格式：

```
USE | CLOSE DATABASES
```

功能：关闭表，但两者有所区别，USE 仅关闭当前表，CLOSE DATABASES 则可关闭所有打开的表。

3. 表结构的显示

命令格式：

```
LIST | DISPLAY STRUCTURE
```

功能：显示当前表的结构信息。

4. 表中记录数据的显示

命令格式：

```
LIST | DISPLAY [[FIELDS] <字段名表>] [FOR<条件 1>] [WHILE <条件 2>] [<范围>]
```

功能：对当前的表，在规定的范围内，把凡满足 FOR、WHILE 条件的记录中，由<字段名表>给出的字段显示出来。

说明：

(1) LIST 和 DISPLAY 的区别在于两点。首先，LIST 是不间断显示，而 DISPLAY 是分页显示。其次，LIST 关于范围的默认值是全部记录，而 DISPLAY 仅是当前一条记录。

(2) [FIELDS] <字段名表>子句默认时，指操作对象是除备注型和通用型字段外的其他字段。

【例 2-3】显示学生表.DBF 中入学成绩不小于 500 分的姓名、性别、入学成绩字段信息。

```
LIST FOR 入学成绩>=500  FIELD 姓名，性别，入学成绩
```

2.3.2　记录的删除与恢复

记录的删除分为逻辑删除(加删除标记)、物理删除(彻底删除或永久删除)和清表。逻辑删除和物理删除有区别也有联系。逻辑删除仅给要删除的记录前面加了一个删除标记，但它仍在表中，可以通过记录恢复命令去掉删除标记而又变为正常记录。物理删除是将记录从表中清理出去，不可恢复，因而称为彻底删除。要进行物理删除一般应先做逻辑删除。这里一般的含义是指不包括清表操作。清表是指一步将表中的所有记录全部彻底删除。

1. 逻辑删除

命令格式：

```
DELETE [<范围>] [FOR <条件 1>] [WHILE <条件 2>]
```

功能：对指定范围内要删除的记录加上删除标记。所有子句全部默认时，指仅当前一条记录，即范围为 NEXT 1。

【例 2-4】逻辑删除表学生表.DBF 中的女同学记录。

```
DELETE  ALL  FOR  性别="女"
```

结果如图 2-10 所示。可以清楚地看到，在逻辑删除的记录之前已加上了删除标记："■"。(注：如用 LIST 或 DISPLAY 显示时，删除标记是"*"。)

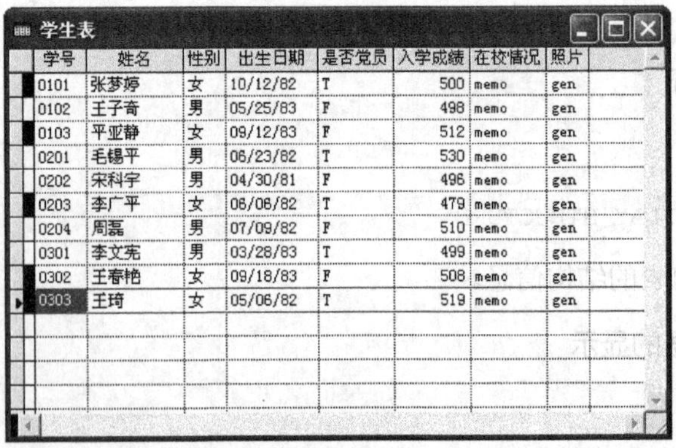

学生表

学号	姓名	性别	出生日期	是否党员	入学成绩	在校情况	照片
0101	张梦婷	女	10/12/82	T	500	memo	gen
0102	王子奇	男	05/25/83	F	498	memo	gen
0103	平亚静	女	09/12/83	F	512	memo	gen
0201	毛锡平	男	06/23/82	T	530	memo	gen
0202	宋科宇	男	04/30/81	F	496	memo	gen
0203	李广平	女	06/06/82	T	479	memo	gen
0204	周磊	男	07/09/82	F	510	memo	gen
0301	李文宪	男	03/28/83	T	499	memo	gen
0302	王春艳	女	09/18/83	F	508	memo	gen
0303	王琦	女	05/06/82	T	519	memo	gen

图 2-10　逻辑删除记录示例

2. 逻辑删除(加了删除标记)记录的恢复

命令格式：

```
RECALL  [<范围>] [FOR <条件 1>] [WHILE <条件 2>]
```

功能：恢复(即去掉删除记录标记)指定范围内满足条件的记录，不给出范围和条件时，只恢复当前记录。

3. 物理删除

命令格式：

```
PACK
```

功能：对所有加了删除标记的记录从表中彻底清除。

4. 清表

命令格式：

```
ZAP
```

功能：将当前表中的所有记录全部清除，仅留表结构。

说明：由于这是一个既简单又危险的命令，因而在 SET SAFETY ON 状态下，系统会提出警告信息，而若在 SET SAFETY OFF 状态下系统将不给出任何提示就将全部记录清光。所以执行本命令时，必须谨慎。

2.3.3 指针定位

对表记录的操作，是对当前记录的操作。而当前记录是靠表中的记录指针的移动来定位的。指针定位是指更改记录指针的位置。

要更改记录指针，可以在表浏览状态下单击某条记录，即可将记录指针指向该条记录。

指针定位也可以用命令方式完成。命令方式完成指针定位一般包括绝对定位、相对定位和条件定位这 3 种。记录指针的移动分为绝对移动与相对移动两类。

1. 绝对定位

所谓绝对定位，是指与记录指针当前位置无关的直接移动。移动命令如下。

命令格式 1：

```
GO[TO]  TOP | BOTTOM
```

功能：指针直接指到首记录或尾记录。

命令格式 2：

```
GO[TO]  N
```

功能：指针直接指向第 n 条记录，这里 n 是一个正整数。在这种情况下，甚至连 GO 也可以默认而直接写为 N。

说明：

(1) 当表以普通方式打开时 GO 移动将记录指针指向表物理的第 1 条、最后一条、第 n 条记录。

(2) 当表以索引方式打开时，GO TOP | BOTTOM 分别将指针指向表逻辑的首、尾记录；但 GO N 或 N 任何时候都是将指针指向表的物理第 n 条记录。

2. 相对定位

所谓相对定位，是指以当前记录指针号为基准，将指针向记录号增大或减小的记录移动。向减小方向的移动称为负移动，反之称为正移动。

命令格式：

```
SKIP [±] [N]
```

功能：将指针向正方向或负方向移动 n 条记录。

说明：正移动时“+”可默认，负方向移动时“-”不得默认。正方向移动一条记录时，1 可默认。

【例 2-5】指针定位。

```
USE 学生表                    &&表刚打开时，指针指向第 1 条记录
GO  6                         &&指针绝对移动到第 6 条记录
SKIP  -2                      &&指针相对移动到第 4 条记录
```

3. 条件定位

所谓条件定位，是在表中找出满足某条件的一条记录。

命令格式：

```
LOCATE  [<范围>]  FOR <条件 1> [WHILE <条件 2>]
```

功能：在当前表中指定的范围内，查找满足条件的第 1 条记录或确定无此记录。当找到时函数 FOUND()为真、EOF()为假，未找到时 FOUND()为假，而 EOF()则视其范围的情况而定。若范围默认且无 WHILE 条件，则 EOF()为真，否则不一定为真。

说明：

(1) 条件是指定位的关系表达或逻辑表达式。

(2) 该命令执行后将记录定位到指定范围内满足条件的第 1 条记录上。如果没有满足条件的记录，若给出范围短语，则指针指向范围内的最后一条记录。若未给出范围短语，则指针指向表尾。

(3) 如果要使指针指向下一条满足 LOCATE FOR 条件的记录，可以使用 CONTINUE 命令。如果没有记录再满足条件，则指针指向表尾。

(4) 为了判别 LOCATE 或 CONTINUE 命令是否找到满足条件的记录，可以使用 FOUND() 函数测试查找操作是否成功，若找到满足条件的记录，则函数返回.T.，否则返回.F.。

【例 2-6】在学生表.DBF 中查找姓名为“王春艳”的记录。

```
USE 学生表
LOCATE  FOR 姓名="王春艳"
DISPLAY
?FOUND(), EOF()
```

2.4　数据库的操作

2.4.1　建立数据库

建立数据库可以通过菜单方式和命令方式来完成。

1. 菜单方式

选择“文件”菜单中的“新建”命令，或单击“常用”工具栏上的“新建”按钮，打开如图 2-11 所示的“新建”对话框。在“文件类型”选项区域中选择“数据库”单选按钮，单击“新建文件”按钮，显示如图 2-12 所示的“创建”对话框。在“保存在”下拉列表框中选择文件的存放位置，并在“数据库名”文本框中给出数据库文件名，单击“保存”按钮，显示如图 2-13 所示的“数据库设计器”窗口。这样，就完成了数据库的建立过程。

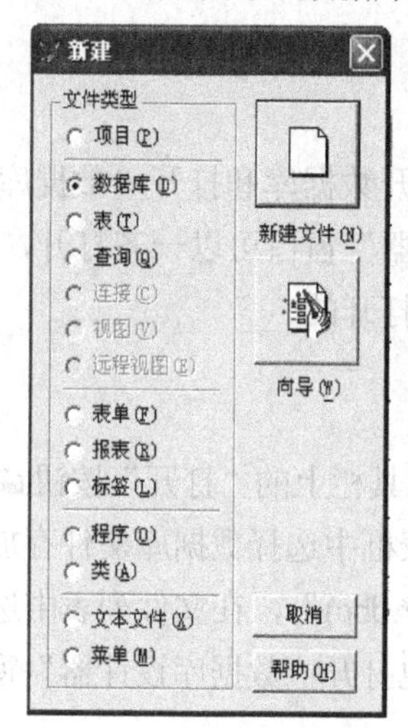

图 2-11　“新建”对话框

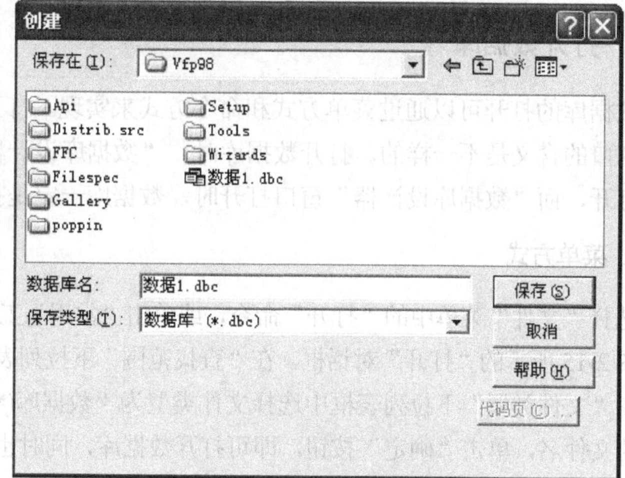

图 2-12　“创建”对话框

图 2-13　“数据库设计器”窗口

2. 命令方式

用 CREATE　DATABASE 命令建立数据库，其命令格式为：

```
CREATE  DATABASE  [<数据库文件名>| ?]
```

说明：

(1) 数据库文件名。给出要建立的数据库文件名。

(2) 参数“?”。如果不指定数据库文件名或使用参数“?”，都会弹出如图 2-12 的“创建”对话框。

(3) 用命令方式建立数据库与菜单方式不同，使用命令方式建立数据库时，不打开“数据库设计器”窗口，数据库只是处于打开状态。可以用 MODIFY DATABASE 命令或选择“显示”菜单的“数据库设计器”选项打开“数据库设计器”窗口，也可以不打开数据库设计器继续以命令方式操作。

建立数据库后，在“常用”工具栏的数据库列表中显示新建立的数据库名或已打开的数据库。如图 2-14 所示的是“常用”工具栏中的数据库列表。

图 2-14　“常用”工具栏中的数据库列表

2.4.2　打开数据库

数据库的打开可以通过菜单方式和命令方式来实现。打开数据库和打开“数据库设计器”窗口的含义是不一样的。打开数据库时，“数据库设计器”窗口可以一齐打开，也可以不打开，而“数据库设计器”窗口打开时，数据库一定是打开的。

1. 菜单方式

选择“文件”菜单中的“打开”命令，或单击“常用”工具栏上的“打开”按钮，显示如图 2-15 所示的“打开”对话框。在“查找范围”下拉列表框中选择数据库文件存放的位置，在“文件类型”下拉列表框中选择文件类型为“数据库(*.dbc)”，在文件列表中选择要打开的文件名，单击“确定”按钮，即可打开数据库，同时也打开“数据库设计器”窗口。

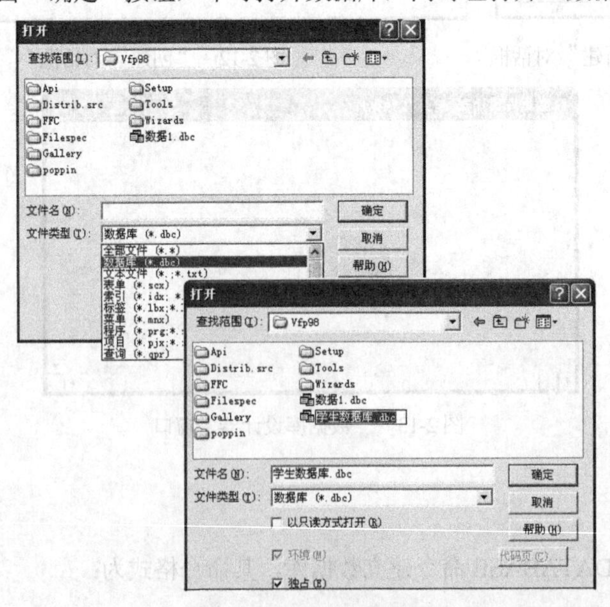

图 2-15　“打开”对话框

2. 命令方式

用命令方式打开数据库时，如果打开数据库，无须打开“数据库设计器”窗口，则使用 OPEN DATABASE 命令；如果既打开数据库，也打开“数据库设计器”窗口，则使用 MODIFY DATABASE 命令；在数据库打开，而“数据库设计器”窗口未打开时，使用 MODIFY DATABASE 命令也可以将“数据库设计器”窗口打开。

命令格式：

```
OPEN   DATABASE  [<数据库文件名> | ?]
MODIFY   DATABASE   [<数据库文件名> | ?]
```

说明：

(1) 数据库文件名。给出数据库文件名，直接操作数据库。

(2) 参数“?”。如果给出参数“?”，将弹出“打开”对话框，选择要操作的数据库并单击“确定”按钮即可。

2.4.3　设置当前数据库

Visual FoxPro 在同一时刻可以打开多个数据库，但在同一时刻只能有一个当前数据库。也就是说，通常情况下所有作用于数据库的命令或函数都是对当前数据库而言的。指定当前数据库的命令是 SET DATABASE 命令。

命令格式：

```
SET   DATABASE   TO  [<数据库文件名>]
```

说明：

(1) 数据库文件名。指定一个已经打开的数据库为当前数据库。

(2) 如果不指定任何数据库，即输入命令 SET DATABASE TO，将会使得所有打开的数据库都不是当前数据库。

注意：

所有的数据库都没有关闭，只是都不是当前数据库。

另外，也可以通过“常用”工具栏中的数据库下拉列表来指定当前数据库。假设当前打开了两个数据库：“学生数据库”和“教师管理数据库”。通过数据库下拉列表，单击要指定当前数据库的文件名来选择相应的数据库即可，如图 2-16 所示。

此外，当数据库与数据库设计器同时打开时，可通过单击数据库器的标题栏指定当前数据库。

图 2-16　指定当前数据库方法之一

2.4.4　关闭数据库

当数据库不再使用时，应该关闭数据库。可以使用 CLOSE DATABASE 命令关闭当前数据库，也可以使用 CLOSE ALL 命令关闭所有打开的数据库。

命令格式：

```
CLOSE  DATABASE
CLOSE  ALL
```

注意：

关闭“数据库设计器”窗口并不是关闭数据库。

2.4.5　删除数据库

删除数据库文件时，首先关闭要删除的数据库，再执行删除数据操作。删除数据库可以使用 DELETE DATABASE 命令。

命令格式：

```
DELETE  DATABASE  <数据库文件名> | ? [DELETETABLES]  [RECYCLE]
```

说明：

(1) 数据库文件名。指定要删除的数据库名。

(2) 参数“?”。用参数“?”会打开“删除”对话框。选择要删除的数据库文件，单击“删除”按钮即可。

(3) DELETETABLES，表示在删除数据库的同时，删除数据库中的表。

(4) RECYCLE，表示删除的内容放入回收站。

2.5　数 据 库 表

自由表和数据库表之间可以相互转换。二者区别如下。

自由表，不属于任何数据库的表。如果没有打开或创建数据库，所建的表都是自由表。一般常说的表专指自由表。字段的宽度只能输入 10 个字节，不能建立主索引。

数据库表，指将自由表加入到一个数据库后的表。有“显示格式”、“字段有效性”、“触发器”等属性，字段宽度可输入 128 个字节，可以建立主索引。

2.5.1　数据库表的创建

以菜单方式操作如下。

(1) 选择“数据库”|“新建表”命令，或在“数据库设计器”界面中右击，在弹出的快捷菜单中选择“新建表”命令，或在“数据库设计器工具栏”中单击新建表按钮，如图 2-17 所示。可弹出一个新建表的对话框，在该对话框选择“表向导”或“新建表”，如图 2-18 所示。

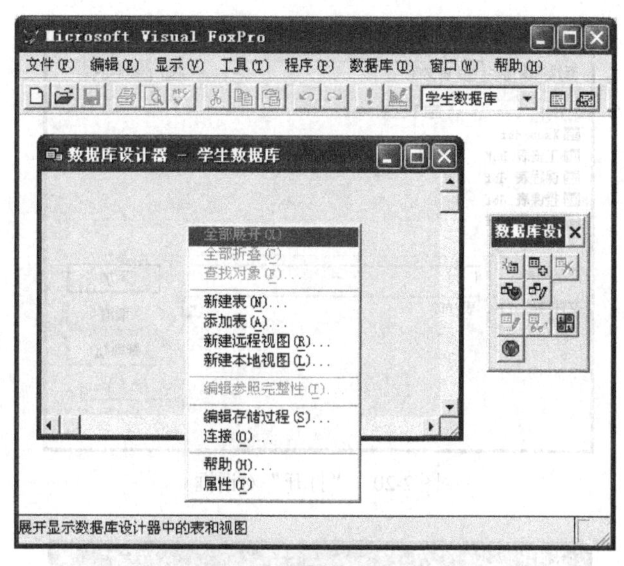

图 2-17　数据库设计器

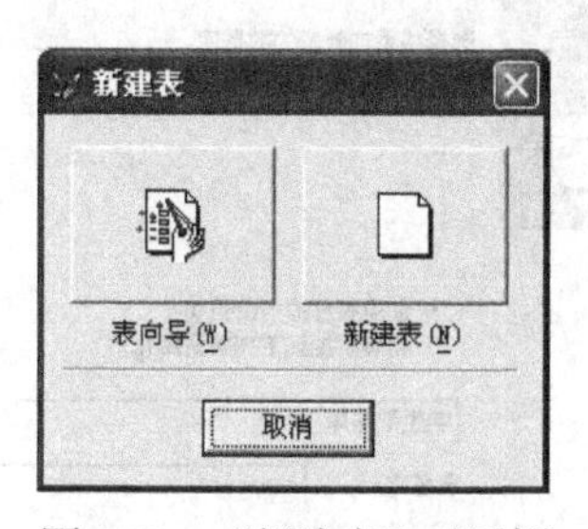

图 2-18　“新建表”对话框

(2) 如果选择“表向导”，在弹出的如图 2-19 所示的界面中单击“加入”按钮。在如图 2-20 所示的“打开”对话框中选取一个数据表并单击“添加”按钮，在“样表”中选定该表及其“可用字段”；单击“下一步”按钮。弹出如图 2-21 所示的界面，这里选择“将表添加到下列数据库”选项，否则系统默认创建自由表。再单击“下一步”按钮来把表建成。通过表向导建立的表会自动显示在“数据库设计器”界面中。

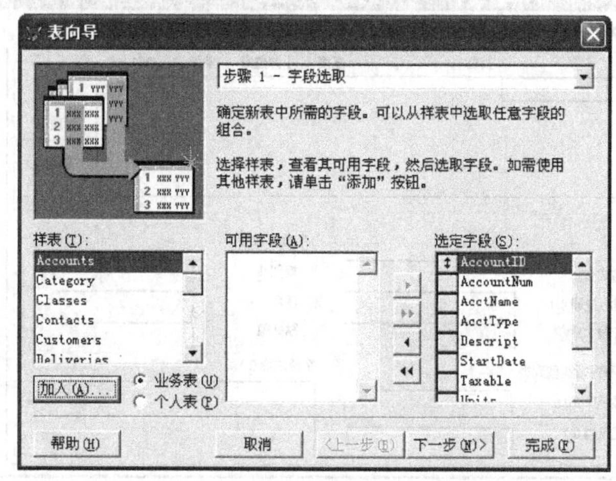

图 2-19　表向导“步骤 1-字段选取”

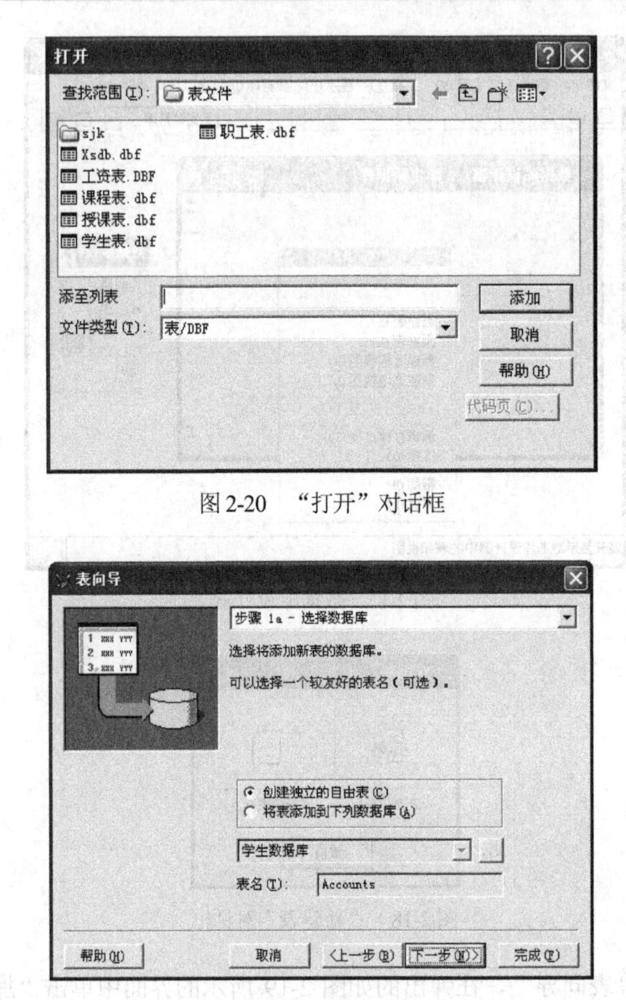

图 2-20　“打开”对话框

图 2-21　表向导“步骤 1a-选择数据库”

(3) 如果选择“新建表”按钮，会弹出“创建”对话框。在选择好路径和输入文件名后，单击“保存”按钮，系统会弹出“表设计器”对话框，如图 2-22 所示。

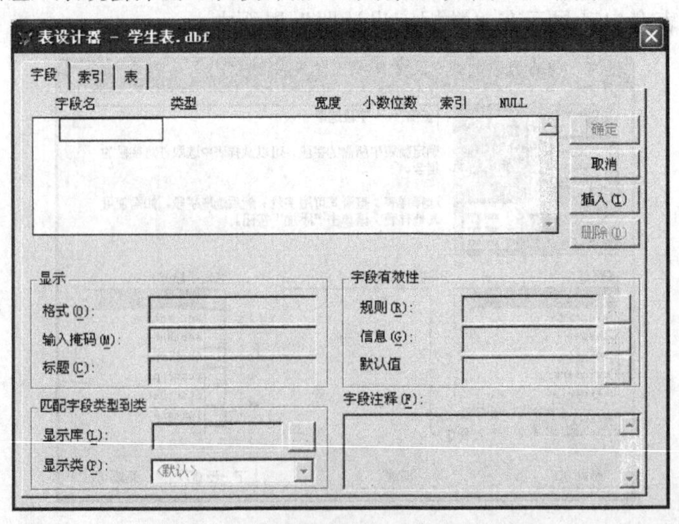

图 2-22　“数据库表的表设计器”对话框

(4) 在“表设计器”中可以输入字段，选择类型、宽度、小数位等属性。这和建立自由表时输入字段的方式是一样的。只不过字段名宽度为 128 个字节，同时可以设置字段有效性，这是和自由表不同的地方。设置完成后，单击“确定”按钮，系统会弹出“提示”界面。

(5) 单击“是”按钮，可以输入记录，输入方式和自由表一致。

2.5.2 数据库表的增减

1. 数据库表的增加

(1) 使用新建数据库表的方式，见第 2.5.1 小节。

(2) 使用添加表的方式(自由表转化为数据库表)。

(3) 菜单方式。

① 选择“数据库”|“添加表”命令，或在“数据库设计器”界面中右击，在弹出的快捷菜单中选择“添加表”命令。或在“数据库设计器工具栏”中单击“添加表”按钮，弹出如图 2-23 所示的“打开”对话框。

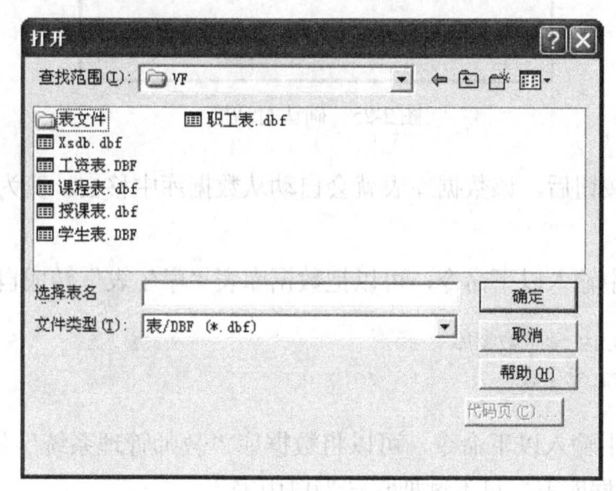

图 2-23　“打开”对话框

② 在“查找范围”中选择路径，再选择一个表。单击“确定”按钮，该表就会自动地出现在数据库中的界面上。

(4) 命令方式。

在命令窗口中输入如下代码。

```
OPEN DATABASE 学生数据库
ADD TABLE 学生表
```

可以为数据库“学生数据库”追加自由表“学生表”变成数据库表。

2. 数据库表的减少(将数据库表变成自由表)

(1) 菜单方式

① 当打开包含数据表的数据库时，该数据表显示在数据库界面上，选中数据库表(用鼠标单击其窗口变蓝色即为选中)，选择“数据库”|“移去”命令；或在“数据库设计器”界

面上右击，在弹出的快捷菜单中选择“删除”选项，会弹出一个如图 2-24 所示的提示对话框。

图 2-24　提示对话框

② 在弹出的提示选择对话框中，选择“移去”按钮，表示将选中的数据库表从数据库中移去，即将数据库表变为自由表；选择“删除”按钮，表示将选中的数据库表先从数据库中移去，再把它从磁盘上删除；选择“取消”按钮，将取消本次操作。单击“移去”按钮，系统就会弹出一个如图 2-25 所示的确认对话框。

图 2-25　确认对话框

③ 单击“是”按钮后，该数据库表就会自动从数据库中移去，变为自由表。

(2) 命令方式

① 在命令窗口中输入以下命令，可以把数据库表“学生表”转成自由表。

```
OPEN DATABASE 学生数据库
REMOVE TABLE 学生表
```

② 在命令窗口中输入以下命令，可以将数据库“教师管理系统”从磁盘上删除，但不会删除该数据库上数据库表，只不过把它转为自由表。

```
DELETE DATABASE 教师管理系统
```

③ 在命令窗口中输入以下命令，可以把数据库“教师管理系统”和数据库中所有数据库表一起删除。

```
DELETE DATABASE 教师管理系统 DELETETABLES
```

2.5.3　数据库中表的设置

1. 如何浏览数据库表、修改记录、修改字段

打开数据库，选中数据库表后选择“数据库”|“浏览”命令。或在“数据库设计器”对话框中，选中数据库表右击，在弹出的快捷菜单中选择“浏览”命令，都可以打开表“浏览”对话框，可以查看字段、记录、修改记录等操作；选中“修改”选项可以打开“表设计器”对话框进行字段修改。

2. 如何在数据库表中设置字段有效性

(1) 打开数据库，选中该数据库中的数据库表，右击，在弹出的菜单中选择“修改”或单击“数据库”选项，在下拉菜单中选择“修改”，可弹出数据库表的“表设计器”对话框，如图 2-26 所示。

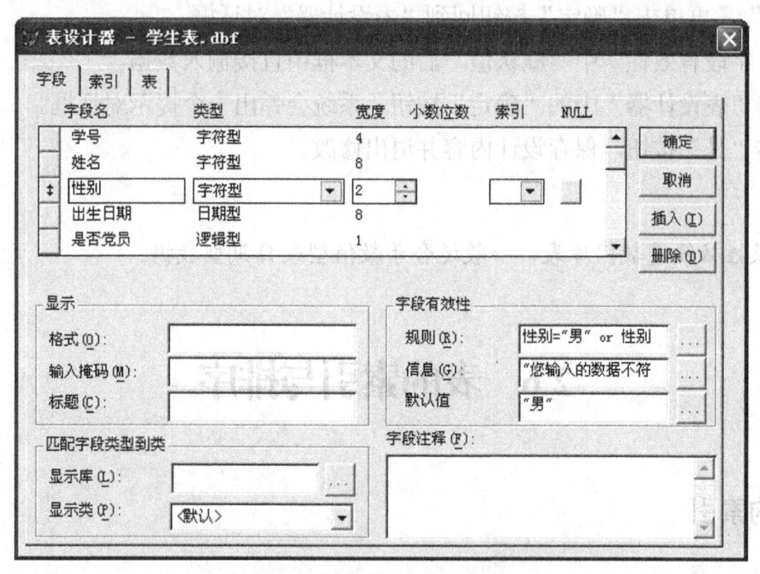

图 2-26　字段有效性规则设置

(2) 在“字段有效性”区域中，“规则”是对某个字段设置限制条件的，一般是逻辑表达式；“信息”是违反规则所提示的信息，一般是字符串(该项也可以不设置)；“默认值”专指该字段在不输入内容时，作为系统默认出现的数据，它必须符合规则和类型要与所设置字段一致。本例中先设置“规则”：性别为“男”或“女”。可以在“规则”后面的文本框中直接输入规则内容，也可以单击后面的按钮打开“表达式生成器”对话框，如图 2-27 所示。

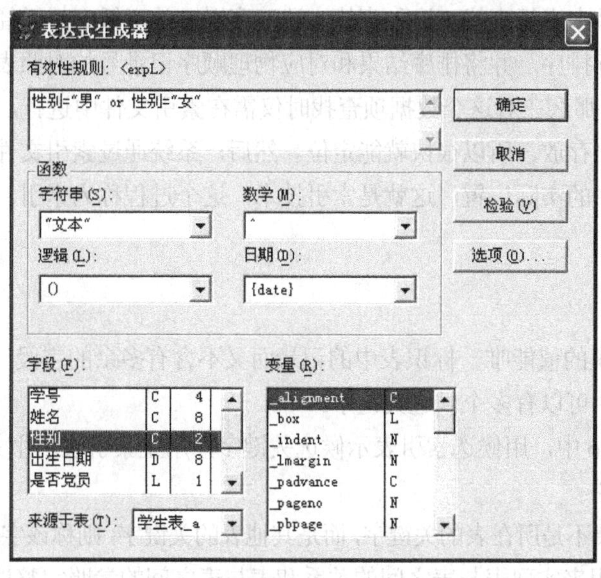

图 2-27　“表达式生成器”对话框

(3) 在“表达式生成器”界面中的“有效性规则”下面的文本框中输入事先设置好的规则“性别="男" or 性别="女"”，然后单击“确定”按钮返回“表设计器”对话框。

(4) 在“字段有效性”中“信息”后的文本框中直接输入字符串或单击文本框后面的按钮，同样会打开“表达式生成器”对话框，输入设置后的字符串“"您输入的数据不符合规则，请重新输入"”，再单击“确定”按钮回到“表设计器”对话框。

(5) 在“字段有效性”中“默认值”后的文本框中直接输入数据。

(6) 单击“表设计器”中的“确定”按钮，系统会弹出一个提示对话框。

(7) 单击“是”按钮，保存设计内容并退出修改。

注意：
字段有效性必须是数据库表，一般适合于数值型或日期型数据。

2.6　表的索引与排序

2.6.1　表的索引

1. 索引概述

索引是指将表按某关键表达式的值进行逻辑排序而生成索引文件。索引文件是由指针组成的文件，这些指针逻辑上按照索引关键表达式的值进行了排序。索引是一个很小的文件，它必须和表文件配合使用。

记录在表文件中的存储顺序称为物理顺序，记录号就是物理号，先输入的记录号总比后输入的小，所以先输入的内容自然排在前面。当在表中查找满足某个条件的记录时，必须从头开始在整个表记录中进行查找。这种查找方法速度慢、效率低。对于经常查找的数据项，如果事先对它们进行排序，并将排序结果和对应物理顺序记录号的对照表保存到相应的文件(称为索引文件)中，那么在对这个数据项查找时仅需在索引文件中进行。因为索引文件是按该数据项的大小顺序存放，所以很快就能定位。然后，系统通过索引文件中对照表就可得到该数据项在表文件中的实际位置，这就是索引技术，这个过程称为索引。

2. 索引关键字

(1) 关键字

如果一个字段集的值能唯一标识表中的记录而又不含有多余的字段，则称该字段集为候选关键字。一个表中可以有多个候选关键字。

在 Visual FoxPro 中，用候选索引表示候选关键字，用主索引表示主关键字。

(2) 外部关键字

如果一个字段集不是所在表的关键字，而是其他表的关键字，则称该字段集为外部关键字。

外部关键字常用来实现表与表之间的关系和表与表之间的参照完整性。

3. 索引类型

在 Visual FoxPro 中，索引类型分为主索引、候选索引、唯一索引和普通索引这 4 种。

(1) 主索引

在 Visual FoxPro 中，主索引的重要作用在于它的主关键字特性，主关键字的特性如下。

① 主索引只能在数据库表中建立且只能建立一个。

② 被索引的字段值不允许出现重复的值。

③ 被索引的字段值不允许为空值。

如果一个表为空表，那么可以在这个表上直接建立一个主索引。如果一个表中已经有记录，并且将要建立主索引的字段含有重复的字段值或者有空值，那么 Visual FoxPro 将产生错误信息。如果一定要在这样的字段上建立主索引，则必须先删除有重复字段值的记录或有空值的记录。

(2) 候选索引

候选索引和主索引具有相同的特性。建立候选索引的字段可以看做是候选关键字，一个表可以建立多个候选索引。候选索引与主索引一样，要求字段值的唯一性并决定了处理记录的顺序。

在数据库表和自由表中均可以为每个表建立多个候选索引。

(3) 唯一索引

唯一索引只在索引文件中保留第一次出现的索引关键字值。唯一索引以指定字段的首次出现值为基础，选定一组记录，并对记录进行排序。

在数据库表和自由表中均可以为每个表建立多个唯一索引。

(4) 普通索引

普通索引不仅允许字段中出现重复值，并且索引项中也允许出现重复值。它将为每一个记录建立一个索引项，而不管被索引的字段是否有重复记录值。

在数据库表和自由表中均可以为每个表建立多个普通索引。

从以上定义可以看出，主索引和候选索引具有相同的功能，除具有按升序或降序索引的功能外，都还具有关键字的特性。建立主索引或候选索引的字段值可以保证唯一性，它拒绝出现重复的字段值。

2.6.2　索引文件种类

按一个文件所能包含索引关键表达式的多少，将索引分为单索引和复合索引。

1. 单索引

一个索引文件只含有一个索引，单索引只有升序，扩展名是.IDX。创建的命令如下：

```
INDEX ON <索引表达式> TO <索引文件名>
```

2. 复合索引

一个文件中可以含有若干个索引标记(TAG)，每个 TAG 相当于一个单索引，它既可以是升序(Ascending，是默认形式)，也可以是降序(Descending)，复合索引文件的扩展名是.CDX。它又分为结构复合索引和非结构复合索引。结构复合索引文件与表文件主名相同，当表打开或关闭时它跟着自动打开或关闭；非结构复合索引文件名由用户自己定义，不能自动打开或关闭。

索引文件分为单索引文件和复合索引文件，复合索引文件又分为独立复合索引文件和结构复合索引文件。

(1) 单索引文件中只包含一种索引，用命令方式建立，这种索引文件的扩展名为.IDX。

(2) 独立复合索引文件可以包含不同的索引标识的多个索引，也可以为一个表建立多个非结构复合索引文件，独立复合索引文件的文件名与表名不同，扩展名为.CDX，用命令方式建立。

(3) 结构复合索引文件可以包含不同的索引标识的多个索引，一个表只能建立一个结构复合索引文件。结构复合索引文件的文件名与表名相同，扩展名为.CDX，用命令方式和表设计器均可建立。

2.6.3 索引文件的建立

索引可通过表设计器和命令方式建立。

1. 用表设计器建立索引

打开“表设计器”，选择“索引”选项卡，如图 2-28 所示。

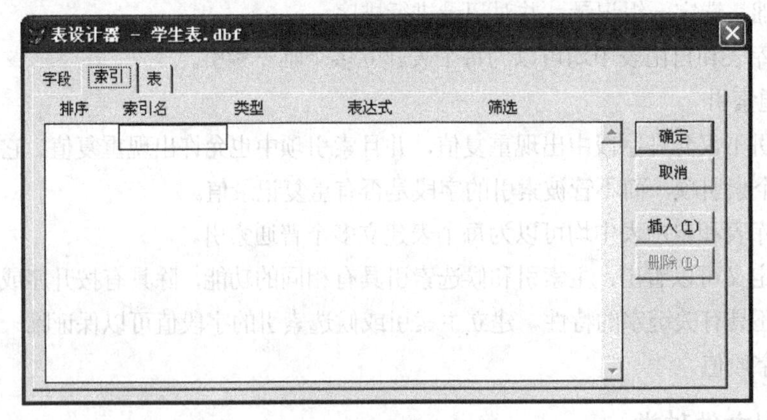

图 2-28　“索引”选项卡

一行描述一个索引，一个索引描述包含以下几项内容。

(1) 排序

指定索引中的排列顺序。向上箭头为升序，向下箭头为降序。排序时根据表达式(索引关键字)值的类型确定大小。

① 数值型：按其数值论大小。

② 字符型：按字符序列的排序先后论大小。

③ 日期型：按其日期论大小，在当前的日期之前的越早，日期值越小。

④ 逻辑型：假小于真。

(2) 索引名

索引标识名，即引用该索引的名字。

(3) 类型

可选上述介绍的 4 种索引类型之一。

注意：

只可在一行中选择主索引，因为一个数据库表只能建立一个主索引。

(4) 表达式

多个字段组合时要求描述的表达式要符合 Visual FoxPro 表达式规则。例如，将性别和入学成绩组成表达式时，因为两个字段的数据类型不同不能直接连接，而应用 STR()函数将入学成绩从数值型转换成字符型，然后与字符型的性别字段用字符运算符"+"进行连接方可。

注意：

备注型、通用型不能作为索引关键字。

(5) 筛选

索引中包含符合条件记录的条件表达式。筛选条件的描述必须符合 Visual FoxPro 逻辑表达式的规则。不包含筛选，则对所有记录进行索引。

这里，一个表可建多个索引，用多行表示。索引在行中的顺序就是后面引用索引的序号。例如，SET ORDER TO 2 就是将当前表的显示顺序设定为第 2 个索引顺序。2 就是指这里的第 2 行对应的索引。另外，在这里建立的索引一定是结构化的复合索引，索引建立后，系统生成一个与当前表主文件名相同、扩展名为.CDX 的文件。例如，对于学生表建立索引后，系统生成了"学生表.CDX"文件。

2. 用 INDEX 命令建立索引

(1) 建立单索引

命令格式：

```
INDEX ON <索引表达式> TO <索引文件名>
```

(2) 建立独立复合索引

命令格式：

```
INDEX ON <索引表达式> TAG <索引名> OF <索引文件名>[UNIQE|CANDIDATE]
```

(3) 建立结构复合索引

命令格式：

```
INDEX ON <索引表达式> TAG <索引名> [UNIQE|CANDIDATE] [ASCENDING  |DESCENDING]
```

说明：

① 索引表达式，可以是字段名，也可以是包含字段名的表达式。

② TAG 索引名，多个索引可以创建在一个索引文件中，标识和使用每个索引时通过索引名使用。索引标识名的命名复合 Visual FoxPro 中的规定即可。

③ UNIQE，指定唯一索引。CANDIDATE，指定候选索引。无 UNIQE 和 CANDIDATE 选项，表示建立的是普通索引。

④ ASCENDING 或 DESCENDING 指定升序或降序。

【例 2-7】对“学生表.DBF”以入学成绩的降序分别建立一个单索引和一个复合索引。

单索引：

```
INDEX  ON  —入学成绩  TO  RXCJJ
```

复合索引：

```
INDEX  ON  入学成绩  TAG  RXCJJ  DESCENDING
```

建立索引时，作为关键表达式，有时需要以不同类型的字段组成的，这时应将这些字段通过转换函数全部换成字符型，再用“+”号把它们连接起来。

【例 2-8】对“学生表.DBF”用“性别”、“入学成绩”两个字段创建一个索引“性别成绩”。

```
USE 学生表
INDEX ON 性别+STR(入学成绩)  TAG  性别成绩
```

当表被索引后，物理记录号和逻辑记录号将不一定相同。这时，记录指针的移动除 GO n 或 n 命令的 n 是物理指针外，其他都是逻辑指针。TOP、BOTTOM 将指逻辑首、逻辑尾。记录的各种操作也都按逻辑指针次序进行。

2.6.4　使用索引

1. 索引的打开

索引文件只有在打开后才发生作用。打开表文件时，结构化复合索引文件自动被打开；刚建立的索引文件处于打开状态；单索引文件和独立复合索引文件必须由用户打开。

(1) 命令方式

命令格式 1：

```
USE <表文件名> INDEX <索引文件名表>
[ORDER [<数字表达式>/<单索引文件名>[TAG]<标识名>
[OF<复合索引文件名>][ASCENDING/DESCENDING]]][NOUPDATE]
```

功能：打开指定的表文件及其相关的索引文件。

说明：

① <索引文件名表>中所列索引文件的扩展名可以省略(当有同名的.IDX、.CDX 文件时，必须带扩展名)。

② 若索引文件名表中的第一个索引文件是单索引文件，则它是主索引文件；若第一个索引文件是复合索引文件，则数据库文件的记录将以物理顺序被访问。

③ <索引文件名表>中的单索引文件和复合索引文件的标识有一个唯一的编号，编号最小值为 1，编号规则如下。首先，将单索引文件按它们在<索引文件名表>中出现的次序编号；然后，将结构化复合索引文件按标识产生的次序连续编号；最后，将其他复合索引文件中的标识先按其复合索引文件在<索引文件名表>中的次序，再按标识产生的次序连续编号。

④ ORDER 选择项用来将指定的单索引文件或标识作为主索引。无此项时，主索引文件将是<索引文件名表>中的第一个单索引文件；有此项时，则由此项指定的单索引文件或标识为主索引。<数字表达式>的值就是主索引的编号。若<数字表达式>为 0，则表示不设主索引。

⑤ <单索引文件名>表示将指定的单索引文件作为主索引。

⑥ [TAG]<标识名>[OF<复合索引文件名>]表示将复合索引文件中的指定标识作为主索引。[OF<复合索引文件名>]默认时，表示结构化复合索引文件。

⑦ 有 ASCENDING/DESCENDING 选择项时，表示主索引被强制以升序或降序索引；否则，按主索引原有次序索引。

⑧ NOUPDATE 选择项表示不允许修改表文件结构。

命令格式 2：

```
SET INDEX TO [<索引文件名表>/?]  [ORDER[<数字表达式>/<单索引文件名>/[TAG]<标识名> [OF<复合索引文件名>][ASCENDING/DESCENDING]]][NOUPDATE]
```

功能：在已打开数据库文件的条件下，打开相关的索引文件。

说明：

① 本命令所有的选择项功能同前。

② 不带任何选择项的 SET INDEX TO 命令将关闭当前工作区中所有打开的索引文件(结构化复合索引文件除外)。

【例 2-9】先为“职工表.DBF”建立几个索引文件，然后打开“职工表.DBF”表文件以及相关的索引文件。

方法一

在命令窗口中输入如下指令。

```
USE 职工表
INDEX ON 工资 TO GZA.IDX
INDEX ON -工资 TO GZD.IDX
INDEX ON 姓名 TAG XM  OF ZGXM.CDX
CLOSE ALL
USE 职工表 INDEX GZD.IDX，GZA.IDX，ZGXM.CDX
LIST
```

系统将在主窗口显示如图 2-29 所示信息。

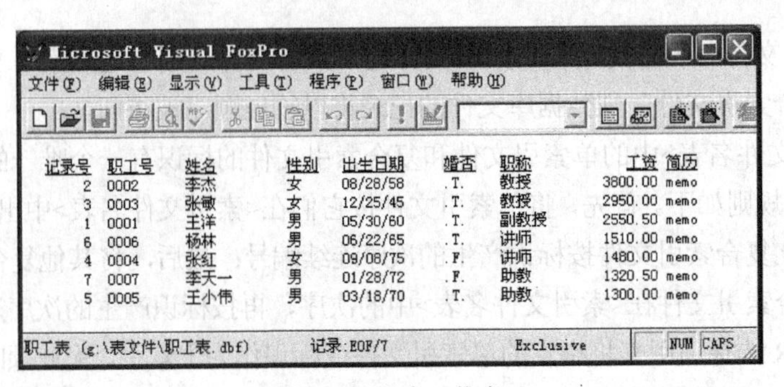

图 2-29　主窗口信息

其中，GZD.IDX 为主索引文件。

方法二

在命令窗口中输入如下指令。

```
USE 职工表
SET INDEX TO GZD.IDX，GZA.IDX，ZGXM.CDX
LIST
```

系统在主窗口中显示的信息和上面相同。

(2) 菜单方式

操作步骤如下。

① 在“窗口”菜单中选择“数据工作期”菜单项，出现“数据工作期”对话框。

② 在“数据工作期”对话框中选择 “属性”按钮，出现“工作区属性”对话框。

③ 在“工作区属性”对话框中展开“索引顺序”，选定需打开的索引。

④ 最后选择“确定”按钮，如图 2-30 所示。

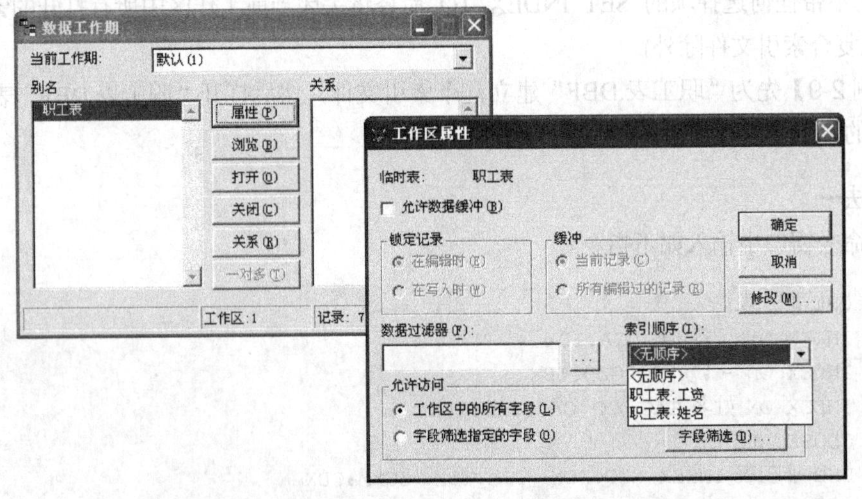

图 2-30　“数据工作期”和“工作区属性”对话框

2. 重新指定主控索引

对一个表文件可建立多个索引，也可以同时打开多个索引。但在任何时候，只有一个索引起作用，这个索引称之为主控索引。主控索引就是控制当前显示顺序的索引。要指定主控索引，可使用以下几种方法。

(1) 菜单方式

在表浏览状态下选择“表”菜单中的“属性”命令，打开“工作区属性”对话框，在“索引顺序”下拉列表框处选择索引名即可，如图 2-31 所示。

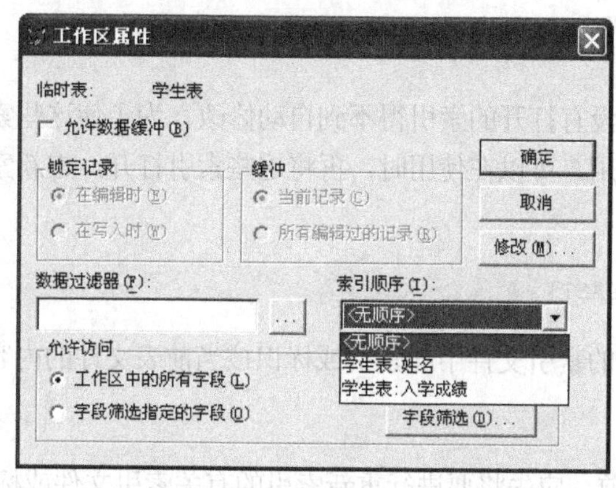

图 2-31　“工作区属性”对话框

(2) 命令方式

可以用 SET ORDER 命令指定索引。

命令格式：

```
SET ORDER TO [<索引序号> | [TAG] <索引名> ] [ ASCENDIN| DESCENDING ]
```

说明：可以按索引序号或索引名指定当前起作用的索引。在结构复合索引中，索引序号是指建立索引的先后顺序的序号。不管索引是按升序或降序建立的，在使用时都可以用 ASCENDING 或 DESCENDING 指定升序或降序。SET ORDER TO 为取消启用索引。

3. 索引的关闭

(1) 命令方式

命令格式 1：

```
USE
```

功能：关闭当前工作区打开的表文件及其所有索引文件。

命令格式 2：

```
SET INDEX TO
```

功能：关闭当前工作区中所有打开的单索引文件和独立复合索引文件。

命令格式 3：

```
CLOSE INDEXS
```

功能：关闭当前工作区所有打开的单索引文件和独立复合索引文件。

(2) 菜单方式

操作步骤如下。

① 打开“工作区属性”对话框。

② 在“工作区属性”对话框中展开“索引顺序”，选定“无顺序”。

③ 最后，单击“确定”按钮。

4. 重新索引

在修改表文件时，没有打开的索引得不到自动修改。为了使这些索引能正确反映表文件的内容，以保证正确使用，可以在使用时，再将这些索引打开，重新索引。

命令格式：

```
REINDEX [COMPACT]
```

功能：将所有打开的索引文件中的索引或标识按当前表文件的内容重新索引。

说明：

(1) 在执行此命令前，应先将要进行重新索引的有关索引文件或标识打开。

(2) COMPACT 选择项表示将一般的.IDX 索引文件变为压缩的.IDX 索引文件。

5. 索引的删除

(1) 标识的删除

命令格式 1：

```
DELETE TAG <标识名表>
```

功能：从打开的复合索引文件中删除一个或多个标识。

命令格式 2：

```
DELETE TAG <标识名 1> [OF<复合索引文件名>][，<标识名 2> [OF<复合索引文件名>]]…
```

功能：从打开的指定复合索引文件中删除一个或多个标识。

命令格式 3：

```
DELETE TAG ALL [OF<复合索引文件名>]
```

功能：从打开的复合索引文件中删除全部标识，该复合索引文件自动从磁盘上删除。

(2) 单索引文件的删除

命令格式：

```
DELETE FILE <单索引文件名>
```

功能：删除指定的单索引文件。

说明：不能删除打开的索引文件，且删除指定的索引文件时文件名必须带上扩展名。

6. 索引文件的转换

(1) 单索引文件复制到复合索引文件

命令格式：

```
COPY INDEXES<单索引文件名表>/ALL [TO<复合索引文件名>]
```

功能：将当前表文件已打开的所有单索引文件或<单索引文件名表>中所列的单索引文件，复制到相应的复合索引文件中。

说明：

① 选择项 TO<复合索引文件名>指明要复制到的复合索引文件，默认时为结构化复合索引文件。

② 复制后，原单索引文件名作为复合索引文件中的一个索引标识名。

【例 2-10】 将表文件职工表.DBF 的单索引文件 GZA.IDX、GZD.IDX 复制到结构化复合索引文件中。

```
USE 职工表
SET INDEX TO GZA，GZD
COPY INDEXES  GZA，GZD
```

(2) 复合索引文件标识复制成单索引文件

命令格式：

```
COPY TAG<标识名>[OF<复合索引文件名>] TO<单索引文件>
```

功能：将复合索引文件中指定的索引标识复制成一个单索引文件。

说明：选择项 OF<复合索引文件名>表示指定的复合索引文件名，默认时为结构化复合索引。

【例 2-11】 将表文件“职工表.DBF”的结构化复合索引文件中的标识复制为单索引文件。

```
USE 职工表
COPY TAG  GZA TO GZAA.IDX
COPY TAG  GZD TO GZDD.IDX
```

2.6.5　利用索引快速查询

建立和使用索引的目的有两个：一是，可以对表中随机存储的记录根据任务的需要进行逻辑排序；二是，可以提高记录的查询检索速度。如何提高记录的查询检索速度对于实际应用来说是非常重要的，是评价应用系统的一个重要指标。Visual FoxPro 提供了两条基于索引的快速查询命令，即 FIND 命令和 SEEK 命令。

1. FIND 查询

命令格式：

```
FIND  <表达式>
```

功能：该命令用于在当前索引上快速查找索引关键字值与给定的字符串相匹配的首条记录。如果查找到相匹配的记录，Visual FoxPro 将记录指针指向该记录，并且测试函数 FOUND()返回逻辑真值，EOF()函数返回逻辑假值；否则记录指针将指向记录结束标识，并且测试函数 FOUND()返回逻辑假值，EOF()函数返回逻辑真值。

说明：

(1) <表达式>参数必须是字符型常量或变量。

(2) 字符型常量可以省略定界符。若字符型常量包含前置空格，则必须使用定界符。

(3) 若<表达式>参数是字符型变量，那么在该字符型变量前要添加宏替换函数&。

【例 2-12】用 FIND 命令在“学生表.DBF”中查找姓名为“宋科字”的记录。执行如下操作。

```
USE 学生表
INDEX ON 姓名 TAG XM        &&若已按姓名索引则打开相应索引即可
FIND 宋科字
DISPLAY
```

如果将要查找的学生姓名保存在一个变量中，那么上述命令应改写为如下形式。

```
USE 学生表
INDEX ON 姓名 TAG XM        &&若已按姓名索引则打开相应索引即可
XM="宋科字"
FIND &XM
DISPLAY
```

Visual FoxPro 提供了一个独特的宏替换函数&，该函数用以替换出字符型变量的内容，即&的值是变量中的字符串。上述命令中的 FIND &XM 命令等价于“FIND　宋科字”命令。

2. SEEK 查询

命令格式：

```
SEEK <表达式>
```

功能：该命令用于在当前索引上快速查找索引关键字值与给定的表达式相匹配的首条记录。如果查找到相匹配的记录，Visual FoxPro 将记录指针指向该记录，并且测试函数 FOUND()返回逻辑真值，EOF()函数返回逻辑假值；否则记录指针将指向记录结束标识，并且测试函数 FOUND()返回逻辑假值，EOF()函数返回逻辑真值。

说明：

(1) <表达式>参数是一个表达式，该表达式可以是字符型表达式，也可以是数值型或日期型表达式。

(2) 若<表达式>参数是一个字符型常量，那么该字符型常量必须使用定界符。

(3) 若<表达式>参数是一个变量，那么该变量前无须使用宏替换函数&。

【例 2-13】用 SEEK 命令在“学生表.DBF”中查找姓名为“宋科宇”的记录。执行如下操作。

```
USE 学生表
INDEX ON 姓名 TAG XM        &&若已按姓名索引则打开相应索引即可
SEEK "宋科宇"               &&若 XM="宋科宇"，则 SEEK XM 即可
DISPLAY
```

FIND 命令和 SEEK 命令都是根据索引文件快速查找与给定数据相匹配的记录。FIND 命令通常用于查找字符型数据，SEEK 命令通常用于查找数值型或日期型数据。

2.6.6 表的排序

在 Visual FoxPro 中，如果说索引文件仅仅是对表进行逻辑上的排序的话，那么排序(SORT)命令则是对表进行物理上的排序。换句话说，排序命令可以对当前表根据指定的规则进行重新排序，并将重新排序的记录保存成一个新的有序表。需要注意的是，Visual FoxPro 在使用排序命令时并不改变当前表中记录的位置，而是将排序的结果形成一个新的有序表。

命令格式：

```
SORT TO <表文件名> ON <字段 1>[/A][/D][/C]
[，<字段 2>[/A][/D][/C]…] [ASCENDING|DESCENDING]
[范围] [FIELDS <字段名表>] [FOR <条件>] [WHILE <条件>]
```

功能：该命令首先将当前表按照指定的字段(<字段 1>、<字段 2>…)进行排序，然后将排序好的记录置于名为<表文件名>的新表中。

说明：

(1) <表文件名>参数用于指定新生成的有序表名。Visual FoxPro 将排序好的记录置于该有序表中。

(2) <字段 1>、<字段 2>，……，为指定的排序字段。

(3) [/A]参数指定排序按升序方式进行。

(4) [/D]参数指定排序按降序方式进行。

(5) [/C]参数指定排序时不区分字母的大小写。

(6) [ASCENDING/DESCENDING]参数用于指明当根据多个字段进行排序时，如果这多个字段的排序方向一致，可以仅在 SORT 命令中使用一次[ASCENDING/DESCENDING]参数即可。

(7) [范围]参数用于限定 SORT 命令的作用范围。用户可以在 SORT 命令中使用记录范围参数(ALL，NEXT N，RECORD N，REST)指明要对当前表中的哪些记录进行排序。

(8) [FOR <条件>]和[WHILE <条件>]参数用于限定 SORT 命令仅能对满足给定条件的记录进行排序。

(9) [FIELDS <字段名表>]参数用于限定在新生成的有序表中应包含哪些字段。

【例 2-14】对学生表根据入学成绩进行降序排序，并将排序结果保存在 XSJ 表中。另外，XSJ 表中记录的入学成绩均应大于 490。执行如下命令。

```
USE 学生表
SORT TO XSJ ON 入学成绩/D  FOR  入学成绩>490
USE XSJ
LIST
```

2.6.7　数据的统计和汇总计算命令

表的统计指统计表中记录的条数、数值型字段的求和、求平均值及汇总等。

1. 记录数的统计

命令格式：

```
COUNT  [TO <内存变量>]  [<范围>]  [FOR<条件 1>]  [WHILE <条件 2>]
```

功能：统计当前数据库中指定范围内满足条件的记录个数。

说明：

(1) 若选择 TO<内存变量>，则将统计结果存入内存变量中。

(2) 若<范围>选项默认，则默认值为 ALL。

(3) FOR/WHILE<条件>的功能同其他命令。

【例 2-15】统计如图 2-32 所示的“职工表.DBF”中工资大于 1500 的已婚人数。

职工表

职工号	姓名	性别	出生日期	婚否	职称	工资	简历
0001	王洋	男	05/30/60	T	副教授	2550.50	memo
0002	李杰	女	08/28/58	T	教授	3800.00	memo
0003	张敏	女	12/25/45	T	教授	2950.00	memo
0004	张红	女	09/08/75	F	讲师	1480.00	memo
0005	王小伟	男	03/18/70	T	助教	1300.00	memo
0006	杨林	男	06/22/65	T	讲师	1510.00	memo
0007	李天一	男	01/28/72	F	助教	1320.50	memo

图 2-32　职工表记录

在命令窗口中输入如下指令。

```
USE  职工表
COUNT FOR 工资>1500  AND  婚否 TO  GH
? GH
```

2. 数值字段求和

命令格式：

```
SUM [<表达式表>] [<范围>] [FOR<条件 1>] [WHILE <条件 2>] [TO <内存变量表>| TO
ARRAY<数组>]
```

功能：对当前表文件指定范围内满足条件的记录按<表达式表>所给数值字段纵向求和。

说明：

(1) <表达式表>通常由当前表文件中的数值型字段组成。若该项默认，则对库文件中所有数值型字段求和。

(2) 若<范围>选项默认，则默认值为 ALL。

(3) <内存变量表>中的内存变量个数应于<表达式表>中表达式的个数一致。

(4) TO ARRAY<数组>选择项表示将求和结果送入指定的数组。

【例 2-16】求出“职工表.DBF”中男教师的工资之和。

在命令窗口中输入如下指令。

```
USE  职工表
SUM 工资  FOR  性别="男"  TO NSH
? NSH
```

3. 数值字段求平均值

命令格式：

```
AVERAGE [<表达式列表>] [<范围>] [FOR<条件 1>] [WHILE <条件 2>] [TO <内存变量列表>]
```

功能：对当前表文件指定范围内满足条件的记录按<表达式表>所给数值字段纵向求平均值。

说明：各选项的功能与 SUM 命令相同。

【例 2-17】求出“职工表.DBF”中女教师的平均工资。

在命令窗口中输入如下指令。

```
USE  职工表
AVERAGE FOR 性别="女"  TO  VSJ
? VSJ
```

4. 表文件的分类汇总

分类汇总是按关键字进行汇总，即把关键字段值相同的记录作为一类进行汇总。

命令格式：

```
TOTAL ON <关键字> TO <新表文件名> [FIELDS<字段名表>] [范围] [FOR<条件 1>] [WHILE <条件 2>]
```

功能：对当前表文件中指定范围内满足条件的记录进行分类汇总，形成一个新的表文件。

说明：

(1) 当前表文件在汇总前必须按关键字进行了排序或索引，而且该表文件及其索引文件已被打开。

(2) 分类汇总是将当前表文件中关键字段值相同的记录分成一组合并成一条记录，数值型字段是该组相应字段值之和，其他字段取每组第一个记录相应的字段内容。并将汇总结果存入<新表文件名>指定的新表文件中。

(3) 选用 FIELDS 短语时，仅对指定字段进行汇总，否则对所有数值型字段汇总。

(4) <范围>选项默认时，默认值为 ALL。

(5) 为防止数据溢出，事先应适当放大当前表文件中有待汇总的字段宽度。

【例 2-18】对“职工表.DBF”按职称对工资进行分类汇总。

在命令窗口中输入如下指令。

```
USE 职工表
BROWSE
INDEX ON 职称 TAG ZC
SET ORDER TO TAG ZC
TOTAL ON 职称 TO ZT
USE ZT
BROWSE
```

2.7 工作区和数据工作期

2.7.1 工作区的概念

工作区是用来保存表及其相关信息的一片内存空间。通常所讲的“打开表”，实际上就是将它从磁盘调入到内存的某一个工作区。在每个工作区中只能打开一个表文件，但可以同时打开与表相关的其他文件，如索引文件、查询文件等。若在一个工作区中打开一个新的表，则该工作区中原来的表将被关闭。

有了工作区的概念，就可以同时打开多个表，但在任何一个时刻用户只能选中一个工作区进行操作。当前正在操作的工作区称为当前工作区。

2.7.2 工作区的表示

不同工作区可以用其编号或别名来加以区分。

Visual FoxPro 提供了 32767 个工作区，系统以 l~32767 作为各工作区的编号。

工作区的别名有两种。一种是系统定义的别名：1~10 号工作区的别名分别为字母 A~J。另一种是用户定义的别名，用命令“USE(表文件名)ALIAS(别名)”指定。由于一个工作区只能打开一个表，因此可以把表的别名作为工作区的别名。若未用 ALIAS 子句对表指定别名，则以表的主名作为别名。

2.7.3 工作区的选择

命令格式：

```
SELECT<工作区号>|<别名>|0
```

功能：该命令选择一个工作区为当前工作区，以便打开一个表或把该工作区中已打开的表作为当前表进行操作。Visual FoxPro 默认 1 号工作区为当前工作区。

说明：

(1) 工作区的切换不影响各工作区记录指针的位置。每个工作区上打开的表有各自独立的记录指针。通常，当前表记录指针的变化不会影响别的工作区中表记录指针的变化。

(2) SELECT 0 表示选择当前没有被使用的最小号工作区为当前工作区。用本命令开辟新的工作区，不用考虑工作区号已用到了多少，使用最为方便。

(3) 也可在 USE 命令中增加 IN 子句来选择工作区并打开表，但不改变当前工作区。例如，在1号工作区打开学生表，并给它取一个别名，可用如下命令。

```
USE 学生表 ALIAS  XSB  IN  1 或 USE 学生表 ALIAS XSB  IN  A
```

(4) 在当前工作区中可以访问其他工作区中的表的数据，但要在非当前表的字段名前加上别名和连接符，引用格式为“别名. 字段名或别名->字段名”。

【例 2-19】显示职工表的“职工号”、“姓名”，授课表的“课程号”、“授课班级”，课程表的“课程名”这 5 个字段信息。

```
SELECT  2
USE  授课表
USE  课程表  IN  3
SELECT  0
USE  职工表
LIST  职工号，姓名，B. 课程号，B. 授课班级，课程表->课程名
```

显示结果如图 2-33 所示。

记录号	职工号	姓名	B->课程号	B->授课班级	课程表->课程名
1	0001	王洋	601	9801	数据库
2	0002	李杰	601	9801	数据库
3	0003	张敏	601	9801	数据库
4	0004	张红	601	9801	数据库
5	0005	王小伟	601	9801	数据库
6	0006	杨林	601	9801	数据库
7	0007	李天一	601	9801	数据库

图 2-33　显示结果

想一想：

为什么授课表的“课程号”、“授课班级”，课程表的“课程名”几个字段信息内容各行一样呢？

2.7.4　数据工作期

为了方便用户了解和配置当前的数据工作环境，Visual FoxPro 提供一种称为“数据工作期”(data session)的窗口，用于打开或显示表、建立表间关系、设置工作区属性。

“数据工作期”窗口可用菜单或命令方式打开和关闭，具体方法见表 2-6。

表 2-6　打开和关闭“数据工作期”窗口的方式

	菜单方式	命令方式	其他方法
打开	选定“窗口”|“数据工作期”命令	SET 或 SET VIEW ON	
关闭	选定“文件”|“关闭”命令	SET VIEW OFF	双击该窗口的控制菜单框

“数据工作期”窗口由 3 部分组成，如图 2-34 所示。左边的“别名”列表框用于显示迄今已打开的表，并可从多个表中选定一个当前表。右边的“关系”列表框用于显示表之间的关联状况。中间一列有 6 个功能按钮，它们的功能如下。

(1) “属性”按钮：用于打开“工作区属性”对话框。

(2) “浏览”按钮：为当前表打开“浏览”窗口，供浏览或编辑数据。

(3) “打开”按钮：弹出“打开”对话框来打开表；若某数据库已打开，还可打开数据库表。

(4) “关闭”按钮：关闭当前表。

(5) “关系”按钮：以当前表为父表建立关联。

(6) “一对多”按钮：系统默认表之间以多对一关系关联；若要建立一对多关系，可单击该按钮。

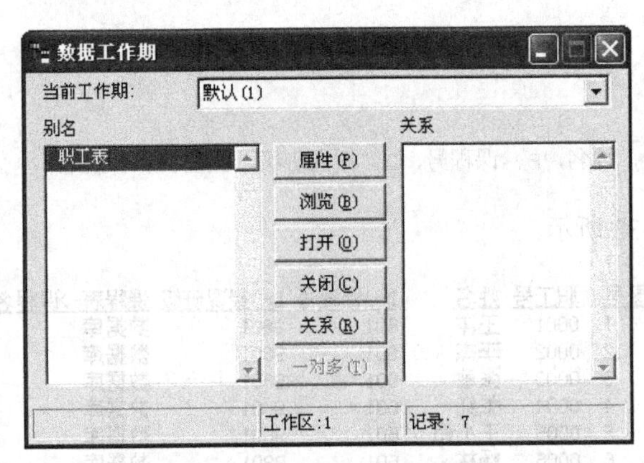

图 2-34　“数据工作期”对话框

2.8　表 的 关 系

2.8.1　永久关系

数据完整性主要保证表中数据的正确性，即实体完整性、域完整性和参加完整性。

1. 实体完整性与主关键字

实体完整性是保证表记录的唯一性，即在一个表中不允许有重复的记录。在 Visual FoxPro 中，利用主索引或候选索引来实现。

2. 域完整性与约束规则

即设置字段值的取值范围。约束规则又称为字段有效性规则，包括以下 3 个方面。

(1) 规则：设置字段值的取值范围(逻辑表达式)。

(2) 信息：违背规则后的提示信息(字符表达式)。

(3) 默认值：表示默认的数据(与该字段值的数据类型保持一致)。

比较简单直接的方法是在表设计器中建立字段有效性规则，见前面字段有效性规则设置。

3. 参照完整性

跟表之间的联系有关，包含 3 个方面：更新、删除和插入。在 Visual FoxPro 中，设置参照完整性之间必须首先建立两个表之间的永久联系(物理联系)，父表建立主索引，子表建立普通索引；其次清理数据库，最后设置参照完整性。

(1) 建立关系

在 Visual FoxPro 中，建立关系的两个表需要有联接字段，其字段类型和值域相同，字段名可以相同，也可以不同。建立关系的两个表，其中一个表用联接字段建立主索引或候选索引，此表通常称为主表或父表，另一个表用联接字段建立普通索引，此表通常称为辅表或子表。

建立索引后，在数据库中，用拖动的方法，从主索引名或候选索引名处开始拖动到普通索引名处即可。

建立好关系的表如图 2-35 所示，联接表的符号表示建立的是一对多关系。

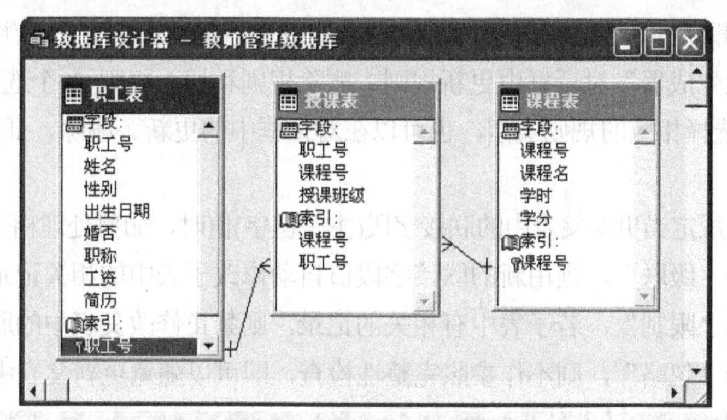

图 2-35　建立好关系的 3 个表

如果在建立关系时操作有误，随时都可以编辑修改关系，操作方法是右击要修改的关系线，从弹出的菜单中选择“编辑关系”命令，打开“编辑关系”对话框进行设置，如图 2-36 所示。

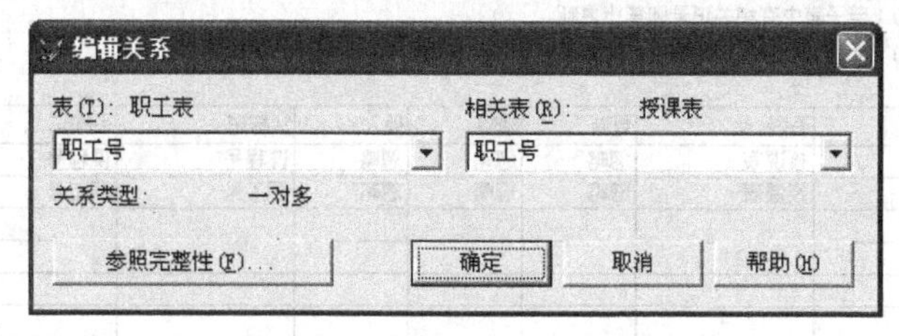

图 2-36　“编辑关系”对话框

也可以右击要修改的关系线，从弹出的菜单中选择“删除关系”命令，删除两个表间的关系。

(2) 清理数据库

建立好关系的两个表，要设置参照完整性，需要首先清理数据库，否则会出现如图 2-37 所示的对话框。清理数据库的方法是选择“数据库”|“清理数据库”命令。

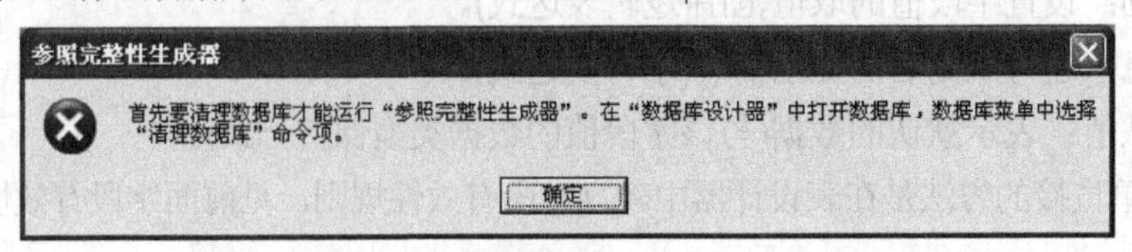

图 2-37　未清理数据库时出现的对话框

在清理数据库时，如果出现如图 2-38 所示的提示对话框，表示数据库中的表处于打开状态，需要关闭后才能正常完成清理数据库操作。可以在“数据工作期”对话框中关闭表。

图 2-38　不能正常清理数据库时出现的对话框

(3) 设置参照完整性

清理数据库后，就可以设置两个表间的参照完整性了。右击表之间的关系线，在弹出的菜单中选择“编辑参照完整性”命令，显示如图 2-39 所示的“参照完整性生成器”对话框。

“参照完整性生成器”对话框由更新规则、删除规则和插入规则 3 个选项卡组成，可以在每个选项卡中选择相应的规则类型，也可以在对话框中的更新、删除、插入的规则列表中选择相应的规则。

① 更新规则规定当更新父表中的联接字段(主关键字)值时，如何处理相关子表中的记录。

- 如果选择“级联”，则用新的联接字段值自动修改子表中的相关记录。
- 如果选择“限制”，若子表中有相关的记录，则禁止修改父表中的联接字段。
- 如果选择“忽略”，则不作参照完整性检查，即可以随意更新父表中联接字段的值。

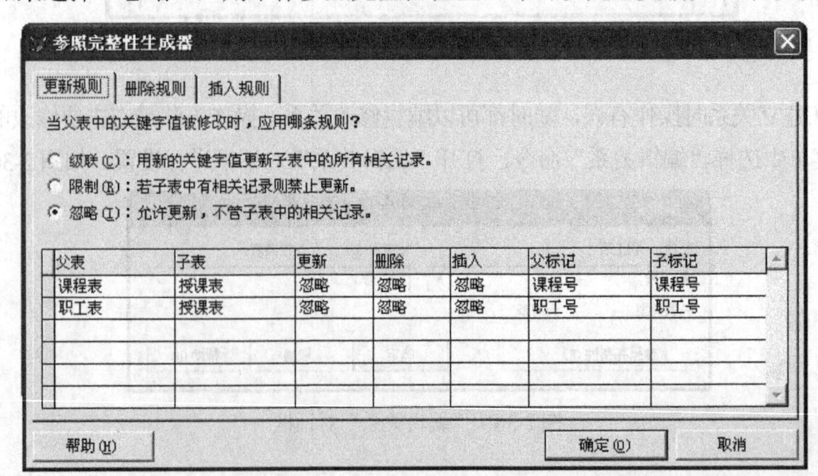

图 2-39　“参照完整性生成器”对话框

② 删除规则规定当删除父表中的记录时，如何处理相关子表中的相关记录。

- 如果选择“级联”，则自动删除子表中的所有相关记录。
- 如果选择“限制”，若子表中有相关的记录，则禁止删除父表中的记录。
- 如果选择“忽略”，则不作参照完整性检查，即删除父表中的记录时与子表无关。

③ 插入规则规定当插入子表中的记录，是否进行参照完整性检查。

- 如果选择“限制”，若父表中没有相匹配的联接字段值，则禁止插入子记录。
- 如果选择“忽略”，则不作参照完整性检查，即可以随意插入子记录。

2.8.2 临时关系

数据库表间可以建立永久关系，而自由表间只可以建立临时关系。

1. 用命令创建临时关系

命令格式：

```
SET RELATION TO [字段表达式 INTO 工作区号|表别名]
```

其中，“字段表达式”指定建立临时关系的索引关键字(一般应该是父表的主索引、子表的普通索引)；用工作区号或表别名说明临时关系是由当前工作区的表到哪个表的。

【例 2-20】通过“职工号”索引建立当前表(职工表)和授课表之间临时关系的命令如下。

```
OPEN DATABASE 教师管理管理数据库
USE 职工表  IN  1  ORDER 职工号
USE 授课表  IN  2  ORDER 职工号
SET RELATION TO 职工号 INTO 授课表
SET SKIP TO 授课表
```

这样，当职工表的记录指针变动时，授课表的记录指针也随之变动。

【例 2-21】显示职工表的“职工号”、“姓名”，授课表的“课程号”、“授课班级”等字段信息。

按图 2-40 建立一对多关系后，执行如下命令。

```
LIST  姓名，B.课程号，B.授课班级
```

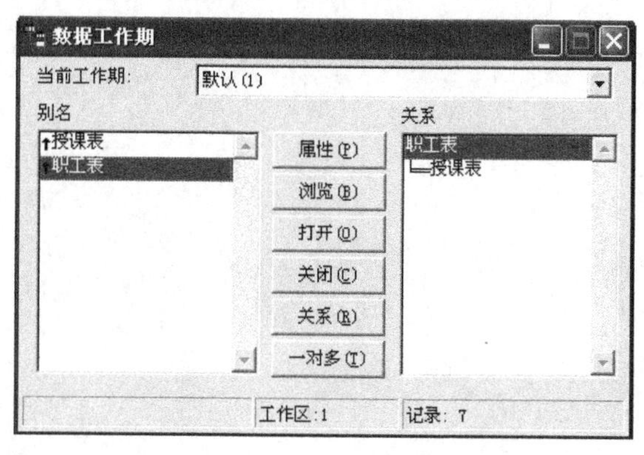

图 2-40　建立临时关系

则显示结果如图 2-41 所示。

记录号	姓名	B->课程号	B->授课班级
1	王洋	601	9801
1	王洋	601	9802
2	李杰		
3	张敏	403	9802
4	张红		
5	王小伟	502	9901
5	王小伟	502	9902
6	杨林		

图 2-41　显示结果

2. 解除临时关系

命令格式：

```
SET RELATION TO
```

命令说明：使用此命令前，先要进入建立关联时主表所在的工作区。另外，在关闭数据库和关闭表文件时，表间的临时关系同时解除。

2.9　本 章 小 结

本章主要介绍了 Visual FoxPro 中对数据库与表的有关操作，主要包括表的建立、修改、显示等操作以及数据库的创建、打开、设置等有关操作；其中，也详细介绍了表的索引、查询、排序等操作；最后也介绍了工作区与数据工作期以及关系的设置等有关操作。

本章的知识是以后学习各章节的基础，熟练掌握数据库及数据库表的操作是学好 Visual FoxPro 的基本要求。

第3章　程序设计基础

本章介绍 Visual FoxPro 程序设计基础，包括常量、内存变量、常用函数、表达式、程序设计概述以及程序的基本结构。

学习目标：

- 理解并掌握常量、变量、函数及表达式
- 掌握程序文件的建立过程和运行方法
- 学会程序的设计思想和实现方法

3.1　常量与变量

大多数程序设计允许使用常量、变量和数组来存储数据。常量通常是指在命令或程序执行过程中保持不变的数据，是在命令或程序中被直接引用的一个具体的、不变的实际值。变量是指其值可以改变的数据对象。每个变量有一个变量名，代码通过变量名来访问变量的取值。

3.1.1　常量

常量根据基本数据类型可以分为 6 种：数值型常量、货币型常量、字符型常量、日期型常量、日期时间型常量和逻辑型常量。不同类型的常量采用不同的定界符来表示。

1. 数值(Numeric)型常量

数值型常量也就是常数，用来表示数量的大小。数值型常量由数字 0~9、小数点和正负号构成，在内存中占 8 个字节，取值范围是-0.9999999999E+19~0.9999999999E+20，如 68、5.93、-12 等。有些很大或很小的数值型常量，也可以使用科学记数法形式书写。例如，用 8.234E12 表示 8.234×10^{12}，用 2.3E-12 表示 2.3×10^{-12}。

2. 货币(Currency)型常量

货币型常量用来表示货币值，其书写格式与数值型常量类似，但在表示货币型常量时，需要在数字前加上货币符号“$”，如$123.456。货币数据在存储和计算时，采用 4 位小数，占据 8 字节存储空间。货币型数据用字母 Y 表示。

如果一个货币型常量多于 4 位小数，则系统会自动将多余的小数四舍五入。取值范围是-922337203685477.5807~922337203685477.5807。例如，常量 9.8756789 存储为 9.8757。货币型常量不能用科学计数法表示。

3. 字符(Character)型常量

字符型常量是由字符型常量的定界符：单引号' '、双引号" "或方括号[ ]括起来的汉字或可打印的 ASCII 字符串，如"哈尔滨师范大学"、'985'、[STUDY]。

字符型常量的定界符必须成对出现，不能一边用双引号而另一边用单引号。如果某种定界符本身也是字符串的内容，则需要用另一种定界符为该字符串定界，如["1234"]。

不包含任何字符的字符串("")叫空串。空串与包含空格的字符串(" ")不同。字符型数据用字母 C 表示数据类型，一个英文字符或数字占 1 字节内存，一个汉字占用 2 字节内存。

4. 日期(Date)型常量

日期型常量是用一对花括号({})将包括日期的数据括起来。花括号内包括年、月、日这 3 部分内容，各部分内容之间用分隔符分隔。常用的日期分隔符有斜杠(/)、连字符(-)、句点(.)和空格。其中，斜杠(/)是系统在显示日期型数据时使用的默认分隔符。

日期型数据用 8 个字节表示，取值范围是{^0001-01-01}~{^9999-12-31}。日期常量的格式有如下两种。

(1) 传统的日期格式

传统日期格式中的月、日各为 2 位数字，而年份可以是 2 位数字，也可以是 4 位数字。系统默认的日期型数据为美国日期格式 mm/dd/yy(月/日/年)，如{10/09/01}、{10-09-01}、{10.09. 2001}等。这种格式的日期型常量要受命令 SET DATE TO 和 SET CENTURY TO 设置的影响。即在不同的设置状态下，计算机会对同一个日期型常量做出不同的解释。例如，{10/09/01}可以被解释为 2001 年 10 月 9 日、2001 年 9 月 10 日、2010 年 9 月 1 日。

(2) 严格的日期格式

严格的日期格式为{^yyyy-mm-dd}，如{^2009/07/01}。用这种格式书写的日期常量都能表达一个确切的日期，它不受 SET DATE 等语句的影响。严格的日期格式可以在任何情况下使用，而传统的日期格式只能在 SET STRICTDATE TO 0 状态下使用。

下面介绍影响日期格式的设置命令。

(1) 命令格式：

```
SET MARK TO[<日期分隔符>]
```

功能：用于设置显示日期型数据时使用的分隔符。如果执行 SET MARK TO 没有指定任何分隔符，则表示恢复系统默认的斜杠分隔符。

(2) 命令格式：

```
SET DATE[TO] AMERICAN/ANSI/BRITISH/FRENCH/GERMAN/ITALIAN/
JAPAN/USA/MDY/DMY/YMD
```

功能：设置日期显示的格式。命令中各个短语所表示的日期格式如表 3-1 所示。

表3-1 常用日期格式

短 语	格 式	短 语	格 式
AMERICAN	mm/dd/yy	ANSI	yy.mm.dd
BRITISH/FRENCH	dd/mm/yy	GERMAN	dd.mm.yy
ITALIAN	dd-mm-yy	JAPAN	yy/mm/dd
USA	mm-dd-yy	MDY	mm/dd/yy
DMY	dd/mm/yy	YMD	yy/mm/dd

(3) 命令格式：

```
SET CENTURY ON/OFF[世纪值]ROLLOVER[年份参照值]
```

功能：用于设置显示日期型数据时是否显示世纪。OFF选项确定用2位数字表示年份所处的世纪，即如果该日期的2位数字年份大于或等于“年份参照值”，则它所处的世纪即为“世纪值”，否则为“世纪值+1”。

(4) 命令格式：

```
SET STRICTDATE[0/1/2]
```

功能：用于设置是否对日期格式进行检查。

说明：

① 0表示不进行严格的日期格式检查。

② 1表示进行严格的日期格式检查，它是系统默认的设置。

③ 2表示进行严格的日期格式检查，对CTOD()和CTOT()函数的格式也有效。

5. 日期时间(Date Time)型常量

在保存日期、时间或二者兼有时，可使用日期时间数据类型。日期时间型常量包括日期和时间两部分：{<日期>, <时间>}。<日期>部分与日期型常量相似，也有传统而严格的格式。

<日期>部分的格式为：[hh[：mm[：ss]a | p]]。其中，hh、mm和ss分别代表时、分和秒，默认值分别为12、0和0，AM(或a)和PM(或p)分别代表上午和下午。系统默认的格式为AM，如果指定的时间大于12，就自然为下午时间。

日期时间型数据用8个字节存储，第一个4字节保存日期，其余的4字节保存时间。日期部分的取值范围与日期型数据相同，时间部分的取值范围是00:00:00AM~11:59:59PM。

日期时间值可以包含完整的日期和时间，也可以只包含其中之一。如果省略日期值，则VFP用系统默认值1899年12月30日填入；如果省略时间值，则VFP用系统默认的午夜零点时间。

6. 逻辑(Logical)型常量

逻辑型数据只有逻辑真和逻辑假这两个值。逻辑真的常量形式有.T.、.t.、.Y.和.y.。逻辑假的常量表示形式有.F.、.f.、.N.和.n.。前后两个黑点作为逻辑型常量的定界符是必不可少的，否则会被误认为变量名。逻辑型数据只占用1个字节。

3.1.2　变量

变量值是能够随时更改的。每个变量有一个变量名，变量名由字母、汉字、下划线和数字组成，但不能以数字开头。例如，X1、“姓名”是正确的变量名，2X 是不正确的变量名。

Visual FoxPro 的变量分为字段变量和内存变量这两大类。字段变量是用户在定义表结构时所定义的字段名，它是一种多值变量。

在 Visual FoxPro 中，变量可以是任意数据类型，并且可以把不同类型的数据赋给同一个变量。内存变量是由用户定义的内存中的一个存储单元，由变量名进行标识，其值可以由程序操作修改。变量的类型取决于变量值的类型。如果将一个常量赋值给一个变量，这个常量就被存放到该变量对应的存储位置而成为该变量新的取值。

内存变量的数据类型包括字符型(C)、数值型(N)、货币型(Y)、逻辑型(L)、日期型(D)、日期时间型(T)。

1. 简单内存变量

内存变量是独立于数据库以外、存储在内存中的临时变量。它通常用于存放程序运行过程中所需要的原始数据、中间结果及最终结果。内存变量的数据类型由它所保存的数据类型决定。

向简单内存变量赋值不必事先定义。给变量赋值主要有以下两种格式。

格式 1：

```
<内存变量名>=<表达式>
```

格式 2：

```
STORE <表达式>TO<内存变量名表>
```

说明：

(1) 等号一次只能给一个内存变量赋值。STORE 命令可以同时给多个变量赋予相同的值，各个内存变量名之间应用逗号分隔开。

(2) 一个变量在使用之前并不需要特别声明。当用 STORE 命令给变量赋值时，如果该变量不存在，那么系统会自动建立它。

(3) 如果要改变内存变量的内容和类型可以通过对内存变量重新赋值来完成。

(4) 如果当前表中存在一个同名的字段变量，则在访问内存变量时，必须在变量名前加上前缀 M. 或(M - >)，否则系统将访问同名的字段变量。

2. 数组

数组是按一定顺序排列的一组内存变量的集合。它由一系列元素组成，每个数组元素可以通过数组名及相应的下标来访问，每个数组元素相当于一个简单变量，可以给各个元素分别赋值。在 Visual FoxPro 中，一个数组中各个元素的数据类型可以相同也可以不同。

与简单内存变量不同，数组在使用之前一般要用 DIMENSION 或 DECLARE 命令显式创建，并且规定数组是一维数组还是二维数组，以及数组名和数组大小。数组大小由下标值的上、下限决定，下限规定为 1。

创建数组的命令格式如下。

```
DIMENSION <数组名> (<下标上限1> [，<下标上限2>]) [，…]
DECLARE  <数组名> (<下标上限1> [，<下标上限2>]) [，…]
```

注意：

DIMENSION或DECLARE命令可以一次定义多个数组。数组创建后，系统自动给每个数组元素赋以逻辑值.F.。

【例3-1】DIMENSION　A(3)，B(2，3)命令定义了两个数组。

一维数组A含3个元素：A(1)、A(2)、A(3)。

二维数组B含6个元素：B(1，1)、B(1，2)、B(1，3)、B(2，1)、B(2，2)、B(2，3)。

【例3-2】数组的定义及赋值。

```
DIMENSION  a(3)，b(4，3)                    &&定义两个数组
a=10                                        &&将a数组所有元素赋值为10
b(3，1) = a(1)                              &&引用a数组的元素给b数组的元素赋值
STORE  .T.  TO  b(3，1)                     &&给b数组的一个元素重复赋逻辑值
b(2，2)= '东北大学'                          &&给b数组的一个元素赋字符值"东北大学"
b(4，1)= {^2008/01/16}                      &&给b数组的一个元素赋日期值
b(2，3)={^2008-01-16 10:00:00 a}            &&给b数组的一个元素赋严格的日期时间值
```

在使用数组和数组元素时，应注意如下问题。

- 在一切可以使用简单内存变量的地方，均可以使用数组元素。
- 在赋值和输入语句中使用数组名时，表示将同一个值同时赋给该数组的全部数组元素。
- 在同一个运行环境下，数组名不能与简单变量名重复。
- 在赋值语句中的表达式位置不能出现数组名，可以出现具体的数组元素名。
- 可以用一维数组的形式访问二维数组。

3.1.3　内存变量常用命令

1. 内存变量的赋值

命令格式1：

```
STORE<表达式>TO<变量名表>
```

命令格式2：

```
<内存变量名表>=<表达式>
```

功能：计算表达式并将表达式值赋予一个或多个内存变量，其中格式2只能给一个变量赋值。

2. 表达式值的显示

命令格式1：

```
? [<表达式表>]
```

命令格式 2:

```
?? [<表达式表>]
```

功能：计算表达式并输出各表达式值。

说明：

(1) 命令格式 1 在不管有没有指定表达式的情况下都会输出一个回车符。如果指定了表达式值，各表达式值将在下一行的起始处输出。

(2) 命令格式 2 不会输出一个回车符，各表达式值在当前行的光标所在处直接输出。

3. 显示内存变量

命令格式 1:

```
LIST MEMORY [LIKE<通配符> ] [TO PRINTER | TO FILE<文件名>]
```

命令格式 2:

```
DISPLAY MEMORY [LIKE<通配符> ] [TO PRINTER | TO FILE<文件名>]
```

功能：显示内存变量的当前信息，包括变量名、作用域、类型和取值。

说明：

(1) 选用 LIKE 短语只显示与通配符相匹配的内存变量，通配符包括“*”和“?”。“*”表示任意多个字符，“?”表示任意一个字符。

(2) LIST MEMORY 一次显示与通配符匹配的所有内存变量。如果内存变量多，一屏显示不下，则自动向上滚动。DISPLAY MEMORY 分屏显示与通配符匹配的所有内存变量。如果内存变量多，显示一屏后暂停，按任意键后就可以继续显示下一屏。

(3) 可选子句 TO PRINTER 或 TO FILE<文件名>用于在显示的同时送往打印机，或者存入给定文件名的文本文件中，文件的扩展名为.txt。

4. 清除内存变量

命令格式 1:

```
CLEAR MEMORY
```

命令格式 2:

```
RELEASE<内存变量名表>
```

命令格式 3:

```
RELEASE ALL [EXTENDED]
```

命令格式 4:

```
RELEASE ALL [LIKE<通配符>| EXCEPT<通配符>]
```

说明：

(1) 命令格式 1 清除所有内存变量。

(2) 命令格式 2 清除指定的内存变量。

(3) 命令格式 3 清除所有的内存变量，在人机会话状态其作用与格式 1 相同。如果出现在程序中，则应加上短语 EXTENDED，否则不能删除公共内存变量。

(4) 命令格式 4 选用 LIKE 短语清除与通配符相匹配的内存变量，选用 EXCEPT 短语清除与通配符不相匹配的内存变量。

【例 3-3】释放内存变量。

```
RELEASE Y1, Y2                  &&释放内存变量 Y1、Y2
RELEASE ALL LIKE B*             &&释放所有以变量 B 开头的内存变量
```

5. 表中数据与数组数据之间的交换

数组是把一大批数据组织在一起的数据处理方法，而表文件的数据内容是以记录的方式存储和使用的。为了使它们之间方便地进行数据交换，Visual FoxPro 提供了相互之间数据传递的功能，可以方便地完成表记录与内存变量之间的数据交换。

(1) 将表的当前记录复制到数组

命令格式 1：

```
SCATTER [ FIELDS <字段名表> ] [ MEMO ] TO <数组名> [ BLANK ]
```

命令格式 2：

```
SCATTER [ FIELDS LIKE<通配符> | FIELDS EXCEPT <通配符> ] [ MEMO ] TO <数组名> [ BLANK ]
```

说明：

① 命令格式 1 的功能是将表的当前记录从指定字段表中的第一个字段内容开始，依次复制到数组名中的从第一个数组元素开始的内存变量中。如果不使用 FIELDS 短语指定字段，则复制除备注型(M)和通用型(G)之外的全部字段。

② 如果事先没有创建数组，系统将自动创建；如果已创建的数组元素个数少于字段数，系统自动建立其余数组元素；如果已创建的数组元素个数多于字段数，其余数组元素的值保持不变。

③ 如果选用 MEMO 短语，则同时复制备注型字段。如果选用 BLANK 短语，则产生一个空数组，各数组元素的类型和大小与表中当前记录的对应字段相同。

④ 命令格式 2 的功能是用通配符指定包括或排除的字段。FIELDS LIKE<通配符>和 FIELDS EXCEPT<通配符>可以同时使用。

(2) 将数组数据复制到表的当前记录

命令格式 1：

```
GATHER FROM <数组名> [ FIELDS <字段名表> ] [ MEMO ]
```

命令格式 2：

```
GATHER FROM <数组名> [ FIELDS LIKE<通配符> | FIELDS EXCEPT <通配符> ] [ MEMO ]
```

说明：

① 命令格式 1 的功能是将数组中的数据作为一个记录复制到表的当前记录中。从第一个数组元素开始，依次向字段名表指定的字段填写数据。如果省略 FIELDS 选项，则依次向各个字段复制；如果数组元素个数多于记录中字段的个数，则多余部分被忽略。

② 如果选用 MEMO 短语，则在复制时包括备注型字段，否则备注型字段不予考虑。

③ 命令格式 2 的功能是用通配符指定包括或排除的字段。FIELDS LIKE<通配符>和 FIELDS EXCEPT<通配符>可以同时使用。

3.2 常用函数

函数是用程序来实现的一种数据转换或运算。每个函数一般需要若干个运算对象，即自变量，但只有一个运算结果，即函数返回值。

Visual FoxPro 提供了 380 多个标准函数。本章将介绍 5 类常用函数：数值函数、字符函数、日期和时间函数、数据类型转换函数和测试函数。

3.2.1 数值函数

数值函数是指函数值为数值的一类函数，其自变量和返回值往往都是数值型数据。

1. 绝对值函数

命令格式：

```
ABS(<数值表达式>)
```

功能：该函数返回指定的数值表达式的绝对值。

【例 3-4】绝对值运算。

```
STORE 30 TO X
?ABS(20-X), ABS(X-20)          &&结果为10    10
?ABS(64-2*50)                  &&结果为36
```

2. 符号函数

命令格式：

```
SIGN(<数值表达式>)
```

功能：该函数返回指定数值表达式的符号。当表达式的运算结果为正、负和 0 时，函数值分别为 1、-1 和 0。

【例 3-5】符号函数的运算。

```
?SIGN(1), SIGN(-3), SIGN(2-2)        &&结果为1  -1  0
```

3. 求平方根函数

命令格式：

```
SQRT(<数值表达式>)
```

功能：该函数返回数值表达式的平方根。

【例 3-6】平方根函数的运算。

```
?SQRT(100)              &&结果为 10.00
```

4. 圆周率函数

命令格式：

```
PI()
```

功能：该函数返回数值常量为 π 的近似值。

5. 求整数函数

命令格式 1：

```
INT(<数值表达式>)
```

功能：该函数返回数值表达式的整数部分。

命令格式 2：

```
CEILING(<数值表达式>)
```

功能：该函数返回大于或等于数值表达式的最小整数。

命令格式 3：

```
FLOOR(<数值表达式>)
```

功能：该函数返回小于或等于数值表达式的最大整数。

【例 3-7】整数函数的运算。

```
STORE 2.3 TO X
?INT(X), INT(-X)              &&结果为 2     -2
?CEILING(X), CEILING(-X)      &&结果为 3     -2
?FLOOR(X), FLOOR(-X)          &&结果为 2     -3
```

6. 四舍五入函数

命令格式：

```
ROUND(<数值表达式 1>, <数值表达式 2>)
```

功能：该函数返回数据表达式在指定位置四舍五入后的结果。<数值表达式 2>表示四舍五入的位置。如果<数值表达式 2>大于或等于 0，那么它表示的是要保留的小数位数；如果

<数值表达式 2>小于 0，那么它表示的是整数部分的舍入位数。

【例 3-8】四舍五入运算。

```
X=456.456
?ROUND(X, 2), ROUND(X, 1), ROUND(X, 0), ROUND(X, -1)
&&结果为 456.46    456.5    456    456
```

注意：

如果<数值表达式 2>的值非负，表示需要保留的是十进制数的小数位；如果<数值表达式 2>的值为负数，则 ROUND()返回的结果在小数点左端包含<数值表达式 2>个零；如果<数值表达式 2>的值为非整数，则需要先对其取整再四舍五入。

7. 求余数函数

命令格式：

```
MOD(<数值表达式 1>, <数值表达式 2>)
```

功能：该函数返回<数值表达式 1>和<数值表达式 2>两个数相除后的余数。余数的正负号与除数相同。如果被除数与除数同号，那么函数值就为两数相除的余数；如果被除数与除数异号，则函数值为两数相除的余数再加上除数的值。

【例 3-9】余数函数的运算。

```
?MOD(13, 5)               &&结果为 3
?MOD(13, -5)              &&结果为-2
?MOD(-13, 5)              &&结果为 2
?MOD(-13, -5)             &&结果为-3
```

8. 求最值函数

命令格式：

```
MAX(<数值表达式 1> [, <数值表达式 2>, ……])
```

功能：该函数返回数值表达式中的最大值表达式。

命令格式：

```
MIN(<数值表达式 1> [, <数值表达式 2>……])
```

功能：该函数返回数值表达式中的最小值表达式。

【例 3-10】最值函数的运算。

```
?MIN(6, INT(4.72))        &&结果为 4
?MAX("8", "64")           &&结果为 64
```

注意：

自变量表达式的类型可以是数值型、字符型、日期型、日期时间型、货币型、双精度型和浮点型，但是在一个表达式中所有自变量、常量、函数的类型必须相同。

3.2.2　字符函数

字符函数是指自变量一般是字符型数据的函数。

1. 求字符串长度 LEN()函数

命令格式：

```
LEN(<字符表达式>)
```

功能：LEN()函数返回字符表达式值的长度，函数值为数值型。

【例 3-11】字符表达式值的长度。

```
?LEN("太阳岛雪博会")                    &&结果为 12
?LEN("welcome to school")               &&结果为 17
```

2. 大小写转换函数

命令格式：

```
LOWER(<字符表达式>)
```

功能：该函数将表达式中的大写字母转换成小写字母，其他字符不变。

命令格式：

```
UPPER(<字符表达式>)
```

功能：该函数将表达式中的小写字母转换成大写字母，其他字符不变。

【例 3-12】大小写转换函数。

```
?LOWER("Xyz")                  &&结果为 xyz
?UPPER("xYz")                  &&结果为 XYZ
```

3. 空格字符串生成 SPACE()函数

命令格式：

```
SPACE(<数值表达式>)
```

功能：该函数生成指定空格数的空字符串。

【例 3-13】空格字符串生成函数。

```
?"欢迎"+SPACE(2)+ " 来度假"          &&结果为"欢迎  来度假"
```

4. 删除前后空格函数

命令格式：

```
TRIM(<字符表达式>)
```

功能：该函数删除<字符表达式>字符串尾部空格字符。

命令格式：

```
LTRIM(<字符表达式>)
```

功能：该函数删除<字符表达式>字符串前面空格字符。

命令格式：

```
ALLTRIM(<字符表达式>)
```

功能：该函数删除<字符表达式>字符串前面和尾部空格字符。

【例 3-14】删除前后空格函数运算。

```
?"欢迎  "+"来度假"                      &&结果为"欢迎    来度假"
?TRIM("欢迎    ") +"来度假"             &&结果为"欢迎来度假"
?"欢迎 "+"    来度假"                   &&结果为"欢迎      来度假"
?"欢迎 " +LTRIM("    来度假")           &&结果为"欢迎来度假"
?ALLTRIM("  太阳岛  ")                  &&结果为"太阳岛"
```

5. 取子串函数

命令格式：

```
LEFT(<字符表达式>，<长度>)
```

功能：该函数从字符表达式值的左端取一个指定长度的子串作为函数值。

命令格式：

```
RIGHT(<字符表达式>，<长度>)
```

功能：该函数从字符表达式值的右端取一个指定长度的子串作为函数值。

命令格式：

```
SUBSTR(<字符表达式>，<数值表达式 1>[，<数值表达式 2>])
```

功能：返回由<字符表达式>所决定的字符串的子串，该子串在字符串中的起始位置由<数值表达式 1>决定，其长度由<数值表达式 2>决定。

说明：

(1) 若省略<数值表达式 2>，则子串长度为第<数值表达式 1>个字符开始直到字符串的末尾。

(2) 若<数值表达式 1>大于<字符表达式>中字符总个数，则给出错误信息如下。

```
Beyond  string          &&超出字符串
```

(3) 若<数值表达式 1>和<数值表达式 2>的结果为实数，则仅取整数部分。

(4) 该函数结果为 C 型数据。

【例 3-15】取子串函数运算。

```
STORE "WELCOME"  TO x
```

```
?LEFT(x, 3)                        &&结果为WEL
?LEFT(x, -1)                       &&结果为无显示
?RIGHT(x, 4)                       &&结果为COME
?RIGHT(x, -1)                      &&结果为无显示
?SUBSTR(x, 3, 3)                   &&结果为LCO
?SUBSTR("哈尔滨-成栋学院", 8, 4)    &&结果为成栋
?SUBSTR("哈尔滨-成栋学院", 8)       &&结果为成栋学院
```

注意：

每个汉字占有 2 字节，汉字字符串取子串时，如果<数值表达式 2>的值为奇数，可能会出现乱码。对于 SUBSTR()函数假设起始位置为 m，长度为 n。若省略 n，则从 m 开始截取以后的所有字符串；若 n 大于从 m 开始的字符串长度，则从 m 开始截取以后的所有字符串；若 m 大于字符表达式的值所代表的长度，则截取的字符串为空白字符串。在 SUBSTR()函数中，若省略第三个自变量<长度>，则函数从指定位置一直取到最后一个字符。

6. 计算子串出现次数 OCCURS()函数

命令格式：

```
OCCURS(<字符表达式 1>, <字符表达式 2>)
```

功能：该函数返回第一个字符串在第二个字符串中出现的次数，如果第一个字符串不是第二个字符串的子串，则函数值为 0。

7. 求子串位置 AT()函数

命令格式：

```
AT(<字符表达式 1>, <字符表达式 2> [, <数值表达式>])
```

功能：该函数返回<字符表达式 1>值的首字符在<字符表达式 2>值中的位置；若<字符表达式 1>字符串不是子串，则返回 0。

ATC()与 AT()功能类似，但在子串比较时不区分字母大小写。

<数值表达式>用于表明要在<字符表达式 2>值中搜索<字符表达式 1>值是第几次出现，其默认值为 1。

【例 3-16】求子串位置函数运算。

```
STORE "WELCOME"TO x
?AT("come", x)              &&结果为0
?ATC("come", x)             &&结果为4
?AT("E", x)                 &&结果为1
```

8. 子串替换 STUFF()函数

命令格式：

```
STUFF(<字符表达式 1>, <起始位置>, <长度>, <字符表达式 2>)
```

功能：该函数用<字符表达式 2>串替换<字符表达式 1>串中由<起始位置>和<长度>指明的一个子串。替换和被替换的字符个数不一定相等。

【例 3-17】子串替换函数运算。

```
STORE "WELCOME"TO x
STORE "LIKE"TO y
?STUFF(x, 3, 5, y)                &&结果为WELIKE
?STUFF(x, 3, 4, "  ")             &&结果为WE  E
```

9. 字符替换 CHRTRAN()函数

命令格式：

```
CHRTRAN(<字符表达式 1>, <字符表达式 2>, <字符表达式 3>)
```

功能：该函数的自变量是 3 个字符表达式。当第一个字符串中的一个或多个相同字符与第二个字符串中的某个字符相匹配时，就用第三个字符串中的对应字符替换这些字符。如果第三个字符串包含的字符个数少于第二个字符串包含的字符个数，那么第一个字符串中相匹配的各字符将被删除。如果第三个字符串包含的字符个数多于第二个字符串包含的字符个数，多余字符被忽略。将 ASCII 码转化为相应的字符，函数返回值为字符型。

【例 3-18】字符替换函数运算。

```
?CHRTRAN("你好", "你", "您")          &&结果为"您好"
```

10. 字符串匹配 LIKE()函数

命令格式：

```
LIKE(<字符表达式 1>, <字符表达式 2>)
```

功能：该函数比较两个字符串对应位置上的字符，如果所有对应字符都相匹配，函数返回逻辑值真(.T.)，否则返回逻辑值假(.F.)。

【例 3-19】比较两个字符串的函数。

```
STORE "xyz" TO x
?LIKE("ab*", x)              &&结果为.T.
?LIKE("abC", x)              &&结果为.T.
```

注意：

<字符表达式 1>中可以包含通配符“*”和“?”。“*”可与任何数目的字符相匹配，“?”可与任何单个字符相匹配。

3.2.3　日期和时间函数

日期和时间函数的自变量一般是日期型数据或日期时间型数据。

1. 系统日期和时间函数

命令格式：

```
DATE()
```

功能：该函数返回当前系统日期，函数值为日期型。

命令格式：

```
TIME()
```

功能：该函数以 24 小时制、hh:mm:ss 格式返回当前系统时间，函数值为字符型。

命令格式：

```
DATETIME()
```

功能：该函数返回当前系统日期时间，函数值为日期时间型。

【例 3-20】系统日期和时间函数运用。

```
?DATE()                 &&结果为10/18/14
?TIME()                 &&结果为11:53:22
?DATETIME()             &&结果为10/18/14 11:53:22PM
```

注意：

如果选择了 nExp，则无论为何值，返回的系统时间均包括秒的小数部分，精确至小数点后两位，函数返回值为字符型。

2. 年份、月份、天数函数

命令格式：

```
YEAR(<日期表达式>|<日期时间表达式>)
```

功能：该函数从指定的日期表达式或日期时间表达式中返回年份。

命令格式：

```
MONTH(<日期表达式>|<日期时间表达式>)
```

功能：该函数从指定的日期表达式或日期时间表达式中返回月份。

命令格式：

```
DAY(<日期表达式>|<日期时间表达式>)
```

功能：该函数从指定的日期或日期时间表达式中返回月份中的天数。

这三个函数的返回值都为数值型。

【例 3-21】年份、月份、天数函数。

```
STORE{^2011-12-05} TO X
?YEAR(X)              &&结果为2011
```

```
?MONTH(X)            &&结果为 12
?DAY(X)              &&结果为 5
```

3. 时、分和秒函数

命令格式：

```
HOUR(<日期时间表达式>)
```

功能：该函数从日期时间表达式中返回小时部分(24 小时制)。

命令格式：

```
MINUTE(<日期时间表达式>)
```

功能：该函数从日期时间表达式中返回分钟部分。

命令格式：

```
SEC(<日期时间表达式>)
```

功能：该函数从日期时间表达式中返回秒数部分。

这三个函数的返回值都为数值型。

【例 3-22】时、分和秒函数。

```
STORE  {^2008-01-05 01:34:22 PM } TO Y
?HOUR(Y)                 &&结果为 13
?MINUTE(Y)               &&结果为 34
?SEC(Y)                  &&结果为 22
```

3.2.4　数据类型转换函数

数据类型转换函数的功能是将某一种类型的数据转换成另一种类型的数据。

1. 数值转换成字符串

命令格式：

```
STR(<数值表达式> [, <长度> [, <小数位数>] ])
```

功能：将<数值表达式>的值转换成字符串，转换时根据需要自动进行四舍五入。返回字符串的理想长度 L 应该是<数值表达式>值的整数部分位数加上<小数位数>值，再加上 1 位小数点。如果<长度>值大于 L，则字符串加前导空格以满足规定的<长度>要求；如果<长度>值大于等于<数值表达式>值的整数部分位数(包括负号)但又小于 L，则优先满足整数部分而自动调整小数位数；如果<长度>值小于<数值表达式>值的整数部分位数，则返回一串星号(*)。STR()函数将<数值表达式>按设定的<长度>和<小数位数>转换成字符型数据，函数返回值为字符型。

【例 3-23】数值转换成字符串运算。

```
?STR(658.4567, 6, 2)                  &&结果为 658.46
?"10/3 的计算结果= "+STR(10/3, 5, 3)    &&主窗口显示:10/3 的计算结果=3.333
```

2. 字符串转换成数值

命令格式：

```
VAL(<字符表达式>)
```

功能：该函数将数值字符串转换为数值。将由数字符号(包括正负号、小数点)组成的字符型数据转换成相应的数值型数据。若字符串内出现非数字字符，那么只转换前面部分；若字符串的首字母不是数字符号，则返回数值零，但忽略前导空格。

【例3-24】字符串转换成数值运算。

```
STORE "-67." TO X
STORE "87" TO Y
STORE "A87" TO Z
?VAL(X+Y)                &&结果为-67.87
?VAL(X+Z)                &&结果为-67.00
?VAL(Z+Y)                &&结果为0.00
?VAL("3A.576")           &&结果为3.00
?VAL("A3.576")           &&结果为0.00
```

注意：

如果字符串内出现非数字字符，那么只转换前面部分；如果字符串的首字符不是数字符号，则返回数值0，但忽略前导空格。

3. 字符串转换成日期或日期类型

命令格式：

```
CTOD(<字符表达式>)
```

功能：该函数将mm/dd/yy格式的<字符表达式>串转换成对应的日期值，返回的函数值为日期型。

命令格式：

```
CTOT(<字符表达式>)
```

功能：该函数将<字符表达式>值转换成日期时间型数据。

注意：

字符串中的日期部分格式与SET DATE TO 命令设置的格式一致，其中的年份可以用四位，也可以用两位。如果用两位，则世纪由SET CENTURY TO语句指定。

4. 日期或日期时间转换成字符串

命令格式：

```
DTOC(<日期表达式>|<日期时间表达式>[, 1])
```

功能：该函数将<日期表达式>转换成相应的字符串，函数返回值类型为字符型。

命令格式：

```
TTOC(<日期时间表达式> [, 1])
```

功能：该函数将日期时间型数据转换成字符串。

注意：

对 DTOC()来说，如果使用选项 1，则字符串的格式总是为 YYYYMMDD，共 8 个字符。对 TTOC()来说，如果使用选项 1，则字符串的格式总是为 YYYYMMDDHHMMSS，采用 24 小时制，共 14 个字符。

【例 3-25】日期或日期时间转换成字符串运算。

```
    STORE DATETIME() TO X
    ?X                                          &&结果为 10/18/14  01:32:56 PM
    ?DTOC(X), DTOC(X, 1), TTOC(X), TTOC(X, 1)   &&系统主窗口显示 10/18/14
20141018   10/18/14 11:32:56 PM  20141018133256
```

5. 宏替换函数

命令格式：

```
&<字符型变量>[.]
```

功能：替换出字符型变量的内容，即&的值是变量中的字符串。如果该函数与后面的字符无明确分界，则要用“.”作为函数结束标识，宏替换可以嵌套使用。

【例 3-26】宏替换函数。

```
HH="KK"
KK='*'
KK8=[*5]
?HH                      &&结果为 KK
?&HH                     &&结果为*
?5&KK8                   &&结果为 25
?5&KK.8                  &&结果为 40
```

注意：

替换的作用相当于去除了字符串的定界符；如果宏替换后面还有非空字符串，则以“.”表示字符变量结束，并将宏替换结果的值与字符串的值连接起来；任何宏替换函数值的最大长度不超过 VFP 系统允许的最大语句长度。

3.2.5　测试函数

在数据处理过程中，有时用户需要了解操作对象的状态。尤其是在运行应用程序的时候，常需要根据测试结果来决定下一步的处理方法。

1. 值域测试函数

命令格式：

```
BETWEEN(<表达式 T>，<表达式 L>，<表达式 H>)
```

功能：该函数判断一个表达式的值是否在另外两个表达式的值之间。当<表达式 T>值大于或等于<表达式 L>值且小于或等于<表达式 H>值时，函数值为逻辑真(.T.)，否则函数值为逻辑假(.F.)。如果<表达式 L>或<表达式 H>有一个是 NULL 值，则函数值也是 NULL 值。

注意：

BETWEEN()函数的自变量类型可以是数值型、字符型、日期型、日期时间型、浮点型、整型、双精度型或货币型，但 3 个自变量的数据类型要一致。

【例 3-27】值域测试函数。

```
?BETWEEN(28，21，4*9)           &&结果为.T.
?BETWEEN(56，4*9，NULL)         &&结果为.NULL.
```

2. 空值 ISNULL()函数

命令格式：

```
ISNULL(<表达式>)
```

功能：该函数判断一个表达式的运算结果是否为 NULL 值，如果是 NULL 值，则返回逻辑真(.T.)，否则返回逻辑假(.F.)。

【例 3-28】空值函数。

```
STORE .NULL. TO X
?X，ISNULL(X)                          &&结果为.NULL. .T.
```

3. “空”值测试函数

命令格式：

```
EMPTY(<表达式>)
```

功能：该函数根据表达式的运算结果是否为“空”值，返回逻辑真(.T.)或逻辑假(.F.)。

注意：

“空”值与 NULL 值是两个不同的概念。函数 EMPTY(.NULL.)返回值为逻辑假(.F.)。其次，该函数自变量表达式的类型可以是数值型、字符型、逻辑型、日期型等类型。

4. 数值类型测试函数

命令格式：

```
VARTYPE(<表达式>，<逻辑表达式>)
```

功能：该函数测试<表达式>的数据类型，返回一个大写字母，函数值为字符型。

如果<表达式>的运算结果是 NULL 值，则根据<逻辑表达式>值决定是否返回<表达式>的类型；如果<逻辑表达式>值为.T.，就返回<表达式>的原数据类型；如果<逻辑表达式>值为.F.或省略，则返回 X 以表明<表达式>的运算结果是 NULL 值；如果<表达式>是一个数组，则根据第一个数组元素的类型返回字符串。使用 VARTYPE()测得的数据类型如表 3-2 所示。

表 3-2　用 VARTYPE()测得的数据类型

返回的字母	数据类型	返回的字母	数据类型
C	通用型	G	通用型
N	日期型	D	日期型
Y	日期时间型	T	日期时间型
L	NULL 值	X	NULL 值
O	未定义	U	未定义

【例 3-29】数值类型测试函数。

```
?VARTYPE(10)                &&结果为N
?VARTYPE(.NULL.)            &&结果为X
```

5. 表文件尾测试函数

对于一个打开的表文件来说，在某时刻只能处理一条记录。系统对表中的记录是逐条进行处理的。Visual FoxPro 为每一个打开的表文件设置了一个记录指针，指向正在被操作的记录，该记录即为当前记录。

命令格式：

```
EOF([<工作区号> | <表别名> ])
```

功能：该函数测试记录指针是否指向文件尾，如果是则返回逻辑真(.T.)，否则返回逻辑假(.F.)。表文件尾是指最后一条记录的后面位置。如果省略自变量，则测试当前的表文件。

表文件的最上面的记录是首记录，记为 TOP；最下面的记录是尾记录，记为 BOTTOM。在第一条记录之前有一个文件起始标识，称为 BOF；在最后一条记录的后面有一个文件结束标识，称为 EOF。使用测试函数能够得到指针的位置。表文件刚刚打开时，记录指针总是指向首记录。

注意：

若在指定工作区中没有打开表文件，函数返回逻辑假(.F.)。若表文件中不包含任何记录，函数返回逻辑真(.T.)。

【例 3-30】表文件尾测试函数。

```
USE 学生表
```

```
GO BOTTOM
?EOF()                     &&结果为.F.
SKIP
?EOF(), EOF(4)             &&假定4号工作区中没有打开表，结果为.T.  .F.
```

6. 表文件首测试函数

命令格式：

```
BOF(<工作区号>|<表别名>)
```

功能：该函数测试当前表文件中的记录指针是否指向文件首，如果是则返回逻辑真(.T.)，否则返回逻辑假(.F.)。表文件首是指第一条记录的前面位置。

注意：

如果指定工作区没有打开表文件，BOF函数返回逻辑假；如果表文件中不包含任何记录，BOF函数返回逻辑真。

7. 记录号测试函数

命令格式：

```
RECNO(<工作区号> | <表别名>)
```

功能：该函数返回当前表文件中当前记录的记录号。如果指定工作区没有打开表文件，则函数值为0；如果记录指针指向文件尾，函数值为表文件中的记录数加1；如果记录指针指向文件首，函数值为表文件中第一条记录的记录号。

8. 记录个数测试函数

命令格式：

```
RECCOUNT(<工作区号> | <表别名>)
```

功能：该函数返回当前表文件中的记录个数，如果指定工作区没有打开表文件，则函数值为0。

注意：

RECCOUNT()函数返回的是表文件中物理上存在的记录个数。不管记录是否逻辑删除及SET DELETED的状态如何，也不管记录是否过滤(SET FILTER)，该函数都会把它们考虑在内。

【例3-31】记录个数测试函数。

```
USE 学生表                  &&假设表中有10条记录
?BOF(), RECNO()            &&显示.F. 1
SKIP -1
?BOF(), RECNO()            &&显示.T. 1
```

```
GO BOTTOM
?BOF(), RECNO()                          &&显示.F.  10
SKIP
?BOF(), RECNO(), RECCOUNT()              &&显示.T.  11  10
```

9. 条件测试 IIF()函数

命令格式：

```
IIF (<逻辑表达式>, <表达式 1>, <表达式 2>)
```

功能：该函数测试<逻辑表达式>的值，如果为逻辑真(.T.)，则函数返回<表达式 1>的值；如果为逻辑假(.F.)，则函数返回<表达式 2>的值。

【例 3-32】条件测试函数。

```
X=250
Y=120
?IIF(X>200, X-50, X+50)                  &&结果为 200
```

10. 记录删除测试 DELETED()函数

命令格式：

```
DELETED (<表别名> | <工作区号>)
```

功能：该函数测试指定工作区中打开的表，记录指针所指的当前记录是否有删除标记“*”，如果有则为真，否则为假。

如果省略自变量，则测试当前工作区中所打开的表。

3.3 表 达 式

在用 Visual FoxPro 编写程序时，表达式是无所不在的。表达式是由常量、变量和函数通过特定的运算符连接起来的式子。其形式包括：单一的运算对象(如常量、变量和函数)和由运算符将运算对象连接起来形成的式子。

表达式中的变量、对象和函数参数都需要名称。VFP 中的命名规则如下。

- 只能使用字母、下划线和数字。
- 只能以字母或下划线开头。
- 表达式名字长度是 1~128 个字符，但自由表的字段名和索引名最多只能是 10 个字符。
- 避免使用 VFP 中的保留字。

根据表达式值的类型，表达式可以分为数值表达式、字符表达式、日期时间表达式、关系表达式和逻辑表达式。

3.3.1　数值表达式

数值表达式又叫做算术表达式。数值表达式由算术运算符将数值型数据连接起来形成，其运算结果仍然是数值型数据。数值型数据可以是数值型常量或者变量。

算术运算符包括+、-、*、/、**或^、%以及()。算术运算符优先级及其含义如表 3-3 所示。

表 3-3　算术运算符及其优先级

优 先 级	运 算 符	说　明
1	()	形成表达式内的子表达式
2	**或^	乘方运算
3	*、/、%	乘、除、求余运算
4	+、-	加、减运算

【例 3-33】算术运算符的使用。

```
?816-3*6∧2 十(123-43)/8                    &&结果为 718
?(2*3+SQRT(36)/3)/2                         &&结果为 4
```

求余运算%和取余函数 MOD()的作用相同。余数的正负号与除数一致。如果被除数与除数同号，那么函数即为两数相除的余数；如果被除数与除数异号，则余数为两数相除的余数加上除数的值。当表达式中出现乘、除和求余运算时，它们具有相同的优先级。

【例 3-34】求余运算。

```
?15%4  ，15%-4                   &&结果为 3    -1
```

3.3.2　字符表达式

字符型表达式由字符串连接运算符将字符型常量、变量或者函数连接起来形成，其运算结果仍然是一个字符型数据。字符串运算符有以下两个，它们的优先级相同。

- +：前后两个字符串首尾连接形成一个新的字符串。
- -：连接前后两个字符串，并将前字符串的尾部空格移到合并后的新字符串尾部。

【例 3-35】字符型表达式运算。

```
?"太阳岛    "+"  来度假"          &&结果为"太阳岛      来度假"
?"太阳岛    "-"  来度假"          &&结果为"太阳岛  来度假      "
```

3.3.3　日期时间表达式

在 VFP 中，日期时间表达式中可以使用的运算符也有+和-两个。日期时间表达式的格式有一定的限制，不能任意组合。合法的日期时间表达式格式见表3-4，其中<天数>和<秒数>都是数值表达式。

表 3-4　日期时间表达式的格式

格　式	结果及类型
<日期>+<天数>	日期型。指定若干天后的日期
<天数>+<日期>	日期型。指定若干天后的日期
<日期>-<天数>	日期型。指定若干天前的日期
<日期>-<日期>	数值型。两个指定日期相差的天数
<日期时间>+<秒数>	日期时间型。指定日期时间若干秒后的日期时间
<秒数>+<日期时间>	日期时间型。指定日期时间若干秒后的日期时间
<日期时间>-<秒数>	日期时间型。指定日期时间若干秒前的日期时间
<日期时间>-<日期时间>	数值型。两个指定日期时间相差的秒数

【例 3-36】日期时间运算。

```
?{^2006/08/10}+1                  &&结果为{08/11/06}
?{^2006/08/15}-{^2006/08/02}      &&结果为13
```

符号+和-既可以作为日期时间运算符，也可以作为算术运算符和字符串连接运算符。到底作为哪种运算符使用，要根据它们所连接的运算对象的数据类型而定。

3.3.4　关系表达式

1. 关系表达式

关系表达式通常称为简单逻辑表达式，它由关系运算符将两个运算对象连接起来形成，即：<表达式 1><关系运算符><表达式 2>。

关系运算符的作用是比较两个表达式的大小或前后。其运算结果是逻辑型数据。VFP 共有 8 种关系运算符。算术运算符及其含义如表 3-5 所示，它们的优先级相同。

表 3-5　算术运算符及其优先级

运 算 符	说　明	运 算 符	说　明
<	小于	<=	小于或等于
>	大于	>=	大于或等于
=	等于	==	字符串精确比较
<>、#或!=	不等于	$	子串包含测试

注意：

运算符“= =”和“$”仅适用于字符型数据，其他运算符适用于任何类型的数据，但前后两个运算对象的数据类型要一致。“= =”操作符用于两个字符串的精确比较，包括空格字符。当使用“==”操作符时，SET EXACT 命令将被忽略。

(1) 数值型和货币型数据比较

按数值的大小进行比较，包括负号。

例如：

```
3>-3
$14<$24
```

(2) 日期和日期时间型数据比较

越早的日期或时间越小，越晚的日期或时间越大。

例如：

```
{^2008-08-22}>{^2007-01-12}
```

(3) 逻辑型数据比较

```
.T.大于.F.
```

(4) 子串包含

关系表达式<前字符型表达式>$<后字符型表达式>为子串包含测试，如果前者是后者的一个子字符串，结果为逻辑真，否则为逻辑假。

【例 3-37】子串包含测试。

```
?"车床"$"三角车床"                &&结果为.T.
?"中国"$"中华人民共和国"          &&结果为.F.
```

2. 设置字符的排序次序

比较两个字符串时，系统会对两个字符串的字符从左向右逐个进行比较，当发现两个对应字符不同，就根据这两个字符的排序顺序决定两个字符串的大小。

命令格式：

```
SET COLLATE TO "<排序次序名>"
```

说明：

排序次序名必须放在引号当中，次序名可以是 Machine、PinYin 或者 Stroke。

- Machine(机器)次序：按照机内码顺序排序。在微机中，西文字符是按照 ASCII 码值排列的。空格在最前面，大写 ABCD 字母序列在小写 abcd 字母序列的前面。因此，大写字母小于小写字母。汉字的机内码与汉字国标码一致。对常用的一级汉字而言，根据它们的拼音顺序决定大小。
- PinYin(拼音)次序：确定按照拼音次序排序。对于英文字符而言，空格在最前面，小写 abcd 字母序列在前，大写 ABCD 字母序列在后。
- Stroke(笔画)次序：无论中文还是英文，都按照书写笔画的多少排序。

3. 字符串精确比较与 EXACT 设置

当用单等号运算符“=”比较两个字符串时，运算结果与 SET EXACT ON/OFF 设置有关，该命令是设置精确匹配与否的开关。该命令可以在命令窗口或在程序中执行，也可以通过“数据”选项卡设置。

当用双等号运算符“==”比较两个字符串时，只有当两个字符串完全相同时，运算结果才会是逻辑真(.T.)，否则为逻辑假(.F.)。

- 当处于 ON 状态时，字符串的比较运算将进行到两个字符串全部结束为止，先在较短字符串的尾部加上若干个空格，使两个字符串的长度相等，然后再进行比较。
- 当处于 OFF 状态时，字符串的比较以右边的字符串为目标，右字符串结束即终止比较。只要右边的字符串与左边字符串的前面部分相匹配，即可以得到逻辑真的结果。即字符串所谓比较因右面的字符串结束而终止。

表 3-6 是 SET EXACT 设置对字符串的影响。TRIM()函数的功能是去掉字符串尾部空格。

表 3-6　SET EXACT 对字符串比较的影响

比　较	=(EXACT OFF)	=(EXACT ON)	==(EXACT ON 或 OFF)
"abc" = "abc"	.T.	.T.	.T.
"ab" = "abc"	.F.	.F.	.F.
"abc" = "ab"	.T.	.F.	.F.
"abc" = "ab"	.F.	.F.	.F.
"ab" = "ab"	.F.	.T.	.F.
"ab" = "ab"	.T.	.T.	.F.
" " = "ab"	.F.	.F.	.F.
"ab" = " "	.T.	.F.	.F.
TRIM("ab　")= "ab"	.T.	.T.	.T.
"ab" = TRIM("ab　")	.T.	.T.	.T.

3.3.5　逻辑表达式

逻辑表达式是由逻辑运算符将逻辑型数据连接而形成的，其运算结果仍然是逻辑型数据。逻辑型运算符有 3 个：.NOT.或!(逻辑非)、.AND.(逻辑与)和.OR.(逻辑或)。其优先级顺序依次为.NOT.、.AND.、.OR.。

逻辑逻辑符的运算规则如表 3-7 所示，<23>和<24>分别代表两个逻辑型数据。

表 3-7　逻辑运算规则

<23>	<24>	.NOT.<23>	<23>.AND. <24>	<23>.OR. <24>
.T.	.T.	.F.	.T.	.T.
.T.	.F.	.F.	.F.	.T.
.F.	.T.	.T.	.F.	.T.
.F.	.F.	.T.	.F.	.F.

3.3.6　运算符优先级

不同类型的运算符有可能出现在同一个表达式中。各种运算的优先级顺序从高到低如下。

(1) 算术运算符

(2) 字符串运算符和日期时间运算符

(3) 关系运算符

(4) 逻辑运算符

圆括号作为运算符，可以改变其他运算符的运算顺序。圆括号内的内容作为整个表达式的子表达式，在与其他运算对象进行各类运算前，首先计算出其结果，即圆括号的优先级最高，圆括号可以嵌套。有时在表达式的适当地方插入圆括号，并不是为了真正改变运算次序，而是为了提高表达式的可读性。

【例 3-38】运算符优先级。

```
?8>3. AND. "男" >"男生" OR .T. <.F.          &&结果为.F.
?(15%3=0)AND(24%5=4)OR"学习"!="工作"          &&结果为.T.
```

3.4　程序设计概述

本节介绍程序文件的概念、程序设计方法，以及程序文件的建立与执行和简单的输入输出命令。

3.4.1　程序的概念

调用 Visual FoxPro 有两种方式：交互式方式和程序方式。

交互式方式是指通过命令窗口逐条输入命令的方式或通过选择菜单选项来调用功能。这种方式只适合于解决一些相对简单的问题，如果任务需要反复执行或者所包含的命令很多时，这种逐条输入命令的方式几乎是不可行的。此时，程序方式就是必然的选择。

程序是能够完成一定任务的命令的有序集合。这组命令被存放在称为程序文件或命令文件的文本文件中。当运行程序时，系统会按照一定的顺序自动执行包含在程序文件中的命令。

程序方式是指首先根据任务的要求确定能完成任务的命令序列；然后在磁盘上建立包含程序代码的程序文件；最后通过运行程序，让系统自动执行程序代码。

与交互式方式相比，采用程序方式有如下优点。

- 程序可以被修改并重新运行。
- 可以用多种方式、多次运行程序。
- 在一个程序中可以调用另一个程序。
- 具有在命令窗口中无法使用的结构化程序设计命令。

【例 3-39】编写程序，计算圆的周长和面积。

```
CLEAR           &&清除 Visual  FoxPro 主窗口上的全部内容
*设置半径
R=3
*依次计算圆的周长和面积
L=2*PI( )*R
S=PI( )*R^2
*输出计算结果
?"周长=", L
?"面积=", S
RETURN
```

上述程序首先设置圆的半径 R，然后计算圆的周长 L 和面积 S，最后将计算结果分两行输出，结果如下。

```
周长=18.25
面积=28.2743
```

在程序中经常插入注释，以提高程序的可读性。注释为非执行代码，不会影响程序的功能。Visual FoxPro 中常采用以下两种注释方式。

(1) NOTE<注释内容>或*<注释内容>

以 NOTE 或*开头的代码行为注释行，一般用于对下面一段命令代码的说明。

(2) &&<注释内容>

在命令行后可添加注释，是对所在行命令的说明。

注意：

程序中每条命令都以 Enter 键结尾，一行只能写一条命令，若命令需要分行书写，应在一行终了时输入续行符“;”，再按 Enter 键。在 VFP 中，程序代码除了可以保存在程序文件中以外，还可以出现在报表设计器和菜单设计器的过程代码窗口中，以及表单设计器和类设计器的事件或方法代码窗口中。

3.4.2 程序设计方法

程序设计方法主要经历了结构化程序设计和面向对象的程序设计这两个阶段。

1. 结构化程序设计方法

20 世纪 60 年代，产生的结构化程序设计思想，在 20 世纪 70 年代到 80 年代成了所有软件开发设计领域及每个程序员都采用的方法。

结构化程序设计方法的主要原则如下。

(1) 自顶向下、逐步求精：程序设计时，先考虑整体，后考虑细节；先从最上层的总目标开始设计，逐步使问题具体化、细化，直到能用某种程序设计语言实现为止。

(2) 程序结构模块化：把一个复杂的问题，分解成许多相对简单的问题，再把简单的问题进一步分解，直到分解成能够用程序实现的功能模块；各模块之间的关系尽可能简单，在功能上相对独立。

(3) 每一个模块内部均由顺序、选择、循环这3种基本结构组成。

(4) 基本控制结构只允许有一个入口和一个出口。

(5) 限制使用goto语句：goto语句可使程序的执行流程跳转到语句标号处去执行，有时会破坏程序的结构，故应限制使用goto语句。

结构化程序设计方法的优点是便于开发和维护。

2. 面向对象的程序设计方法

采用结构化程序设计方法能有效地将一个较复杂的程序系统设计任务分解成许多易于控制和处理的子任务，使用结构化程序设计方法编写的程序结构清晰、易读，能提高程序设计的质量和效率。

它的缺点是代码的可重用性差、数据安全性差、难以开发大型软件和图形界面的应用软件。为了弥补结构化程序设计方法的不足，出现了面向对象的程序设计方法。

面向对象的程序设计方法是以对象为核心，其出发点是用人们常用的思维方法来更直接地描述客观存在的事物。它将数据和对数据的操作方法封装在一起，作为一个相互依存不可分割的整体——对象。将客观事物描述成具有属性和行为的对象，并且能够将一类对象的共同属性和行为进行抽象描述为类。类通过一个简单的外部接口，与外界发生关系，对象与对象之间通过消息进行通讯。

面向对象的方法日益受到人们的欢迎，成为当今盛行的软件开发方法。

Visual FoxPro将结构化程序设计与面向对象程序设计结合在一起，有利于开发交互界面、功能强大、使用灵活的应用系统。要开发一个高质量的Visual FoxPro应用系统，掌握结构化的程序设计方法尤为重要。本章着重讲解结构化程序设计方法，而面向对象的程序设计方法将放在后面的章节中重点讲解。

3. 结构化程序设计的控制结构

结构化程序设计方法中使用3种基本的控制结构：顺序结构、选择结构和循环结构。这3种基本结构，有以下共同特点。

- 只有一个入口；
- 只有一个出口；
- 结构中的每一部分都有机会被执行到；
- 结构内不存在死循环。

3.4.3　程序文件的建立与执行

1. 程序文件的建立与修改

程序文件的建立和修改可以通过调用系统内置的文本编辑器来进行。

VFP程序是包含一系列命令的文本文件，扩展名为.prg。建立程序文件的方法如下。

(1) 打开文本编辑窗口。选择“文件”|“新建”菜单命令，在“新建”对话框中选择“程序”，单击“新建文件”按钮。

(2) 在文本编辑窗口中输入程序内容。编辑操作与普通文本文件的编辑操作相同。但是这里输入的是程序内容，是一条条命令。与命令窗口输入命令不同，这里输入的命令不会被立即执行。只有在程序运行时，程序中的命令代码才被执行。

(3) 保存程序文件。选择“文件”|“保存”菜单命令或按 Ctrl+W 组合键，然后在“另存为”对话框中指定程序文件的存放位置和文件名，单击“保存”按钮。

程序文件的默认扩展名是.prg，如果指定其他的扩展名，那么以后在打开或执行程序文件时都要显示指定扩展名。采用以上的方法建立程序，都会弹出如图 3-1 所示的“新建”对话框。

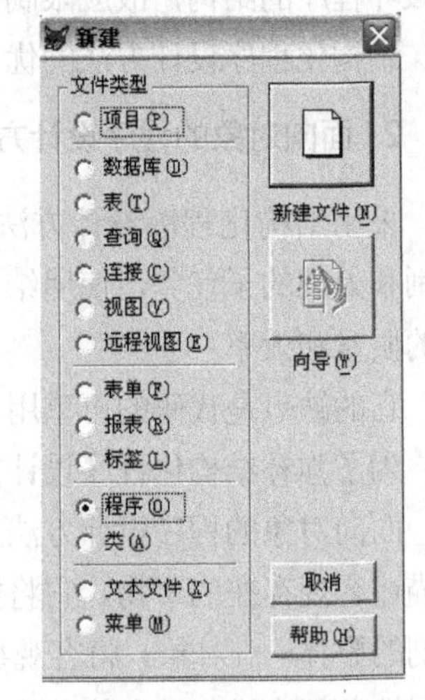

图 3-1　“新建”对话框

打开、修改程序文件的方法如下。

(1) 选择“文件”|“打开”菜单命令，弹出“打开”对话框。

(2) 在“文件类型”列表框中选中“程序”单选按钮。

(3) 在“文件”列表框中选定要修改的文件，单击“确定”按钮。

(4) 修改后，选择“文件”|“保存”菜单命令或按 Ctrl+W 组合键保存文件。

如果要放弃本次修改，可以选择“文件”|“还原”菜单命令或按 Esc 键。

还可以采用命令方式建立和修改程序文件。命令格式如下。

```
MODIFY COMMAND〈文件名〉
```

文件名前可以指定保存文件的路径。如果没有给定扩展名，系统自动加上默认扩展名.PRG。

注意：

执行该命令时，系统首先要检索磁盘文件。如果指定文件存在，则打开修改；否则，系统认为是需要建立一个指定名字的文件。

2. 执行程序文件

一旦建立程序文件，就可以使用多种方式执行它。下面是两种常用的方式。

(1) 菜单方式

选择“程序”|“运行”菜单命令，弹出“运行”对话框；从“文件”列表框中选择要运行的程序文件，单击“运行”按钮。

(2) 命令格式

```
DO〈程序文件名〉
```

菜单命令既可以在命令窗口出现，也可以出现在某个程序文件中，这样就使得一个程序在执行的过程中还可以调用另一个程序。

单击“取消”按钮，可以终止程序的执行，回到程序编辑窗口；单击“挂起”按钮，可以暂停程序的运行，保持当前状态和各内存变量的值；单击“忽略”按钮，则继续运行程序，但可能会因为前面的程序错误而引起后面一系列的错误。

当程序文件被执行时，文件中包含的命令将被依次执行，直到所有的命令被执行完，或者执行到以下命令。

- CANCAL：终止程序运行，清除所有的私有变量，返回命令窗口。
- DO：转去执行另一个程序。
- RETURN：结束当前程序的执行，返回到调用它的上级程序；如果没有上级程序则返回到命令窗口。
- QUIT：退出 Visual FoxPro 系统，返回到操作系统。

当用 DO 命令执行程序文件时，如果没有指定扩展名，系统将按下列顺序寻找该程序文件的源代码或目标代码文件执行：.exe(Visual FoxPro 可执行文件)→.app(Visual FoxPro 应用程序文件)→.fxp(Visual FoxPro 编译文件)→.prg(Visual FoxPro 源程序文件)。

如果找到的是.prg 源程序文件，系统会自动对它进行编译，生成相应的.fxp 文件，随后系统就载入新生成的.fxp 文件，并运行它。

如果找到的是.fxp 目标文件，且 SET DEVELOPMENT 设置为 ON(默认值)，那么，系统将检查是否存在一个更新版本的.prg 源程序文件；如果存在，系统将删除原来的.fxp 文件，重新编译.prg 文件。

注意：

如果 DO 命令执行的是 MODIFY COMMAND 命令产生的.prg 文件，命令中的<文件名>只需要指定文件主名，而不需要指定扩展名；若要执行其他文件，如查询程序文件、菜单文件，则<文件名>必须包含扩展名(.qpr、.mpr)。

3.4.4　简单的输入输出命令

应用程序的输入输出界面主要采用表单、报表及相关的控件。但在练习编写小程序时，传统的专用输入/输出命令仍然是有用的。

一个程序一般都包含数据输入、数据处理和数据输出这 3 个部分。下面介绍的输入和输出命令，在练习编写小程序时非常有用。

1. INPUT 命令

命令格式：

```
INPUT [字符表达式] TO <内存变量>
```

当程序执行到该命令时，程序暂停，等待用户从键盘输入数据，用户可以输入任意合法的表达式。当用户按 Enter 键结束输入时，系统计算表达式的值并将表达式的值存入指定的内存变量，程序继续向下运行。

说明：

(1) 如果选用<字符表达式>，那么系统会首先在屏幕上显示该表达式的值，以作为提示信息。

(2) 输入的数据可以是常量、变量，也可以是一般的表达式。但不能不输入任何内容直接按 Enter 键。

(3) 输入的格式必须符合相应的语法要求，如输入字符时必须加定界符；输入逻辑型常量时要加圆点定界，如.T.、.F.；输入日期型常量要用大括号，如{^2008-01-17}。

2. ACCEPT 命令

命令格式：

```
ACCEPT [字符表达式] TO <内存变量>
```

当程序执行到该命令时，程序暂停，等待用户从键盘输入字符串。当用户按 Enter 键结束输入时，系统将该字符串存入指定的内存变量，程序继续向下运行。

说明：

(1) 作为提示信息，<字符表达式>系统会首先显示该表达式的值。

(2) 该命令只能接受字符串。在输入字符串时不需要加定界符，否则系统会把定界符作为字符串本身的一部分。

(3) 可以不输入任何内容而直接按 Enter 键，但系统会把空串赋给指定的内存变量。

3. WAIT 命令

命令格式：

```
WAIT [字符表达式] [TO <内存变量表>] [WINDOWS] [NOWAIT] [TIMEOUT]
```

上述命令显示该字符表达式的值，以作为提示信息，暂停程序的执行，直到用户按任意键或单击时，程序继续执行。

说明：

(1) <字符表达式>，指定要显示的自定义信息。若参数为空字符串，则不显示信息，直到按某个键时，继续执行程序。

(2) <内存变量表>，将按下的键保存到内存变量或数组元素中。

(3) WINDOW，在 Visual FoxPro 主窗口右上角的系统信息窗口中显示信息。

(4) NOWAIT，在显示信息后，立即继续执行程序。

(5) TIMEOUT<数值表达式>，用来设置等待时间(秒数)，一旦超时就不再等待用户按键，自动往下执行。

【例 3-40】WAIT 命令使用示例。

```
WAIT "输入无效，请重新输入……" WINDOW TIMEOUT 4
```

命令执行时，在主窗口右上角出现一个提示窗口，其中显示提示信息“输入无效，请重新输入……”。之后，程序暂停执行。当用户按任意键或超过 4 秒钟时，提示窗口关闭，程序继续执行。

3.5 程序的基本结构

程序结构是指根据不同的条件，控制程序执行相应操作的语句序列。程序有3种基本结构：顺序结构、选择结构和循环结构。

3.5.1 顺序结构

顺序结构是最简单的一种基本结构，它是按照语句的先后顺序依次执行的一种程序结构。在描述基本结构流程图中用到的图符有：控制流(↓)、加工步骤(▭)和逻辑条件(◇)。

如图3-2所示，虚线框内是一个顺序结构。其中A和B两个框是顺序执行的，即在执行A框所指定的操作后，接着执行B框指定的操作。

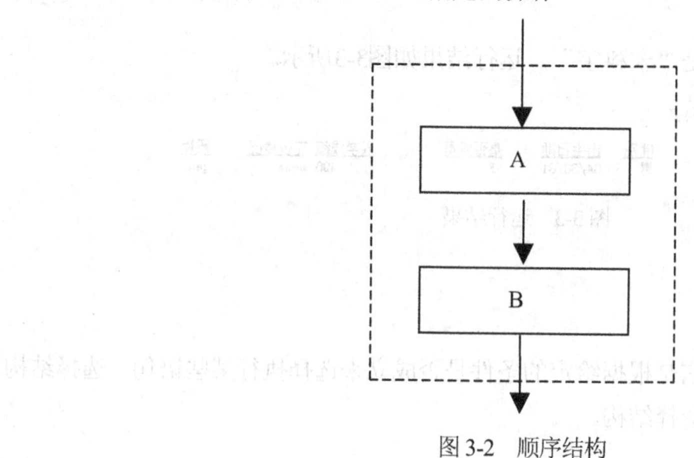

图3-2 顺序结构

【例3-41】输入三角形的三边长，求三角形面积。

问题分析：设三角形的三边长a，b，c，则该三角形的面积公式如下。

$$area = \sqrt{s(s-a)(s-b)(s-c)}$$，其中 s = (a+b+c)/2

程序代码如下。

```
INPUT "请输入第一条边的边长:" TO A
INPUT "请输入第二条边的边长:" TO B
INPUT "请输入第三条边的边长:" TO C
S=(A+B+C)/2
AREA=SQRT(S*(S-A)*(S-B)*(S-C))
?"三角形的面积为：", AREA
RETURN
```

运行程序时，输入三边的值分别是3、4、5，运行结果如下。

```
三角形的面积为:          6.0000000000000000
```

【例 3-42】键盘输入某个同学的姓名，在“学生成绩表”中查找该同学相应的记录信息。

问题分析过程如下。

(1) 首先键盘输入一个同学的姓名；

(2) 用查找定位语句找到该同学的记录；

(3) 显示该同学的记录。

程序代码如下。

```
CLEAR
USE 学生表
ACCEPT  "请输入查找的同学的姓名：" TO  NAME
LOCATE  FOR  姓名=NAME
DISPLAY
USE
RETURN
```

运行程序时，输入的姓名是“宋科宇”，运行结果如图3-3所示。

请输入查找的同学的姓名:宋科宇

记录号	学号	姓名	性别	出生日期	是否党员	入学成绩	在校情况	照片
5	0202	宋科宇	男	04/30/81	.F.	496	memo	gen

图 3-3　运行结果

3.5.2　选择结构

选择结构又称分支结构，它是根据给定的条件是否成立来选择执行某些语句。选择结构包括简单的选择结构和多分支选择结构。

1. 简单的选择结构

简单的选择结构包括单分支选择结构和双分支选择结构两种。图 3-4 所示，虚线框内是一个简单的选择结构，根据给定的条件是否成立而选择执行 A 框或 B 框之一。A 或 B 两个框中可以有一个是空的即没有任何语句不执行任何操作，此时是单分支选择结构；若 A 和 B 两个框都不为空，此时是双分支选择结构。

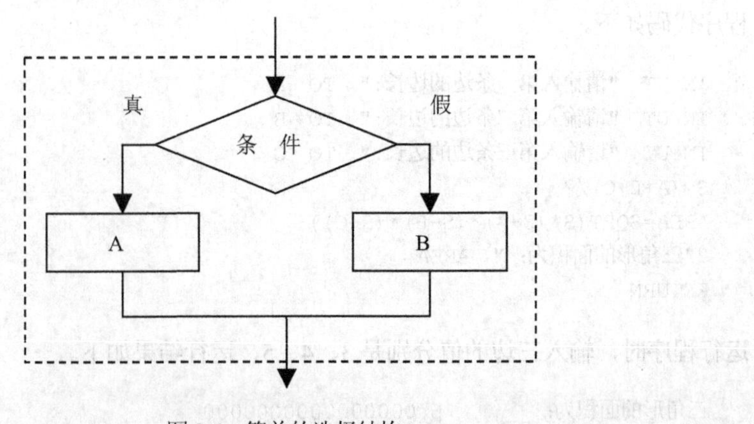

图 3-4　简单的选择结构

(1) 语句格式

```
IF <条件表达式> [THEN]
<语句组 1>
  [ELSE
    <语句组 2>]
  ENDIF
```

(2) 语句功能

首先判断<条件表达式>的值，若结果为.T.，则执行<语句组 1>，若结果为.F.，当有 ELSE 子句时，则执行<语句组 2>，然后均转到 ENDIF 后面的语句继续执行，当没有 ELSE 子句时直接转到 ENDIF 后面的语句继续执行。

(3) 语句说明

- IF <条件表达式>后的 THEN 短语可以省略不写。
- <语句组 1>或<语句组 2>既可以是单一的语句也可以是多条语句组成的复合语句，还可以是空语句，但是每条语句各占一行。
- IF 和 ENDIF 必须成对出现，ELSE 可以有也可以没有。
- ELSE 子句必须与 IF 子句一起使用，不能单独使用。

【例 3-43】从键盘输入一个正整数，判断其奇偶性。

问题分析：

奇偶性判断常采取两种方法。一是对此正整数除 2 取整法；二是用此正整数对 2 取余法。

程序代码如下。

```
CLEAR
INPUT "请输入一个正整数： " TO N
IF N/2=INT(N/2)     &&或 MOD(N, 2)=0
  ? N, " 为偶数！"
ELSE
  ? N, " 为奇数！"
ENDIF
RETURN
```

运行结果如图 3-5 所示。

```
请输入一个正整数：1990

     1990   为偶数！
请输入一个正整数：2011

     2011   为奇数！
```

图 3-5　运行结果

2. if 语句嵌套的多分支选择结构

如图 3-6 所示，虚线框内是包含多个分支的 if 语句嵌套的选择结构。

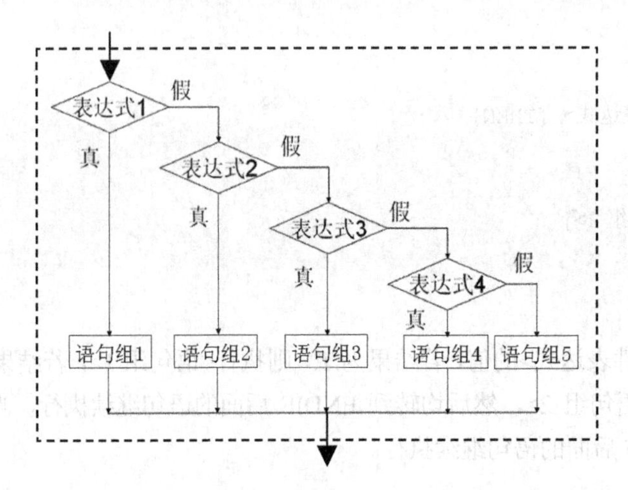

图 3-6　if语句嵌套的多分支选择结构

(1) 语句格式

```
IF <条件表达式 1>
<语句组 1>
[ELSE
    IF <条件表达式 2>
<语句组 2>
    [ELSE
       IF <条件表达式 3>
<语句组 3>
       [ELSE
           IF <条件表达式 4>
<语句组 4>
[ELSE
……]
          ENDIF]
      ENDIF]
   ENDIF]
ENDIF
```

(2) 语句功能

首先判断<条件表达式 1>的值，若结果为.T.，则执行<语句组 1>。若结果为.F.，则继续判断<条件表达式 2>的值。若<条件表达式 2>的值为.T.，则执行<语句组 2>，否则继续判断<条件表达式 3>的值。若<条件表达式 3>的值为.T.，则执行<语句组 3>，否则继续判断<条件表达式 4>的值。若<条件表达式 4>的值为.T.，则执行<语句组 4>，否则继续判断执行，依此类推。执行完某一个语句组后，就跳出该选择结构。

(3) 语句说明

<语句组 n>既可以是单一的语句、空语句、多条语句组成的复合语句，也可以是 IF…ELSE 的嵌套，每条语句各占一行。

【例 3-44】从键盘输入三个数，输出其中最小的数。

问题分析过程如下。

键盘任意输入三个数用 A、B、C，如果 A 小于 B 并且 A 小于 C，则 A 是最小值；否则 A 不是最小值，如果 B 小于 A 并且 B 小于 C，则 B 是最小值，否则 C 是最小值。

程序代码如下。

```
CLEAR
INPUT "请输入第一个数X=" TO A
INPUT "请输入第二个数Y=" TO B
INPUT "请输入第三个数Z=" TO C
IF A<=B .AND. A<=C
  MIN=A
ELSE
  IF B<=A .AND. B<=C
   MIN=B
   ELSE
   MIN=C
  ENDIF
ENDIF
? "三个是数中最小的是：", MIN
RETURN
```

运行结果。

```
请输入第一个数A=98
请输入第二个数B=-3
请输入第三个数C=71
三个是数中最小的是：  -3
```

3. DO CASE…ENDCASE 多分支选择结构

图 3-7 所示，虚线框内是包含多个分支的 DO CASE…ENDCASE 多分支选择结构。

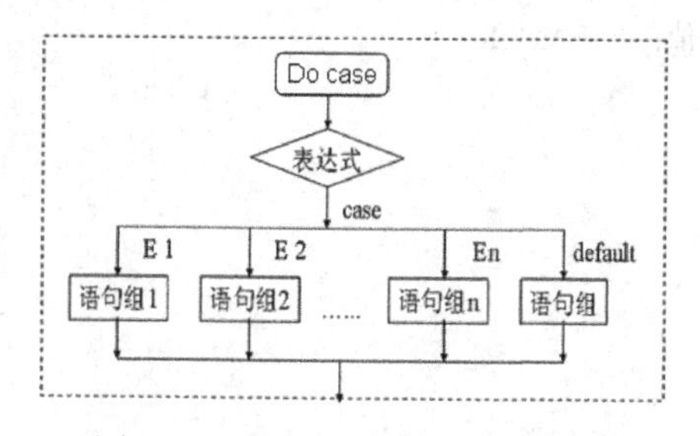

图 3-7　DO CASE 多分支选择结构

(1) 语句格式

```
DO CASE
CASE<条件表达式 1>
<语句组 1>
```

```
CASE<条件表达式 2>
<语句组 2>
……
CASE<条件表达式 n>
<语句组 n>
[OTHERWISE
<语句组 n+1>]
ENDCASE
```

(2) 语句功能

其执行过程是：依次判断各<条件表达式>的值，若某个<条件表达式>的值为.T.时，则执行其后相应的语句组，然后结束多分支选择结构。如果所有的<条件表达式>的值都为.F.，若有 OTHERWISE 子句，则执行 OTHERWISE 后的〈语句组 n+1〉，然后结束多分支选择结构，若没有 OTHERWISE 子句则直接结束多分支选择结构。

(3) 语句说明

如果多个〈条件表达式〉的值为.T.，则只执行第一个条件为.T.的 CASE 分支后的语句组。

【例 3-45】 计算分段函数值。

$$
f(x)=\begin{cases} 2x-1 & x<0 \\ 3x+5 & 0\leqslant x<3 \\ x+1 & 3\leqslant x<5 \\ 5x-3 & 5\leqslant x<10 \\ 7x+2 & x\geqslant 10 \end{cases}
$$

问题分析：

题目是根据 X 的值求 f(x)的值，X 的取值范围不同时，f(x)的计算公式也不同，存在多个判断条件，采用 DO CASE 语句实现较好，而且结构清晰。另外 f(x)在程序中不能直接表示，而要用 Y 代替。

程序代码如下。

```
CLEAR
INPUT  "输入 X 的值：" TO  X
DO CASE
   CASE X<0
      Y=2*X-1
   CASE X<3
      Y=3*X+5
   CASE X<5
      Y=X+1
   CASE X<10
      Y=5*X-3
   OTHERWISE
      Y=7*X+2
 ENDCASE
? " f(x)= ", Y
RETURN
```

运行结果如下。

```
输入 x 的值：  7
f(x)= 32
```

【例 3-46】编写程序，用 DO CASE…ENDCASE 分支结构实现输入成绩后，显示相应的成绩等级。成绩大于或等于 90 分为优秀；成绩大于或等于 80 分而小于 90 分为良好；成绩大于或等于 60 分而小于 80 分为及格；成绩小于 60 分为不及格。

```
CLEAR
INPUT  "请输入成绩：" TO  CJ
DO CASE
CASE  CJ<60
RESULT="不及格"
CASE  CJ<80
RESULT ="及格"
CASE  CJ<90
RESULT ="良好"
OTHERWISE
RESULT ="优秀"
ENDCASE
? "成绩为："+ RESULT
RETURN
```

注意：

在DO CASE语句中，如果其中条件为真的情况多于一个，则执行第一个满足条件的CASE。在DO CASE与第一个CASE之间的任何语句都不被执行。可以将DO CASE语句看成一组嵌套的IF语句，它们的功能是等效的。

3.5.3 循环结构

循环结构又称为重复结构，是指程序在执行的过程中，其中的某段代码被重复执行若干次。被重复执行的代码段，通常称为循环体。如图 3-8 所示，先判断条件是否为真，如果条件为真，则执行 A 框操作，执行完 A 操作后，再判断条件是否为真。如果条件为真，则再执行 A 框操作。反复判断执行，直到条件为假时，结束循环结构。

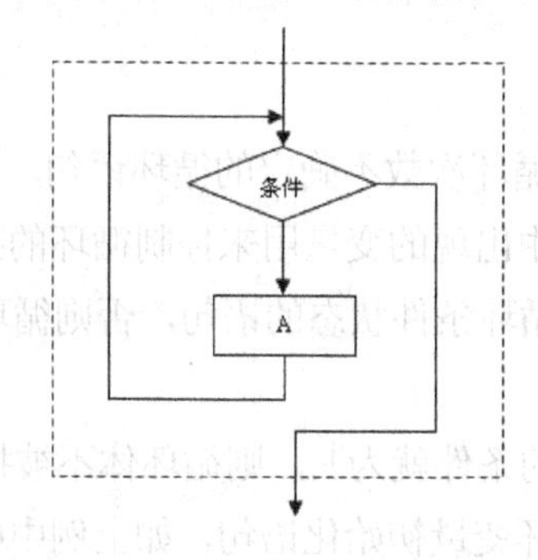

图 3-8 当型循环结构

Visual FoxPro 提供了 3 种循环语句，分别是 DO WHILE 语句、FOR 语句和 SCAN 语句。其中，DO WHILE 语句能够完成循环次数不确定的循环结构编程，可以用于表和非表编程；FOR 语句通常完成循环次数确定的循环结构编程，通常用于非表编程，也可以用于表的编程；SCAN 语句通常完成循环次数不确定的循环结构编程，只能用于表的编程。

1. DO WHILE 语句

(1) 语句格式

```
DO WHILE <条件>
    <语句序列>
ENDDO
```

(2) 语句功能

程序执行到 DO WHILE 语句时，首先判断条件，当条件为.T.时，执行循环体，遇到 ENDDO 语句时转到 DO WHILE 语句的条件处，再次对条件进行判断。这个过程一直在重复，直到 DO WHILE 后面的条件为.F.时，结束循环语句的执行。

【例 3-47】求 1+2+…+100 的值。

问题分析：

求 1+2+…+100 的方法很多，这里选择有利于计算机执行的方法，用 DO WHILE 循环结构来实现，循环条件是每次加的数 I 小于等于 100，让程序循环执行 100 次，每次都将一个数 I 加到存和的变量 S 里，然后这个数 I 的值递增 1。

程序代码如下。

```
CLEAR
STORE  0  TO  I, S
DO  WHILE  I<=100
 S=S+I
 I=I+1
ENDDO
?" 1+2+…+100=", S
RETURN
```

程序运行的结果如下。

```
1+2+…+100=  5050
```

(3) 语句说明

① DO WHILE 语句是一种循环次数不确定的循环语句，只要循环的条件为.T.就重复执行循环体。在循环条件中出现的变量用来控制循环的执行，称其为循环变量。

② 在循环体中应该有改变循环条件状态的语句，否则循环语句将不会停止，如上例中的语句“I=I+1”。

③ 如果循环语句在开始时的条件就为.F.，则循环体不被执行。为此，在 DO WHILE 语句之前应该有适当的循环变量初始化语句，如上例中的语句“STORE 0 TO I，S”。

④ DO WHILE与ENDDO必须成对出现。如果第一次判断条件时，条件即为假，则循环体一次也不执行。

【例3-48】输入一个正整数N，计算N的阶乘N!。

问题分析：

N!=1*2*3*…*(N-1)*N，用DO WHILE循环结构来实现，循环条件是循环变量I小于等于N，让程序循环执行N次，每次都将一个数I累乘到存阶乘的变量P里，然后这个循环变量I的值递增1。

程序代码如下。

```
CLEAR
INPUT  "输入一个正整数："  TO  N
STORE  1  TO  P，I
DO  WHILE  I<=N
 P=P*I
 I=I+1
ENDDO
? "N!=", P
RETURN
```

【例3-49】对“学生表.DBF”，分别显示入学成绩的最高与最低学生记录，并计算出该表中学生的平均入学成绩。

问题分析过程如下。

(1) 用DO WHILE循环语句将指针依次定位到每条记录，可以用NOT EOF()作为循环的条件，在循环体中使用SKIP语句移动记录指针；

(2) 假设有一个最高入学成绩值的变量MA，用一个IF语句判断入学成绩字段的值，如果当前记录入学成绩字段的值大于MAX，则让MAX等于当前入学成绩字段的值；否则如果当前记录入学成绩字段的值小于最低入学成绩值的变量MI，则让MI等于当前入学成绩字段的值；

(3) 将当前入学成绩字段的值加到成绩总和S里去，计数变量递增1；

(4) 循环结束后，求平均值PJ=S/RS；

(5) 分别显示入学成绩最高与最低的学生记录和该表中学生的平均入学成绩。

程序代码如下。

```
CLEAR
USE 学生表
STORE 入学成绩 TO  MA，MI
STORE 0 TO S，RS
DO  WHILE  NOT EOF()
  IF MA<入学成绩
     MA=入学成绩
  ELSE
  IF MI>入学成绩
     MI=入学成绩
```

```
    ENDIF
    ENDIF
    S=S+入学成绩
    RS=RS+1
    SKIP
  ENDDO
  PJ=S/RS
  DISPLAY FOR  入学成绩=MA
  wait
  DISPLAY FOR  入学成绩=MI
  ?"平均入学成绩为：", PJ
  USE
  RETURN
```

2. FOR 语句

(1) 语句格式

```
FOR  循环变量=<初始值> TO <终止值> [STEP<步长>]
    <语句序列>
ENDFOR|NEXT
```

(2) 语句功能

在执行 FOR 语句时，首先检查 FOR 语句中循环变量的初值、终值和步长的正确性，如果不正确，FOR 语句一次也不执行；如果正确，则按下面两种情况执行 FOR 语句。

① 当步长值>0

- 给循环变量赋初始值。
- 当循环变量的值小于等于终止值时，执行循环体。
- 遇到 ENDFOR 或 NEXT 语句，按步长修改循环变量的值，返回到步骤 b；如果大于终止值时，结束 FOR 循环语句的执行。

② 当步长值<0

- 给循环变量赋初始值。
- 当循环变量的值大于等于终止值时，执行循环体。
- 遇到 ENDFOR 或 NEXT 语句，按步长修改循环变量的值，返回到步骤 b；如果小于终止值时，结束 FOR 循环语句的执行。

【例 3-50】用 FOR 语句完成求 1+2+…+100 的值。

问题分析过程如下。

用 FOR 循环结构来实现 1+2+…+100，循环条件是循环变量 I 的值小于等于 100，让程序循环执行 100 次，每次都将 I 加到存和的变量 S 里，然后这个数 I 的值自动加上步长的值 1。

程序代码如下。

```
CLEAR
STORE 0 TO S
FOR  I=T  TO  100
```

```
   S=S+I
ENDFOR
?" 1+2+…+100=", S
RETURN
```

程序运行的结果如下。

```
1+2+…+100=5050
```

【例3-51】求2+4+6+8+…+N，并输出计算结果。

问题分析：输入偶数N，循环条件是循环变量I的值小于等于N，让程序循环每次执行都将I加到存和的变量S里，然后循环变量自动加上步长的值2。

程序代码如下。

```
CLEAR
INPUT  "输入一个偶数：" TO  N
S=0
FOR  I=2  TO  N  STEP  2
S=S+I
ENDFOR
?" 2+4+6+8+…+N=", S
RETURN
```

3. SCAN语句

(1) 语句格式

```
SCAN  [范围] [FOR<条件>]|[WHILE<条件>]
     <语句序列>
ENDSCAN
```

SCAN语句使用FOR<条件>或WHILE<条件>对表中满足条件的记录进行循环处理。

(2) 语句功能

在表中对指定范围内满足条件的每一条记录完成循环体的操作。

(3) 语句说明

- 每处理一条记录后，记录指针指向下一条记录。
- 范围的默认值是ALL。
- FOR <条件>表示从表头至表尾检查全部满足条件的记录。
- WHILE <条件>表示从当前记录开始，当遇到第一个使<条件>为.F.的记录时，循环立刻结束。

【例3-52】逐一显示“学生表.DBF”前5条中的男生记录。

问题分析：在SCAN后面指明范围、条件，用WAIT命令实现逐一(等待)显示。

程序代码如下。

```
CLEAR
USE 学生表
```

```
SCAN  NEXT  5  FOR  性别="男"
  DISPLAY
  WAIT
ENDSCAN
USE
RETURN
```

【例 3-53】对“职工表.DBF”根据职称修改工资：教授工资增加 30%；副教授工资增加 20%；讲师工资增加 10%；其他职称职工工资增加 100；

问题分析过程如下。

(1) 用 SCAN 循环语句将指针依次移动到每一条记录上；

(2) 在循环体中，用 DO CASE 语句判断当前职工职称，根据职称用 REPLACE 命令进行相应工资修改。

程序代码如下。

```
CLEAR
USE ZGB
BROWSE FIELDS 姓名，职称，工资 TIMEOUT 5
SCAN
  DO CASE
     CASE 职称="教授"
       REPLACE 工资 WITH 工资*1.3
     CASE 职称="副教授"
       REPLACE 工资 WITH 工资*1.2
     CASE 职称="讲师"
       REPLACE 工资 WITH 工资*1.1
     OTHERWISE
       REPLACE 工资 WITH 工资+100
  ENDCASE
 ENDSCAN
 BROWSE FIELDS 姓名，职称，工资 TIMEOUT 5
 USE
 RETURN
```

4. LOOP 语句和 EXIT 语句

LOOP 语句和 EXIT 语句可以用在循环语句中。LOOP 语句用于结束本次循环，进入下一次循环的判断；EXIT 语句用于结束循环语句。LOOP 语句和 EXIT 语句一般与条件语句连用。

【例 3-54】求 1~100 之间不是 3 或 7 的倍数和，且所求得的和值不超过 1000。

问题分析：

(1) 可以用 DO WHILE 循环语句，循环条件有多种，这里用.T.；

(2) 这里用 MOD 函数来判断是否为 3 或 7 的倍数，如果是则用 LOOP 语句结束本次循环待 I 递增后进行下一次判断；如果不是 3 或 7 的倍数则累加到 S 中；

(3) 对变量 S 累加 I 后要进行判断，如果 S 超过 1000 则挖掉刚累加进来的 I 值。

程序代码如下。

```
CLEAR
STORE  0  TO  S, I
DO  WHILE  .T.
  I=I+1
  IF MOD(I, 3)=0 .OR. MOD(I, 7)=0
     LOOP
  ENDIF
  S=S+I
  IF S>1000
    S=S-I
    EXIT
  ENDIF
ENDDO
?"S=", S
RETURN
```

5. 循环的嵌套

在循环语句中，其循环体又包含一个完整的循环语句，称为循环的嵌套。

语句格式如下。

```
DO WHILE
     ……
 DO WHILE
     ……
 ENDDO
……
ENDDO
或
FOR
……
 FOR
   ……
 ENDFOR
 ……
ENDFOR
```

在用循环语句嵌套形式编程时，应注意 DO WHILE 与 ENDDO、FOR 与 ENDFOR 应该成对出现，注意循环变量不能混用，否则得不到预期的结果。

【例 3-55】输出如图 3-9 所示的九九乘法表。

```
1* 1= 1
1* 2= 2    2* 2= 4
1* 3= 3    2* 3= 6    3* 3= 9
1* 4= 4    2* 4= 8    3* 4=12    4* 4=16
1* 5= 5    2* 5=10    3* 5=15    4* 5=20    5* 5=25
1* 6= 6    2* 6=12    3* 6=18    4* 6=24    5* 6=30    6* 6=36
1* 7= 7    2* 7=14    3* 7=21    4* 7=28    5* 7=35    6* 7=42    7* 7=49
1* 8= 8    2* 8=16    3* 8=24    4* 8=32    5* 8=40    6* 8=48    7* 8=56    8* 8=64
1* 9= 9    2* 9=18    3* 9=27    4* 9=36    5* 9=45    6* 9=54    7* 9=63    8* 9=72    9* 9=81
```

图 3-9　九九乘法表

问题分析过程如下。

九九乘法表共输出 9 行，用变量 I 表示第 I 行；第 I 行输出 I 项，用变量 J 表示第 I 行第 J 项；每项输出内容为“STR(J，2)+"*"+STR(I，2)+"="+STR(I*J，2)”，用 STR 函数限制输出内容的宽度，用 SPACE(2)限制每行相临两项输出的间隔。

程序代码如下。

```
CLEAR
FOR I=1 TO 9
   FOR J=1 TO i
      ?? STR(J，2)+"*"+STR(I，2)+"="+STR(I*J，2)，SPACE(2)
   ENDFOR
    ?
 ENDFOR
RETURN
```

【例 3-56】输出 2~100 之间的所有素数，5 个素数一行。

问题分析过程如下。

对任意的正整数 N，如果除了 1 和 N 本身之外不能被其他整数所整除，则 N 就是素数。算法思想是，从 2~N-1 中找还能把 N 整除的数，如果找到，N 就不是素数，如果找不到，N 就是素数。

程序代码如下。

```
CLEAR
GS=0
FOR N=2 TO 100
  SS=.T.
  FOR I=2 TO N-1
    IF MOD(N，I)=0
      SS=.F.
      EXIT
    ENDIF
  ENDFOR
   IF SS=.T.
     ??N
     GS=GS+1
      IF MOD(GS，5)=0
        ?
      ENDIF
    ENDIF
  ENDFOR
  RETURN
```

输出结果如图 3-10 所示。

```
  2      3      5      7     11
 13     17     19     23     29
 31     37     41     43     47
 53     59     61     67     71
 73     79     83     89     97
```

图 3-10　输出结果

【例 3-57】任意输入 10 个数，编程将这些数按从小到大的顺序输出。

题目要求完成排序算法，排序的算法很多，常用的算法有选择法、冒泡法等。

问题分析过程如下。

(1) 从 10 个数中选出最小的数，然后将最小数与第一个数交换位置。

(2) 除第一个数外，其余 N-1 个数再按步骤(1)的方法选出次小的数，与第二个数交换位置。

(3) 重复步骤(2)N-1 遍，最后构成从小到大的序列。

程序代码如下。

```
CLEAR
DIMENSION A(10)
FOR I=1 TO 10
 INPUT "输入第"+STR(I，2)+"个数"  TO  A(I)
ENDFOR
?
FOR I=1 TO 9
FOR J=I+1 TO 10
    IF A(I)>A(J)
       T=A(I)
       A(I)=A(J)
       A(J)=T
    ENDIF
 ENDFOR
ENDFOR
FOR I=1 TO 10
??A(I)
ENDFOR
RETURN
```

3.5.4　程序的模块化设计

在程序设计过程中，通常将一个大的功能模块划分为若干个小的模块，这种程序设计思想就是程序的模块化设计。在 Visual FoxPro 中，模块化程序设计体现在过程、子程序和自定义函数的运用，它们都是一段具有独立功能的程序代码。在模块化程序设计过程中，需要在一个模块中调用另一个模块，被调用模块称为过程、子程序或自定义函数，发出调用命令的模块称为主模块或主程序。

1. 子程序

子程序也是由 Visual FoxPro 命令组成的程序文件，子程序中必须有 RETURN 语句，以便返回调用它的主程序。子程序扩展名也是.prg，其建立方法与建立一般程序文件的方法相同。

(1) 在主程序中调用子程序的命令

命令格式：

```
DO 子程序文件名 [WITH 实参表列]
```

说明：

① 序中执行到 DO 子程序文件名 [WITH 实参表列]语句时，就将程序的控制转移到子程序中并开始执行子程序中的命令，当执行到子程序中的 RETURN 语句时，就将程序的控制返回到主程序中 DO 语句的下一条语句处继续执行主程序。

② 用子程序的语句中包含有“WITH 实参表列”短语时，表示主程序与子程序之间要进行参数传递。子程序的第一条可执行语句必须是参数接收语句，即 PARAMETERS <形参表列>。主程序中的实参列表与子程序中的形参表列的参数个数、对应参数的类型要一致，实参列表可以是常量、变量和表达式。

③ 结合传递参数的过程是：首先将实参的值传递给形参，程序控制转移到子程　　序中执行，子程序执行结束后返回到主程序时，如果实参为变量，则形参的值再传递给实参，否则形参值不传回给实参。

(2) 子程序文件格式

```
[PARAMETERS 形参表列]
<子程序语句>
RETURN [TO MASTER|TO <程序文件名>]
```

说明：

① 表列为可选项，如果需要由主程序传递参数给子程序，就需要选择形参表列。

② TURN 后省略任何选项，表示返回到调用该子程序的上一级程序；TO MASTE 短语表示返回最高一级的调用程序；TO <程序文件名>表示程序控制强制返回到指定<程序文件>。

(3) 主程序与子程序之间的调用

主程序与子程序是相对的，子程序之间可以相互调用也可以调用自身。程序的调用关系如图 3-11 所示。

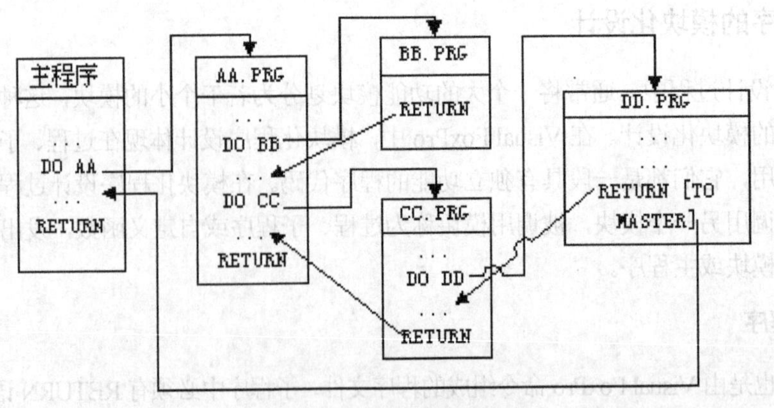

图 3-11　程序的调用关系图

【例 3-58】输入正整数 M、N、K，计算 S=(M！+N！)/K！(用子程序实现)。

主程序(JCZZ.PRG)代码如下。

```
CLEAR
INPUT "输入数M: " TO M
INPUT "输入数N: " TO N
INPUT "输入数K: " TO K
STORE 1 TO A, B, C
DO JCZ WITH M, A
DO JCZ WITH N, B
DO JCZ WITH K, C
S=(A+B)/C
?"S=", S
RETURN
```

子程序(JCZ.PRG)代码如下。

```
PARAMETERS T, P
P=1
FOR I=1 TO T
  P=P*I
ENDFOR
RETURN
```

运行主程序 JCZZ.PRG，当执行到“DO JCZ WITH M，A”语句时，程序执行转到子程序 JCZ.PRG。首先将实参 M 的值传递给形参 T，再执行子程序 JCZ.PRG 中的语句。遇到 RETURN 语句时，将形参 P 的值传回递给实参 A，并返回到主程序。然后，继续执行主程序的下一条语句。

2. 过程

子程序独立形成程序文件存放在磁盘中，过程可以与主程序在同一个程序文件中存在，也可以单独存在，过程与子程序一样，具有独立的功能，但又相互区别。每调用一次子程序都要访问磁盘打开一个子程序文件。如果调用的次数很多，则会影响程序的运行速度。为了避免这样的问题，可以将每个子程序定义成一个过程，把多个过程存放在一个过程文件中。这样在调用过程文件时，将其中的所有过程一次性调入内存，而不需要频繁访问磁盘，从而大大提高了程序执行的速度。

(1) 过程的定义格式

```
PROCEDURE  <过程名1>
   [PARAMETERS 形参表列]
   <过程中的语句>
[RETURN [表达式|TO MASTER|TO 程序文件名]]
[ENDPROC]
PROCEDURE  <过程名2>
   [PARAMETERS 形参表列]
   <过程中的语句>
```

```
[RETURN [表达式]]
[ENDPROC]
……
PROCEDURE  <过程名 N>
  [PARAMETERS  形参表列]
  <过程中的语句>
[RETURN [表达式|TO MASTER|TO 程序文件名]]
[ENDPROC]
```

说明：

① 一个过程文件可以由一个或多个过程组成，当有多个过程时，每个过程都以ROCEDURE <过程名>作为开始标志，可以用 ENDPROC 作为结束标志，也可以不写 ENDPROC 结束标志。

② [PARAMETERS 形参表列]是可选项，当主程序需要向过程传递参数时，需要写PARAMETERS 形参表列。

③ [[RETURN [表达式|TO MASTER|TO 程序文件名]]是可选项。[RETURN]表示将程序控制返回到主调程序，系统有一个返回值.T.；[RETURN [表达式]]表示由过程向主调程序返回值；[RETURN TO MASTER]表示程序控制返回到最高一级的调用程序；[RETURN TO 程序文件名]表示程序控制返回到指定的程序文件。

④ <过程中的语句>，即过程体，在过程体的最后一条语句之后，可以写[RETURN [表达式]]，也可以不写，不写时系统自动执行一条隐含的 RETURN 命令。

(2) 过程的调用

调用过程的格式如下。

```
SET PROCEDURE TO <过程文件名 1>，[<过程文件名 2>，…][ADDITIVE]
DO 过程名 1  [WITH 实参表列]
DO 过程名 2  [WITH 实参表列]
  ……
DO 过程名 n  [WITH 实参表列]
CLOSE PROCEDURE|SET PROCEDURE TO|CLOSE ALL
```

说明：

① 在调用过程之前必须先打开过程所在的过程文件，用 SET PROCEDURE TO <过程文件名 1>，[<过程文件名 2>，…][ADDITIVE]命令来实现，如果要打开两个以上的过程文件需用逗号分开，并且后打开的过程文件将会关闭它前面的先打开的过程文件，如果想多个文件同时打开，需要用时 ADDITIVE 短语。

② 过程文件打开后就可以调用其中的过程了，调用过程的命令如下。

```
DO 过程名 1  [WITH 实参表列]。
```

③ 过程文件调用结束后，不会自动关闭，使用 CLOSE PROCEDURE|SET PROCEDURE TO|CLOSE ALL 对于来关闭过程文件。CLOSE PROCEDURE|SET PROCEDURE TO 表示所有打开的过程文件，CLOSE ALL 表示关闭过程文件及其他类型的文件。

④ 在调用过程的格式语句的前后可以有其他命令语句，但是调用过程的格式语句的逻辑顺序不能改变。

【例 3-59】输入正整数 M、N、K，计算 S=(M！+N！)/K！(用内部过程实现)。

主程序(JCZG.PRG)代码如下。

```
CLEAR
INPUT "输入数M: " TO M
INPUT "输入数N: " TO N
INPUT "输入数K: " TO K
STORE 1 TO A, B, C
DO JCG WITH M, A
DO JCG WITH N, B
DO JCG WITH K, C
S=(A+B)/C
?"S=", S
RETURN
PROCEDURE JCG
PARAMETERS T, P
P=1
FOR I=1 TO T
  P=P*I
ENDFOR
RETURN
```

3. 自定义函数

函数是为解决某些问题而由系统或用户编制的功能模块，它由一组命令语句组成，可供程序在任何地方调用。

函数分为系统标准函数和用户自定义函数两种，系统标准函数是由系统预先定义好的，用户可以直接使用的功能模块，用户自定义函数是用户根据处理需要自行定义的功能模块，需要先定义后使用。本节着重讲解用户自定义函数的定义和使用。

(1) 自定义函数的格式

```
FUNCTION <函数名>
[PARAMETERS  形参表列]
    <命令序列>
[RETURN  [<表达式>]]
```

说明：

① 自定义函数名不要与 Visual FoxPro 的内部函数名相同，因为系统只识别内部函数。

② 定义包含自变量的函数时，必须将 PARAMETERS 语句作为函数的第一行语句，用于接收主调程序传递过来的自变量的值。

③ RETURN 语句用来返回函数值，若省略或省略其后的表达式，则函数返回.T.，<表达式>可以是常量、变量或表达式。

(2) 自定义函数的调用

自定义函数的调用方法与调用系统函数的方法相同命令格式如下。

```
<函数名> ([<自变量表列>])
```

其中，自变量可以是任何合法的表达式，自变量的个数和自定义函数中 PARAMETER 语句中的变量个数相同，类型相符。

【例 3-60】输入正整数 M、N、K，计算 S=(M！+N！)/K！(用自定义函数实现)。

```
CLEAR
INPUT "输入数 M: " TO M
INPUT "输入数 N: " TO N
INPUT "输入数 K: " TO K
S=(JCH(M)+JCH(N))/JCH(K)
?"S=", S
RETURN
FUNCTION JCH
PARAMETERS T
P=1
FOR I=1 TO T
  P=P*I
ENDFOR
RETURN P
```

4. 变量的作用域

变量的作用域是指变量的有效范围，即变量在什么范围内可以使用得到。在主模块和各个子模块中，很难保证不会出现重名的变量名。因此，必须确保不同模块中的变量互不干扰，使它们在各自的范围内起作用，即通过规定变量的有效范围，来减少变量间的相互干扰。

在 Visual FoxPro 中，根据变量的作用域不同，变量分为全局变量、私有变量和局部变量，分别用 PUBLIC、PRIVATE 和 LOCAL 来修饰。

(1) 全局变量

全局变量也称为公共变量，在任何程序模块中都可以使用。全局变量用 PUBLIC 修饰。命令格式：

```
PUBLIC <内存变量表列>
```

说明：

① <内存变量表列>是用逗号分隔开的内存变量列表，这些变量的默认值是逻辑值.F.，可以为它们赋任何类型的值。

② 在命令窗口定义的所有变量都是全局变量。程序中的全局变量必须先定义后使用而命令窗口中的全局变量一般不用定义可以直接使用。

③ 全局变量一经说明，在任何地方都可以使用也可以改变它的值，则这个改变的值将会立刻影响其他程序对该变量的使用。

④ 全局变量在程序结束后仍然存在，除非用 CLEAR MEMORY、RELEASE 等命令释放内存变量，或者退出 Visual FoxPro 全局变量才消失。

【例 3-61】在主程序中定义了变量 A，在 SUBPROG 过程中定义了全局变量 B，全局变量在定义模块、上级模块或下级模块中都可以使用。因此，在主程序中对 B 进行修改，B 的值被改变。

程序代码如下。

```
NOTE  主程序代码
CLEAR  MEMORY           &&释放内存变量
A=10
?A
DO  SUBPROG
B=B+1
?"在主程序中输出A，B的值"，A，B
NOTE  过程SUBPROG的代码
PROCEDURE  SUBPROG
PUBLIC  B
B=20
A=A+1
?"在SUBPROG过程中输出A，B的值"，A，B
RETURN
```

输出结果如下。

```
在SUBPROG过程中输出A，B的值        11          20
在主程序中输出A，B的值             11          21
```

(2) 私有变量

没有用 LOCAL 和 PUBLIC 说明的变量称为私有变量。这类变量可以直接使用，私有变量在它所在的程序模块及其所在模块调用的下一级程序模块中都可以使用。也就是说，它可以在其所在的程序、过程、函数或它们所调用的过程或函数内使用，在其上级模块及其他的程序或过程或函数中不能对其进行存取操作。

【例 3-62】在主程序中定义的变量 A、B 均为私有变量，可以在定义 A、B 的程序中使用，也可以在下级 SUBPROG 过程中使用，且在 SUBPROG 过程中对 A、B 的修改结果将返回主程序中。

程序代码如下。

```
NOTE  主程序代码
CLEAR ALL
A=10
B=20
?"在主程序中调用SUBPROG过程之前输出A，B的值"，A，B
DO  SUBPROG
?"在主程序中调用SUBPROG过程之后输出A，B的值"，A，B
NOTE  过程SUBPROG的代码
```

```
PROCEDURE  SUBPROG
  A=A+1
  B=B+1
  ?"在 SUBPROG 过程中输出 A，B 的值"，A，B
RETURN
```

输出结果如下。

```
在主程序中调用 SUBPROG 过程之前输出 A，B 的值          10        20
在 SUBPROG 过程中输出 A，B 的值                        11        21
在主程序中调用 SUBPROG 过程之后输出 A，B 的值          11        21
```

(3) 局部变量

局部变量是只能在定义它的程序模块中使用的变量。局部变量用 LOCAL 修饰。

命令如下：

```
LOCAL <内存变量表列>
```

说明：

① 同全局变量一样，这些变量的默认值也是逻辑值.F.，可以为它们赋任何类型的值。

② 局部变量只能在说明这些变量的模块内使用，它的上级模块和下级模块都不能使用。

③ 当局部变量所在的模块运行结束后，局部变量自动被释放。

④ 由于 LOCAL 和 LOCATE 的前 4 个字母相同，所以在说明局部变量时不能只给出前 4 个英文字母 LOCA。

【例 3-63】 变量 B 在 SUBPROG 过程中说明为局部变量，B 只能在 SUBPROG 中使用，在上级主程序中不能使用，否则会出现“找不到变量'B'”的错误。

程序代码如下。

```
NOTE  主程序代码
CLEAR  ALL
A=10
?A
DO  SUBPROG
?"在主程序中输出 A，B 的值"，A，B
NOTE  过程 SUBPROG 的代码
PROCEDURE  SUBPROG
LOCAL B
B=20
A=A+1
?"在 SUBPROG 过程中输出 A，B 的值"，A，B
RETURN
```

在输出下列结果的同时，给出如图 3-12 所示的“程序错误”提示对话框。

```
在 SUBPROG 过程中输出 A，B 的值          11        20
在主程序中输出 A，B 的值                 11
```

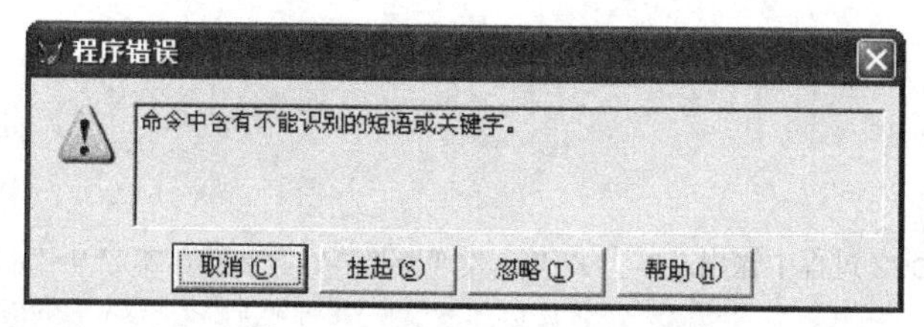

图 3-12　“程序错误”提示对话框

(4) 隐藏内存变量

如果下级程序中使用的局部变量与上级程序中的局部变量或全局变量同名，这些同名变量就容易造成混淆。为了解决这类问题，在局部块中可使用 PRIVATE 命令定义同名的内存变量将全局变量或上级程序中的变量隐藏起来，使全局变量或上级程序中的变量在局部作用域中无效，一旦返回上级程序，在下级程序中用 PRIVATE 定义的同名变量即被清除，调用时被隐藏的内存变量恢复原值，不受下级程序中同名变量的影响。

命令格式：

```
PRIVATE  <变量名表列>
```

实际上，PRIVATE 命令起到了隐藏和屏蔽上层程序中同名变量的作用。

【例 3-64】在主程序中定义的变量 X、Y、Z 均为私有变量，在过程 PROC1 中，用 PRIVATE 短语说明 Y，使得系统在调用过程 PROC1 时将变量 Y 隐藏起来，就好像变量 Y 不存在一样，因此，在过程 PROC1 执行结束、返回主程序时，系统会恢复先前隐藏的变量 Y。在过程 PROC2 中，用 PUBLIC 短语说明 N，使得 N 在任何模块内都起作用。

程序代码如下。

```
NOTE 主程序代码
CLEAR
STORE 5 TO X, Y, Z            &&X, Y, Z 均为私有变量
?"主模块第一次输出: ", "X=", X, "Y=", Y, "Z=", Z
DO PROC1
?"主模块第二次输出(调用过程 PROC1 后输出):", "X=", X, "Y=", Y, "Z=", Z
DO PROC2
?"主模块第三次输出(调用过程 PROC2 后输出): ;
", "X=", X, "Y=", Y, "Z=", Z, "N=", N
NOTE  过程 PROG1 的代码
PROCEDURE PROC1
PRIVATE Y      &&Y 为私有变量，起到隐藏和屏蔽与主模块同名变量的作用
   Y=X+Z
   X=X+Z
   Z=X+Y
   M=X+Y+Z
   ?"在 PROC1 过程中输出: ", "X=", X, "Y=", Y, "Z=", Z, "M=", M
RETURN
NOTE  过程 PROG2 的代码
PROCEDURE PROC2
PUBLIC N                        &&N 为全局变量，在任何模块内都起作用
```

```
    N=10
    X=X+N
    Y=Y+N
    Z=Z+N
    ?"在 PROC2 过程中输出：", "X=", X, "Y=", Y, "Z=", Z, "N=", N
RETURN
```

输出结果如下。

```
主模块第一次输出： X=    5          Y=    5        Z=    5
在 PROC1 过程中输出： X=    10  Y=  10  Z=  20  M=  40
主模块第二次输出(调用过程 PROC1 后输出)： X=   10  Y=  5  Z=  20
在 PROC2 过程中输出： X=    20  Y=  15  Z=  30  N=  10
主模块第三次输出(调用过程 PROC2 后输出)： X=  20  Y= 15  Z= 30  N= 10
```

3.6 本章小结

本章首先介绍了一些 Visual FoxPro 语言的基本成分，其中有常量、变量、函数和表达式，然后介绍了一些程序设计相关的命令，如有关内存变量的常用命令、程序文件的建立与执行及简单的输入输出命令等。接下来主要介绍了 Visual FoxPro 程序设计的基本结构：顺序结构、选择结构、循环结构以及模块化程序设计。

本章内容是 Visual FoxPro 的核心内容，因此在本章各节中穿插了大量的示例和典型例题，力求使读者举一反三能更容易理解和掌握 Visual FoxPro 程序设计的基础知识、结构化程序的基本结构和特点；理解结构化程序设计原则和方法的应用；逐渐建立程序设计思维，最终能够读懂较难的程序、编写出简单的程序。

第4章　关系数据库标准语言SQL

学习目标：

- 掌握 SELECT 语句主要短语的用法和作用
- 了解 SQL 语言中表的定义和修改
- 掌握 SQL 语言中记录的插入、修改和删除

4.1 SQL 简介

SQL(Structured Query Language，即：结构化查询语言)是关系数据库的标准语言，由 Boyce 和 Chamberlin 于 1974 年提出。Boyce 和 Chamberlin 于 1975 年至 1979 年在 IBM 公司的 San Jose 实验室研制的著名的关系 DBMS System R 上实现了这种语言。

SQL 具有功能丰富，使用灵活且简便易懂等特点，备受众多用户的青睐。1986 年 10 月美国国家标准局(ANSI)的数据库存委员会 X3H2 批准了 SQL 作为关系数据库语言的美国标准，同时国际标准组织(International Standard Organization)发布了 SQL 标准文本(SQL-86)，并在 1989 年、1992 年与 1999 年进行了 3 次扩展。目前的正式版本是 1999 年公布的 SQL3 版本，现在业界所说的标准 SQL 一般指 SQL3。SQL 标准使所有数据库系统的生产商都可以按照统一的标准实现对 SQL 的支持；使得 SQL 语言在数据库厂家之间具有广泛的适用性；在不同数据库之间的操作有了共同基础。因此，SQL 语言成为计算机业界的一种标准语言，这对数据库领域的发展意义十分重大。关系数据库管理系统(RDBMS)中也广泛使用 SQL 语言，如 DB2、Microsoft SQL Server、Access、Visual FoxPro 等产品。

SQL 语言具有强大的数据查询，数据定义，数据操纵和数据控制等功能，它已经成为关系数据库的标准操作语言。

SQL 语言虽然功能非常强大，但却只由为数不多的几条命令组成，是非常简洁的语言。表 4-1 以分类的形式给出了 SQL 语言的命令动词。

表 4-1　SQL 语言的命令动词

SQL 功能	命令动词
数据查询	SELECT
数据定义	CREATE、DROP、ALTER
数据操纵	INSERT、UPDATE、DELETE
数据控制	GRANT、REVOKE

Visual FoxPro 在 SQL 语言方面支持数据定义、数据查询和数据操纵功能。由于 Visual FoxPro 自身在安全控制方面的缺陷，它没有提供数据控制功能。

4.2　数据查询功能

SQL 语言的查询功能由 SELECT 命令完成，它的基本形式如下。

```
SELECT[ALL  |DISTINCT  ] [TOP  N   [ PERCENT] ]要查询的数据
FROM 数据源 1[联接方式 JOIN 数据源 2][ON 联接条件]
[WHERE 查询条件]
[GROUP  BY  分组字段  [HAVING  分组条件]  ]
[ORDER  BY  排序选项  1[ASC  | DESC]  [, 排序选项 2[ASC  |  DESC ] …] ]
[ 输出去向]
```

说明：

(1) SELECT 短语指定要查询的数据。要查询的数据主要由表中的字段组成，可以用“数据库名！表名.字段名”的形式给出，数据库名和表名均可以省略。要查询的数据可以是以下几种形式。

- “*”表示查询表中所有字段。
- 部分字段或包含字段的表达式列表，如姓名、入学成绩+10、AVG(入学成绩)。

另外，在要查询的数据前面，可以使用 ALL、DISTINCT、TOP　N、TOP　N PERCENT 等选项。ALL 表示查询所有记录，包括重复记录；DISTINCT 表示查询结果中去掉重复的记录；TOP N 必须与排序短语一起使用，表示查询排序结果中的前 N 条记录；TOP　N PERCENT 必须与排序短语一起使用，表示查询排序结果中前百分之 N 条记录。

(2) FROM 短语指定查询数据需要的表，可以基于单个表或多个表进行查询。表的形式为“数据库名！表名”，数据库可以省略。如果查询涉及多个表，可以选择“联接方式 JOIN 数据源 2　ON　联接条件”选项。联接方式可以选择 4 种联接方式的一种，即内联接也称自然联接(INNER　JOIN)、左联接(LEFT　[OUTER] JOIN)、右联接(RIGHT　[OUTER] JOIN)和全联接(FULL　[OUTER]　JOIN)。其中，后 3 种联接是外联接。

(3) WHERE 短语表示查询条件，查询条件是逻辑表达式或关系表达式。也可以用 WHERE 短语实现多表查询，两个表之间的联接通常用两个表的匹配字段等值联接。

(4) ORDER BY 短语后面跟排序选项，用来对查询的结果进行排序。排序可以选择升序，用 ASC 选项给出或不给出；也可以选择降序，用 DESC 选项给出。当排序选项的值相同时，可以给出第二个排序选项。

(5) GROUP BY 短语后跟分组字段，用于对查询结果进行分组，可以使用它进行分组统计，常用的统计方式有求和(SUM())、求平均值(AVG())、求最小值(MIN())、求最大值(MAX())、统计记录个数(COUNT())、等。HAVING 短语通常跟 GROUP BY 短语连用，用来限定分组结果中必须满足的条件。

(6) “输出去向”短语给出查询结果的去向。“输出去向”可以是临时表、永久表、数组、浏览等。

SELECT 语句中的每个短语都完成一定的功能，其中“SELECT…FROM…”短语是每个查询语句必须具备的短语。

SELECT 查询命令的使用非常灵活，用它可以构造各种各样的查询。下面通过例题讲解 SELECT 语句中各短语的用法和功能。

图 4-1 给出了本章要用到的表：职工表.DBF、授课表.DBF、课程表.DBF 和学生表.DBF。

职工表

职工号	姓名	性别	出生日期	婚否	职称	工资	简历
0001	王洋	男	05/30/60	T	副教授	2550.50	memo
0002	李杰	女	08/28/58	T	教授	3800.00	memo
0003	张敏	女	12/25/45	T	教授	2950.00	memo
0004	张红	女	09/08/75	F	讲师	1480.00	memo
0005	王小伟	男	03/18/70	T	助教	1300.00	memo
0006	杨林	男	06/22/65	T	讲师	1510.00	memo
0007	李天一	男	01/28/72	F	助教	1320.50	memo

授课表

职工号	课程号	授课班级
0001	601	9801
0001	601	9802
0005	502	9901
0005	502	9902
0003	403	9802

课程表

课程号	课程名	学时	学分
601	数据库	96	4
502	计算机基础	80	4
403	C 语言	54	2
304	计算机英语	54	2

学生表

学号	姓名	性别	出生日期	是否党员	入学成绩	在校情况	照片
0101	张梦婷	女	10/12/82	T	500	memo	gen
0102	王子奇	男	05/25/83	F	498	memo	gen
0103	平亚静	女	09/12/83	F	512	memo	gen
0201	毛锡平	男	08/23/82	T	530	memo	gen
0202	宋科宇	男	04/30/81	F	496	memo	gen
0203	李广平	女	06/06/82	T	479	memo	gen
0204	周磊	男	07/09/82	F	510	memo	gen
0301	李文宪	男	03/28/83	T	499	memo	gen
0302	王春艳	女	09/18/83	F	508	memo	gen
0303	王琦	女	05/06/82	T	519	memo	gen

图 4-1　本章查询要用到的表

4.2.1　基于单个表的查询

首先从最简单的查询开始，这些查询都基于单个表，包括简单的查询条件、分组查询、对查询结果进行排序、将查询结果根据需要选择不同的输出方式等方式。

【例 4-1】查询职工表中的所有信息。

```
SELECT * FROM 职工表
```

或

```
SELECT * FROM 教师管理数据库！职工表
```

说明：

(1) FROM 短语中“！”前面给出的是职工表所在的数据库名，通常情况下数据库名可以省略。

(2) “*”是通配符，表示所有字段，可以使用“职工表.字段名”形式，对多个表查询时需要用到这种形式。

【例 4-2】查询“职工表”中教师的姓名、性别和职称信息。

```
SELECT 姓名，性别，职称 FROM 职工表
```

其中的查询数据以字段名表的形式给出。当查询数据是表中的部分字段时，一般采用这种形式。

【例 4-3】查询“职工表”中的职称信息。

教师情况表中职称的值有重复，在查询语句中，如果要去掉查询结果中的重复值，可以使用 DISTINCT 短语。

```
SELECT DISTINCT 职称 FROM 职工表
```

其中，用 DISTINCT 短语去掉查询结果中职称的重复值。用户可将 DISTINCT 短语去掉，观察查询结果。

在 SELECT 语句中是否使用 DISTINCT 短语，要根据需要，有时要查询全部信息，就不能使用 DISTINCT 短语。

【例 4-4】查询“职工表”中职称为讲师的信息。

```
SELECT * FROM 职工表 WHERE 职称="讲师"
```

其中，WHERE 短语给出了查询的条件，条件是关系或逻辑表达式，查询结果如图 4-2 所示。

查询

职工号	姓名	性别	出生日期	婚否	职称	工资	简历
0004	张红	女	09/08/75	F	讲师	1480.00	memo
0006	杨林	男	06/22/65	T	讲师	1510.00	memo

图 4-2　例 4-4 查询结果

【例 4-5】查询“职工表”中职称为讲师的男职工信息，查询结果如图 4-3 所示。

```
SELECT * FROM 职工表 WHERE 职称="讲师" AND 性别="男"
```

查询

职工号	姓名	性别	出生日期	婚否	职称	工资	简历
0006	杨林	男	06/22/65	T	讲师	1510.00	memo

图 4-3　例 4-5 查询结果

【例 4-6】查询职工表中的所有信息，并按出生日期程序排序输出。

```
SELECT  *  FROM  职工表  ORDER  BY  出生日期
```

其中，ORDER BY 短语用于对查询的最后结果进行排序。其后面给出的是排序选项，在排序选项后面可以跟 ASC 或 DESC 选项，分别表示升序或降序。如果是升序，ASC 可以省略。另外，ORDER BY 短语后面还可以给出多个排序选项，表示前一个排序选项值相同时，相同的记录依据下一个排序选项进行排序。

【例 4-7】查询“职工表”中的姓名、职称和出生日期的值，并按职称降序、出生日期升序输出，如图 4-4 所示。

```
SELECT  姓名，职称，出生日期  FROM  职工表;
            ORDER  BY  职称  DESC ，出生日期
```

在使用 ORDER BY 短语时，可以使用“TOP　N　[PERCENT]”选项显示排序结果中前几条记录或前百分之几条记录。需要注意的是，TOP 短语要与 ORDER BY 短语同时使用才有效。

【例 4-8】查询“职工表”中姓名和出生日期的值，将查询结果按出生日期升序排序，并显示查询结果的前 3 条记录，查询结果如图 4-5 所示。

```
SELECT  TOP  3  姓名，出生日期  FROM 职工表  ORDER  BY  出生日期
```

查询

姓名	职称	出生日期
王小伟	助教	03/18/70
李天一	助教	01/28/72
张敏	教授	12/25/45
李杰	教授	08/28/58
杨林	讲师	06/22/65
张红	讲师	09/08/75
王洋	副教授	05/30/60

图 4-4　例 4-7 查询结果

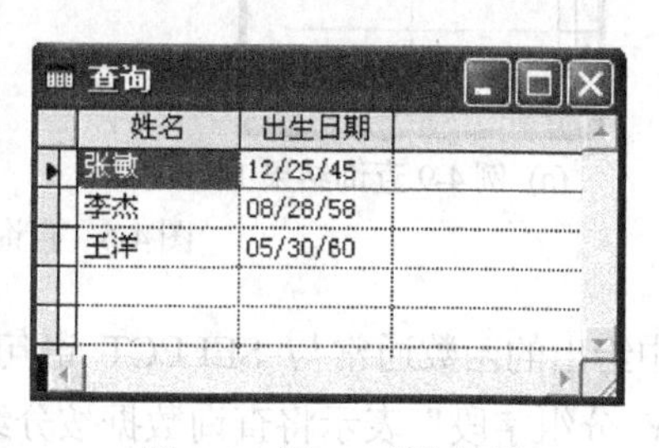

查询

姓名	出生日期
张敏	12/25/45
李杰	08/28/58
王洋	05/30/60

图 4-5　例 4-8 查询结果

在 SELECT 语句中，经常要用到一些函数，表 4-2 给出了常用的函数和含义，其中 COUNT 函数表示统计记录个数，经常用 COUNT(*)形式或 COUNT(字段名)形式。

表 4-2　SELECT 短语中常用的函数

函　数	含　义
SUM	求和
AVG	求平均值
MAX	求最大值
MIN	求最小值
COUNT	计数

【例 4-9】查询“职工表”中的职工人数。

```
SELECT  COUNT(*)  FROM 职工表
```

或

```
SELECT  COUNT(姓名)  FROM  职工表
```

或

```
SELECT  COUNT(职工号)  FROM 职工表
```

图 4-6(a)给出了查询结果，在图中可以看出，Cnt 是查询结果的列名，在 SELECT 查询时，通常用查询数据的字段名作为查询结果的列名，但在 SELECT 短语中可以指定查询结果的列名。具体格式如下。

```
SELECT  查询数据  [AS]  列名
```

例 4-9 的查询结果用教师人数做列名，可用如下形式完成。

```
SELECT  COUNT(职工号)  教师人数   FROM  职工表
```

查询结果如图 4-6(b)所示，通过图 4-6(a)和图 4-6(b)给出的结果可以看出“[AS]列名”的作用。

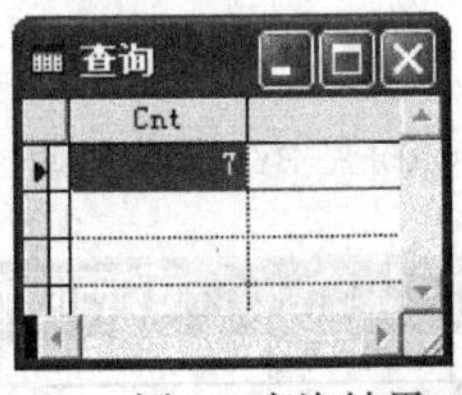

(a) 例 4-9 查询结果 1

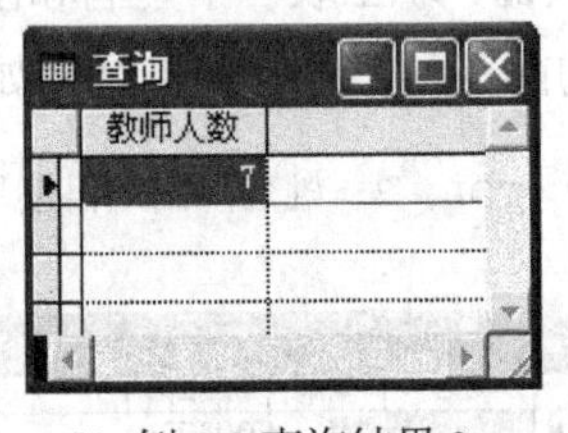

(b) 例 4-9 查询结果 2

图 4-6　查询结果

表 4-2 中给出的函数通常与 SELECT 语句中“GROUP　BY 分组字段”短语连用。“GROUP　BY 分组字段”表示将查询数据按分组字段分组，字段值相同的记录被分在同一组中，再查询数据。

【例 4-10】查询“职工表”中男女职工的人数信息。

```
SELECT  性别, COUNT(*)  教师人数  FROM  职工表  GROUP  BY  性别
```

查询结果如图 4-7 所示。

【例 4-11】查询“职工表”中各种职称的人数信息，查询结果如图 4-8 所示。

```
SELECT  职称, COUNT(*)  人数  FROM  职工表  GROUP  BY  职称
```

性别	教师人数
男	4
女	3

图 4-7　例 4-10 查询结果

职称	人数
副教授	1
讲师	2
教授	2
助教	2

图 4-8　例 4-11 查询结果

在使用 GROUP BY 短语时，还可以对分组后的查询结果进行限制，限制条件由“HAVING 条件”短语给出，给出 HAVING 短语后，在查询结果中只显示满足 HAVING 条件的数据。

【例 4-12】查询“职工表”中职称人数在 2 人以上的信息，并按人数降序输出，查询结果如图 4-9 所示。

```
SELECT 职称，COUNT(*) 人数 FROM 职工表;
    GROUP BY 职称 HAVING COUNT(*)>=2 ORDER BY 人数 DESC
```

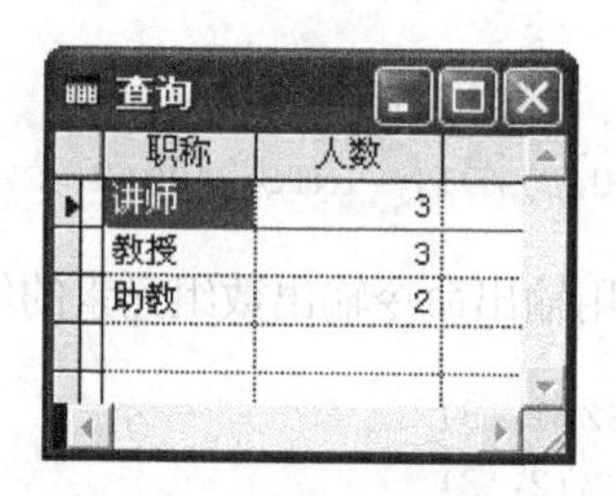

图 4-9 例 4-12 查询结果

在前面的查询例题中，查询结果以浏览形式输出，这是 SELECT 语句默认的输出形式，SELECT 语句输出形式还有以下几种。

(1) 使用短语“INTO DBF|TABLE 表名”，将查询结果保存在永久表中。使用此短语在磁盘中会产生一个新表。

【例 4-13】查询“职工表”中的所有信息，并将查询结果保存到 ZGB 中。

```
SELECT * FROM 职工表 INTO DBF ZGB
```

在命令执行时，查询结果没有以浏览的形式显示，而是将查询结果以 ZGB.DBF 形式保存在磁盘中。

(2) 使用短语“INTO CURSOR 表名”，将查询结果保存在临时表中。临时表被关闭后就不再存在了，但未关闭之前可以与使用其他表一样使用。

【例 4-14】查询“职工表”中的所有信息，并将查询结果保存到临时表 TEMP 中。

```
SELECT * FROM 职工表 INTO CURSOR TEMP
```

(3) 使用短语“TO FILE 文本文件名 [ADDITIVE]”，将查询结果保存到文本文件中，如果选择 ADDITIVE 选项，表示将查询结果追加到文本文件的末尾，否则覆盖原文件。

【例4-15】查询“职工表”中男职工的姓名、性别、职称、工资，并将查询结果存在文本文件 WB.TXT 中。

```
SELECT 姓名，性别，职称，工资 FROM 职工表;
                WHERE 性别="男" TO FILE WB
```

WB 为文本文件，扩展名为“.TXT”，可以使用 MODIFY COMMAND WB.TXT 或 MODIFY FILE WB 查看 WB 文件的内容，如图 4-10 所示。

姓名	性别	职称	工资
王洋	男	副教授	2550.50
王小伟	男	助教	1300.00
杨林	男	讲师	1510.00
李天一	男	助教	1320.50

图 4-10　例 4-15 查询结果 WB.TXT 文件内容

(4) 使用短语"INTO　ARRAY　数组名"，将查询结果保存到数组中。

【例 4-16】查询"职工表"中 1970 年之前参加工作的职工姓名、出生日期、工资，将查询结果保存在数组 SZ 中。

```
SELECT  姓名，出生日期，工资  FROM  职工表;
WHERE  出生日期<{^1970/01/01}  INTO  ARRAY  SZ
```

数组 AX 应该是二维数组。用输出命令输出数组元素的值，如下。

```
?SZ(1, 1), SZ(1, 2), SZ(1, 3)
?SZ(2, 1), SZ(2, 2), SZ(2, 3)
?SZ(3, 1), SZ(3, 2), SZ(3, 3)
```

数组内容如图 4-11 所示。

王洋	05/30/60	2550.50
李杰	08/28/58	3800.00
张敏	12/25/45	2950.00

图 4-11　例 4-16 查询结果数组 SZ 的内容

(5) 使用短语"TO　PRINTER　[PROMPT]"，可以直接将查询结果通过打印机输出。如果使用 PROMPT 选项，在开始打印之前会打开打印机设置对话框。

4.2.2　联接查询

在前面的例子中，查询是基于单个表的查询。SELECT 语句查询也可以根据两个以上的表进行查询，这就需要用到联接查询了。

联接是关系的基本操作之一，联接查询是一种基于多个表的查询。联接包括 4 种：左联接、右联接、全联接和内联接。图 4-12 给出了 4 种联接查询要用到的表。

1. 左联接

在进行联接运算时，首先将满足联接条件的所有记录包含在结果表中，同时将第一个表(联接符或 JOIN 左边)中不满足联接条件的记录也包含在结果表中，这些记录对应第二个表(联接符 JOIN 右边)的字段值为空值。

示例代码如下。

```
SELECT  职工表.*, 授课班级 FROM 职工表  LEFT  JOIN 授课表;
ON 职工表.职工号=授课表.职工号
```

左联接的结果如图 4-13 所示。

职工表

职工号	姓名	性别	出生日期	婚否	职称	工资	简历
0001	王洋	男	05/30/60	T	副教授	2550.50	memo
0002	李杰	女	08/28/58	T	教授	3800.00	memo
0003	张敏	女	12/25/45	T	教授	2950.00	memo
0004	张红	女	09/08/75	F	讲师	1480.00	memo
0005	王小伟	男	03/18/70	T	助教	1300.00	memo
0006	杨林	男	06/22/65	T	讲师	1510.00	memo
0007	李天一	男	01/28/72	F	助教	1320.50	memo

授课表

职工号	课程号	授课班级
0001	601	9801
0001	601	9802
0005	502	9901
0005	502	9902
0003	403	9802

课程表

课程号	课程名	学时	学分
601	数据库	96	4
502	计算机基础	80	4
403	C语言	54	2
304	计算机英语	54	2

图 4-12　联接查询要用到的表

查询

职工号	姓名	性别	出生日期	婚否	职称	工资	简历	授课班级
0001	王洋	男	05/30/60	T	副教授	2550.50	memo	9801
0001	王洋	男	05/30/60	T	副教授	2550.50	memo	9802
0002	李杰	女	08/28/58	T	教授	3800.00	memo	.NULL.
0003	张敏	女	12/25/45	T	教授	2950.00	memo	9802
0004	张红	女	09/08/75	F	讲师	1480.00	memo	.NULL.
0005	王小伟	男	03/18/70	T	助教	1300.00	memo	9901
0005	王小伟	男	03/18/70	T	助教	1300.00	memo	9902
0006	杨林	男	06/22/65	T	讲师	1510.00	memo	.NULL.
0007	李天一	男	01/28/72	F	助教	1320.50	memo	.NULL.

图 4-13　左联接示例

2. 右联接

在进行联接运算时，首先将满足联接条件的所有记录包含在结果表中，同时将第二个表(联接符或 JOIN 右边)中不满足联接条件的记录也包含在结果表中，这些记录对应第一个表(联接符或 JOIN 左边)的字段值为空值。

示例代码如下。

```
SELECT  职工表.*, 授课班级 FROM 职工表 RIGHT JOIN 授课表;
 ON 职工表.职工号=授课表.职工号
```

右联接的结果如图 4-14 所示。

查询

职工号	姓名	性别	出生日期	婚否	职称	工资	简历	授课班级
0001	王洋	男	05/30/60	T	副教授	2550.50	memo	9801
0001	王洋	男	05/30/60	T	副教授	2550.50	memo	9802
0005	王小伟	男	03/18/70	T	助教	1300.00	memo	9901
0005	王小伟	男	03/18/70	T	助教	1300.00	memo	9902
0003	张敏	女	12/25/45	T	教授	2950.00	memo	9802

图 4-14　右联接示例

3. 全联接

在进行联接运算时，首先将满足联接条件的所有记录包含在结果表中，同时将两个表中不满足联接条件的记录也包含在结果表中，这些记录对应别一个表的字段值为空值。

示例代码如下。

```
SELECT 职工表.*，授课班级 FROM 职工表 FULL JOIN 授课表;
 ON 职工表.职工号=授课表.职工号
```

全联接的结果如图 4-15 所示。

职工号	姓名	性别	出生日期	婚否	职称	工资	简历	授课班级
0001	王洋	男	05/30/60	T	副教授	2550.50	memo	9801
0001	王洋	男	05/30/60	T	副教授	2550.50	memo	9802
0005	王小伟	男	03/18/70	T	助教	1300.00	memo	9901
0005	王小伟	男	03/18/70	T	助教	1300.00	memo	9902
0003	张敏	女	12/25/45	T	教授	2950.00	memo	9802
0002	李杰	女	08/28/58	T	教授	3800.00	memo	.NULL.
0004	张红	女	09/08/75	F	讲师	1480.00	memo	.NULL.
0006	杨林	男	06/22/65	T	讲师	1510.00	memo	.NULL.
0007	李天一	男	01/28/72	F	助教	1320.50	memo	.NULL.

图 4-15　全联接示例

4. 内联接

内联接是只将满足条件的记录包含在结果表中。

示例代码如下。

```
SELECT 职工表.*，授课班级 FROM 职工表 INNER JOIN 授课表;
                                    ON 职工表.职工号=授课表.职工号
```

内联接的结果如图 4-16 所示。

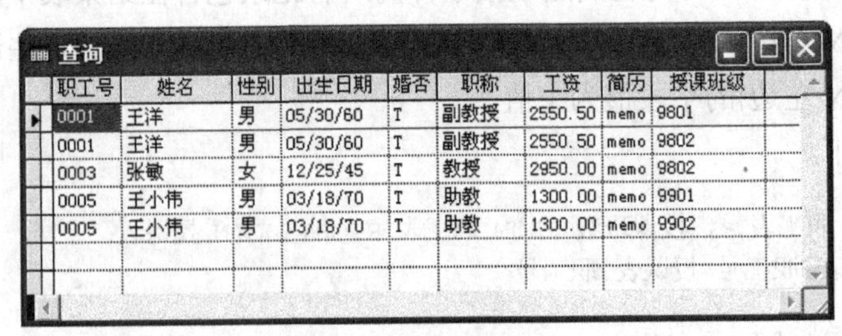

职工号	姓名	性别	出生日期	婚否	职称	工资	简历	授课班级
0001	王洋	男	05/30/60	T	副教授	2550.50	memo	9801
0001	王洋	男	05/30/60	T	副教授	2550.50	memo	9802
0003	张敏	女	12/25/45	T	教授	2950.00	memo	9802
0005	王小伟	男	03/18/70	T	助教	1300.00	memo	9901
0005	王小伟	男	03/18/70	T	助教	1300.00	memo	9902

图 4-16　内联接示例

注意：

在表查询时，如果涉及的字段名在两个以上表中出现，一定要指明其所属的表，即一定以“表名.字段名”形式给出。另外，在多表查询时，需要两个表的联接条件 ，为了书写方便，通常给出表的别名，表的别名形式为“表名[AS]别名”。

【例 4-17】查询职工号、姓名和授课班级，查询结果如图 4-17 所示。

职工号	姓名	授课班级
0001	王洋	9801
0001	王洋	9802
0003	张敏	9802
0005	王小伟	9901
0005	王小伟	9902

图 4-17　例 4-17 查询结果

```
SELECT  X.职工号，姓名，授课班级 FROM 职工表 X INNER ;
JOIN 授课表 Y  ON X.职工号=Y.职工号
```

或

```
SELECT  X.职工号，姓名，授课班级 FROM 职工表 X ，  授课表 Y ;
WHERE  X.职工号=Y.职工号
```

其中，FROM 短语中的“职工表 X”表示用 X 作为职工表的别名。SELECT 短语中的“X.职工号“表示取职工表的职工号，职工号字段在两个表中都出现。因此，必须用“X.职工号”形式给出。

【例4-18】查询讲授“计算机基础”课程的教师姓名、课程名和授课班级，查询结果如图4-18所示。

```
SELECT  姓名，课程名，授课班级 FROM 职工表，课程表，授课表 ;
WHERE 职工表.职工号=授课表.职工号 AND 授课表.课程号=课程表.课程号; AND 课程名="计算机基础"
```

或

```
SELECT 姓名，课程名，授课班级，课程名称 FROM  职工表 X;
            INNER JOIN 授课表 Y;
            INNER JOIN 课程表 Z;
            ON X..职工号=Y.职工号;
              ON  Y.课程号=Z.课程号;
          WHERE 课程名="计算机基础"
```

注意：

使用 JOIN 联接多个表时，JOIN 的顺序和 ON 的顺序是有要求的，如果顺序错误，将不能正确执行。以例 4-18 为例，JOIN 的顺序是先职工表与授课表联接，然后是授课表与课程表联接，而 ON 的顺序是先职工表与授课表，然后是授课表与课程表。

姓名	课程名	授课班级
王小伟	计算机基础	9901
王小伟	计算机基础	9902

图 4-18　例 4-18 查询结果

4.2.3 嵌套查询

多表查询除了联接外，还可以使用嵌套的形式实现。嵌套查询是指在一个查询中，完整地包含另一个完整的查询语句。嵌套查询的内、外查询可以是同一个表，也可以是不同的表。

【例 4-19】查询工资最高的教师姓名、职称、工资等信息。

```
SELECT 姓名，职称，工资 FROM 职工表 ;
WHERE 工资=(SELECT MAX (工资) FROM 职工表)
```

其中，WHERE 条件中的“=”表示值相等，查询结果如图 4-19 所示。

查询

姓名	职称	工资
李杰	教授	3800.00

图 4-19　例 4-19 查询结果

【例 4-20】查询授课表中有授课任务的相关教师信息。

```
SELECT * FROM 职工表 WHERE 职工号;
 IN  (SELECT  DISTINCT  职工号 FROM 授课表)
```

其中，WHERE 查询条件中的 IN 相当于集合属到运算符“∈”，用 DISTINCT 选项去掉查询结果中字段的重复值，查询结果如图 4-20 所示。

查询

职工号	姓名	性别	出生日期	婚否	职称	工资	简历
0001	王洋	男	05/30/60	T	副教授	2550.50	memo
0003	张敏	女	12/25/45	T	教授	2950.00	memo
0005	王小伟	男	03/18/70	T	助教	1300.00	memo

图 4-20　例 4-10 查询结果

【例 4-21】查询授课表中没有授课任务的相关教师信息，查询结果如图 4-21 所示。

```
SELECT * FROM 职工表 WHERE 职工号;
  NOT  IN  (SELECT  DISTINCT  职工号 FROM 授课表)
```

查询

职工号	姓名	性别	出生日期	婚否	职称	工资	简历
0002	李杰	女	08/28/58	T	教授	3800.00	memo
0004	张红	女	09/08/75	F	讲师	1480.00	memo
0006	杨林	男	06/22/65	T	讲师	1510.00	memo
0007	李天一	男	01/28/72	F	助教	1320.50	memo

图 4-21　例 4-21 查询结果

【例 4-22】查询工资低于 1500 的教师的职工号和职称，查询结果如图 4-22 所示。

```
SELECT 职工号，职称 FROM 职工表 WHERE 职工号 IN(SELECT 职工号 FROM 职工表 WHERE
```

```
工资<1500) GROUP BY 职工号
```

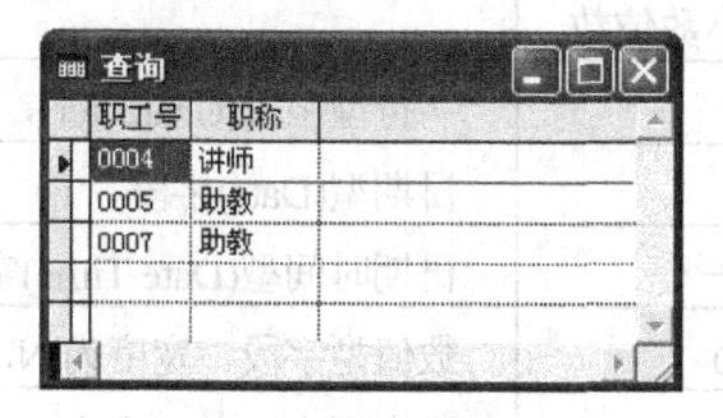

职工号	职称
0004	讲师
0005	助教
0007	助教

图 4-22　例 4-22 查询结果

【例 4-23】查询低于平均工资的教师信息，查询结果如图 4-23 所示。

```
SELECT * FROM 职工表 WHERE 工资<(SELECT AVG(工资) FROM  职工表)
```

职工号	姓名	性别	出生日期	婚否	职称	工资	简历
0004	张红	女	09/08/75	F	讲师	1480.00	memo
0005	王小伟	男	03/18/70	T	助教	1300.00	memo
0006	杨林	男	06/22/65	T	讲师	1510.00	memo
0007	李天一	男	01/28/72	F	助教	1320.50	memo

图 4-23　例 4-23 查询结果

4.3　数据定义功能

标准 SQL 语言的数据定义功能非常广泛，包括数据库的定义、表的定义、视图的定义、存储过程的定义、规则的定义和索引的定义等。本节主要介绍 Visual FoxPro 支持的表定义功能。

4.3.1　表的定义

在第 2 章介绍了通过表设计器建立表的方法。在表设计器中实现的定义功能也完全可以通过 SQL 语言的 CREATE TABLE 命令实现，其部分命令格式如下。

```
CREATE TABLE |DBF <表名>  [FREE]
(字段名 1 字段类型[(宽度[，小数位数])]   [NULL|NOT NULL]
[CHECK 表达式 [ERROR 字符型表达式]] [DEFAULT 默认值]
[PRIMARY  KEY | UNIQUE ][，字段 2......]
```

从以上命令格式基本可以看出来，该命令除了建立表的基本功能外，还包括满足实体完整性的主关键字(主索引)PRIMARY KEY，定义域完整性的 CHECK 约束及出错提示 ERROR，定义默认值的 DEFAULT 等短语。

表 4-3 列出了在 CREATE TABLE 命令中可能使用的数据类型及说明，这些数据类型的详细说明可参见第 1.4.6 小节的数据类型的内容。命令格式中的其他内容将通过实例来解释说明。

表 4-3　数据类型说明

字段类型	字段宽度	小数位数	说明
C	N	—	字符型字段(Character)，宽度为 N
D	—	—	日期型(Date)字段
T	—	—	日期时间型(Date Time)字段
N	N	D	数值型字段，宽度为 N，小数位数为 D(Numeric)
F	N	D	浮点型字段，宽度为 N，小数位数为 D(Float)
I	—	—	整数型(Integer)字段
B	—	D	双精度型(Double)字段
Y	—	—	货币型(Currency)字段
L	—	—	逻辑型(Logical)字段
M	—	—	备注型(Memo)字段
G	—	—	通用型(General)字段

用 CREATE TABLE 定义表结构时，需要注意以下各项。

- 表的所有字段用括号括起来；
- 字段之间用逗号分隔；
- 字段名和字段类型用空格分隔；
- 字段的宽度用括号括起来；
- 只有数据库表才可以设置数据字典信息；
- FREE 短语表示建立的表是自由表。

【例 4-24】建立数据库“学生.DBC”，在“学生”数据库中建立 STU.DBF 表，表中包含学号字段，类型为字符型，宽度为 4；姓名字段，类型为字符型，宽度为 8；出生日期字段和入学日期字段，类型为日期型；入学成绩字段，类型为数值型，小数位数为 1 位。

```
CREATE  DATABASE 学生
CREATE TABLE STU(学号 C(4)，姓名 C(8)，出生日期 D，入学日期 D，;
                                    入学成绩 N(5, 1))
```

或

```
CREATE DBF STU(学号 C(4)，姓名 C(8)，出生日期 D，入学日期 D，;
                                    入学成绩 N(5, 1))
```

4.3.2　表结构的修改

修改表结构的命令是 ALTER TABLE。该命令有 3 种格式，不同的格式可以完成不同的修改操作。

1. 格式 1

第一种格式的 ALTER TABLE 命令可以删除字段，更改字段名，定义、修改和删除表一级的有效性规则等。其具体的命令式如下。

```
ALTER TABLE 表名[DROP [COLUMN]字段名]
[SET CHECK 表达式[ERROR 字符串表达式]]
[DROP CHECK]
[ADD PRIMARY KEY 表达式]
[DROP PRIMARY KEY]
[RENAME COLUMN 原字段名 TO 新字段名]
```

说明:

(1) DROP [COLUMN]用来删除字段，COLUMN 可省略。

(2) RENAME COLUMN 用来更改字段段名。

(3) SET CHECK 用来定义或修改表一级的有效性规则，可以用 ERROR 短语给出信息提示。

(4) DROP CHECK 用来删除表一级的有效性规则。

(5) ADD PRIMARY KEY 用来定义主关键字(主索引)。

(6) DROP PRIMARY KEY 用来删除主关键字(主索引)。

下面通过一些例子来说明这些命令短语的应用。如果将数据库设计器打开，可以观察这些命令的执行效果(仅针对第 4.3.1 小节建立 STU 表进行操作)。

【例 4-25】删除 STU 表中的姓名字段。

```
ALTER TABLE STU DROP COLUMN 姓名
```

【例 4-26】将 STU 表中的入学成绩字段改为成绩字段。

```
ALTER TABLE STU RENAME COLUMN 入学成绩 TO 成绩
```

【例 4-27】对 STU 表设置表一级有效性规则，规定入学日期字段的值必须大于出生日字段的值，不符合规定，显示“入学日期必须大于出生日期”。

```
ALTER TABLE STU;
SET CHECK 入学日期>出生日期;
ERROR "入学日期必须大于出生日期"
```

【例 4-28】删除 STU 表的表一级的有效性规则。

```
ALTER TABLE STU DROP CHECK
```

2. 格式 2

第二种格式的 ALTER TABLE 命令可以添加(ADD)新的字段或修改(ALTER)已有的字段等。其命令格式如下。

```
ALTER TABLE 表示 ADD|ALTER [COLUMN]
字段名 字段类型[(字段宽度)[，小数位数]]
[NULL |NOT NULL ]
[]CHECK 表达式[ERROR 字段表达式]
[DEFAULT ]默认值
[PRIMARY KEE | UNIQUE ]
```

注意：
它的格式基本可以与 CREATE　TABLE 的格式相对应。

【例 4-29】为 STU 表增加一个性别字段，字段类型为字符型，宽度为 2。

```
ALTER TABLE STU ADD 性别 C(2)
```

3. 格式 3

第三种格式的 ALTER TABLE 命令主要用于定义、修改和删除字段级的有效性规则和默认值定义等。其具体的命令格式如下。

```
ALTER TABLE 表示 ALTER [COLUMN]<字段名>
[SET DEFAULT 默认值]
[SET CHECK 表达式[ERROR 字符型表达式]]
[DROP CHECK ]
```

说明：
(1) 命令动词 SET 用于定义或修改字段级的有效性规则和默认值定义。
(2) DROP 用于删除字段的有效性规则和默认值定义。

【例 4-30】修改或定义 STU 表成绩字段的有效性规则。

```
ALTER TABLE STU ALTER 表;
SET CHECK 成绩>450 ERROR "成绩必须在 450 分以上"
```

【例 4-31】删除 STU 表成绩字段的有效性规则。

```
ALTER TABLE STU ALTER 成绩 DROP CHECK
```

注意：
用 ALTER TABLE 这 3 种命令形式可以在不打开表设计器的情况下修改表的结构。

4.3.3　表的删除

删除表的 SQL 命令是 DROP，其命令格式如下。

```
DROP TABLE 表名
```

DROP TABLE 直接从磁盘上删除表名所对应的 DBF 文件。如果表名所指的表是数据库中的表，相应的数据库是当前数据库，则从数据库中删除表。否则，虽然从磁盘上删除了 DBF 文件，但是在数据库中所记录的 DBC 文件的信息却没有删除，以后使用数据库时会出现错误提示。所以，在删除数据库中的表时，最好在数据库中完成删除操作。

在数据库设计器中右击要删除的表，在弹出的快捷菜单中选择“删除”命令；或单击要删除的表，选择“数据库”菜单中的“移去”命令，显示如图 4-24 所示的对话框，单击“删除”按钮，完成表的删除操作。

图 4-24　删除表操作确认对话框

4.4　数据操纵功能

SQL语言的操纵功能是完成对表中数据的操作，主要包括记录的插入(INSERT)，更新(UPDATE)和删除(DELETE)等操作。

4.4.1　插入记录

SQL语言中插入记录的命令为INSERT。Visual FoxPro中支持两种插入命令格式。

格式 1：

```
INSERT INTO 表名[(字段名表)] VALUES (表达式)
```

格式 2：

```
INSERT INTO 表名 FROM ARRAY 数组名
```

说明：

(1) “INSERT INTO 表名”短语指向所指定的表中插入记录。

(2) 在格式 1 中，当插入的是部分字段值而不是所有字段值时，可以用字段名表给出要插入字段值对应的字段名列表。如果按顺序给出表中全部字段的值，则字段名表选项可以省略。

(3) 在格式 1 中，“VALUES(表达式)”短语给出具体的与字段名列表中给出的字段顺序相同、类型相同的值。

(4) 在格式 2 中，“FROM ARRAY 数组名”短语说明从指定的数组名中插入记录值。

【例 4-32】在 STU 表中插入一条记录。

```
INSERT  INTO  STU  VALUES("0104", "王静", {^1985/10/21}, ;
{^2001/9/12}, 480,  "男")
```

其中，有几条说明如下。

- "0104"是学号字段的值。
- "王静"是姓名字段的值。
- {^1985/10/12}是出生日期字段的值。
- {^2001/9/12}是入学日期字段的值。
- 480 是成绩字段的值。

● "男"是性别字段的值。

因为所有字段在 VALUES 短语中均给出值，并且表中字段顺序与字段列表的顺序完全相同，所以省略了字段名表选项。

【例 4-33】对 STU 表只插入姓名和性别字段的值。

```
INSERT  INTO  STU(姓名，性别)VALUES("任珊珊"，"女")
```

【例 4-34】用一段程序说明“INSERT INTO … FROM ARRAY”的使用方式。

```
USE STU
LIST
SELE * FROM STU INTO ARRAY AA
  &&将查询结果保存到数组 AA 中
INSERT INTO STU FROM ARRAY AA
 &&将数组 AA 中的元素值插入到表 STU 中
LIST
USE
```

4.4.2 更新记录

SQL 语言中更新记录的命令为 UPDATE，其格式如下。

```
UPDATE 表名
SET 字段名 1=表达式 1[，字段 2=表达式 2……]
[WHERE 条件]
```

说明：

使用 WHERE 短语来指定修改的条件，UPDATE 命令用来更新满足条件记录的字段值，并且一次可能更新多个字段；如果不使用 WHERE 短语，则更新全部记录。

【例 4-35】将 STU 表中所有记录的成绩字段值设置为 550。

```
UPDATE STU SET 成绩=550
```

【例 4-36】将 STU 表中男同学的成绩字段增加 30%。

```
UPDATE STU SET 成绩=成绩*1.3  WHERE 性别="男"
```

4.4.3 删除记录

SQL 语言逻辑删除记录的命令为 DELETE，其命令格式如下。

```
DELETE FROM 表名[WHERE 条件]
```

说明：

(1) FROM 短语指定从哪个表中删除数据。

(2) WHERE 短语给出被删除记录所需满足的条件。

(3) 如果不使用 WHERE 子句，则逻辑删除该表中的全部记录。

【例 4-37】删除 STU 表中学号为 0104 的记录。

```
DELETE FROM STU WHERE 学号="0104"
```

注意：

SQL 中的 DELETE 命令逻辑删除记录。如果要物理删除记录，需要使用 PACK 命令。

4.5　本 章 小 结

本章讲述了对二维表操作的几个主要 SQL 语言命令语句的用法。SQL 语言格式简单易懂、使用灵活且功能非常强大，但由于课时有限，因此本章只选取了 SQL 语言中最基本、最常用的内容。希望通过对这部分内容的学习，为后续课程内容打下一个良好的基础。

第5章　表单设计与应用

学习目标：

- 了解面向对象程序设计基础
- 掌握表单设计器各组成部分的用法及设计表单的过程
- 掌握表单控件的常用属性、事件及方法
- 了解用表单向导建立表单的过程
- 了解表单的类型

5.1　面向对象程序设计基础

面向对象程序设计是当前程序的主流方向，是程序设计在思维上和方法上的一次飞跃。面向对象程序设计方式是一种模拟建立现实世界模型的程序设计方式，是对程序设计的一种全新的认识。

5.1.1　类与对象

把具有相同数据特征和行为特征的所有事物称为一个类。例如，学生可以是一个类，所有学生具有相同的数据特征即学号、姓名、年龄、所在班级等；同时又有相同的行为特征即学习、考试等。把数据特征称为属性，把行为特征称为方法。

对象是类的一个实例，对象具有属性、事件和方法。针对学生类，具体到某一名学生，即为学生类中的对象。例如，王昕昕同学，学号为 2011070226，姓名为王昕昕，年龄为 18，所在班级为会计 1 班等具体的数据特征为王昕昕这一对象的属性，学习等行为特征为方法。

5.1.2　子类与继承性

在面向对象系统中，可以用类去定一个新类，如果根据类 A 定义了类 B，则称类 A 为父类，类 B 为子类。类 B 继承了类 A 的属性和方法，把这种特性称为继承性。同时类 B 又可以有自己的属性和方法，如图 5-1 所示。

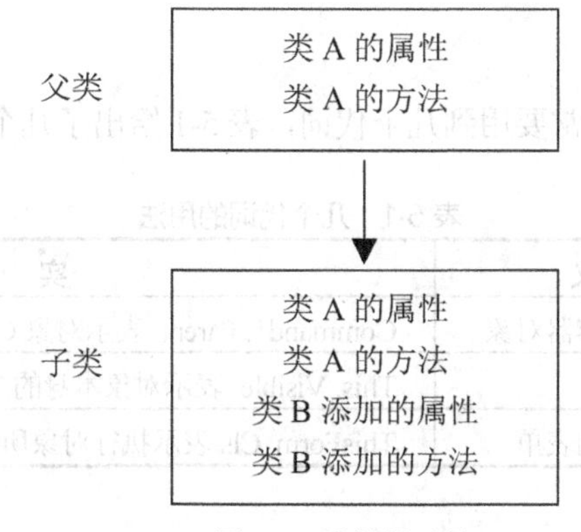

图 5-1　类的继承性

5.1.3　Visual FoxPro 中的类

Visual FoxPro 提供了大量可以直接使用的类，使用这些类还可以定义或派生其他的类(子类)，这样的类称作基类或基础类。Visual FoxPro 的基类包括容器类和控件类。容器类可以包含其他对象，并且允许访问这些对象。

在 Visual FoxPro 中，容器类包括表单、表格、页框、命令按钮组、选项按钮组等，控件类包括命令按钮、标签、文本框、组合框、列表框等。

5.1.4　Visual FoxPro 对象的引用

在容器类子类和对象的设计中，编写代码时往往需要调用容器中的某一对象。此时，对象的引用形式非常重要。

1. 容器类中对角的层次

容器中的对象仍然可以是一个容器，一般把一个对象的直接容器称为父容器。在调用对象时，明确该对象的父容器非常重要。

2. 对象的引用

每一个对象都有一个名称，给对象命名时，在同一个父容器下的对象不能重名，对象不能单独引用，需要给出父容器的对象名，对象引用的一般格式如下。

```
Object1. Object2. ……
```

其中，Object1 和 Object2 是对象的名字，Object1 是 Object2 的父容器，表示内容是对象 Object2 的，而不是 Object1 的，对象与父对象的名字之间用圆点“. ”分隔。

如果要引用对象的属性或方法，则只须直接在引用形式后加圆点“. ”，再给出属性名或方法名即可。

```
Object1. Object2. …. 属性名
Object1. Object2. …. 方法名
```

3. 代词的用法

在进行对象引用时，经常要用到几个代词，表 5-1 给出了几个代词的用法。

表 5-1　几个代词的用法

代　词	意　义	实　例
Parent	表示对象的父容器对象	Command1. Parent 表示对象 Command1 的父容器
This	表示对象本身	This. Visible 表示对象本身的 VISIBLE 属性
ThisForm	表示对象所在的表单	ThisForm. Cls 表示执行对象所在的表单的 CLS 方法

5.1.5　可视化和面向对象开发方法的基本概念

一个 Windows 应用程序是由若干个窗口构成的，每个窗口上都有若干个控件，如命令按钮、菜单、显示的文本等。每一个控件都有若干事件，如在命令按钮上的单击事件。每一事件将对应一段程代码。同样，用可视化方法开发 Visual FoxPro 应用程序也是这样构成的，图 5-2 给出了可视化方法开发应用程序的构成。

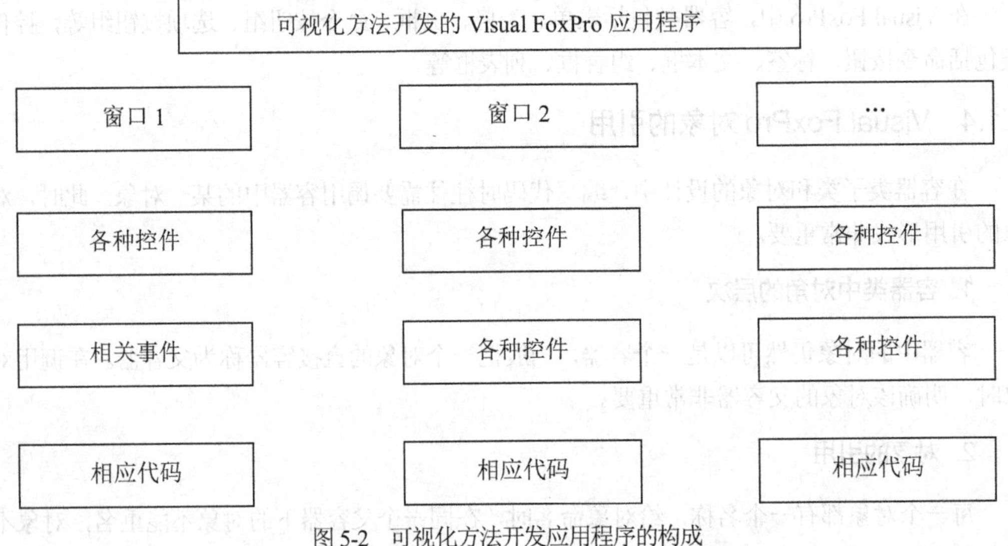

图 5-2　可视化方法开发应用程序的构成

可视化和面向对象开发方法考虑的是对象，用事件驱动程序执行方法，其实质是先定义对象及其属性，再定义对象上某个事件发生时要执行的程序代码。

面向对象开发方法与传统的面向过程的程序设计方法有很大的变化。按面向对象开发方法设计程序运行后，系统随时等待某个事件发生，然后去执行相应事件的代码，运行过程中系统处于事件驱动的工作状态。如果不发生某事件，即使编写了相应代码也不执行。

5.2　表单设计器及表单设计

5.2.1　表单设计器

Visual FoxPro 提供了一个功能强大的表单设计器，使得设计表单的工作变得又快又容易。“表单设计器”窗口如图 5-3 所示。

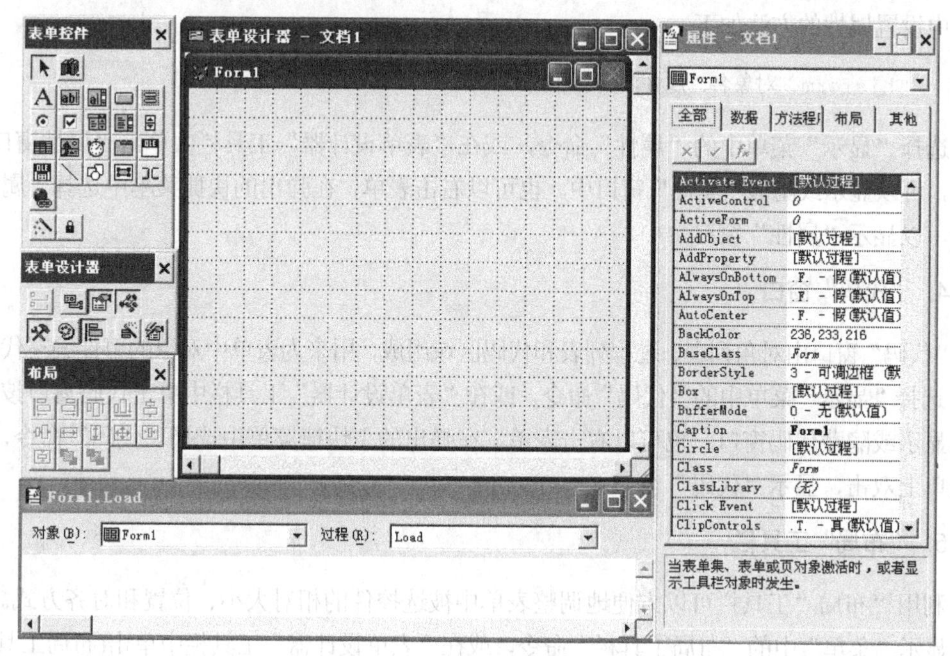

图 5-3　“表单设计器”窗口

与“表单设计器”窗口有关的内容包括表单、“表单控件”工具栏、“属性”窗口、“代码”窗口、“布局”工具栏、“数据环境设计器”窗口、“表单设计器”工具栏等。

1. 表单

表单是容器控件，是表单设计的画布，可以在其上面添加其他控件。

2. “表单控件”工具栏

“表单控件”工具栏是 Visual FoxPro 提供的标准控件，可以将“表单控件”工具栏中的控件添加到表单上。首先，在“表单控件”工具栏中单击要添加的控件；然后，在表单中拖动或单击即可。也可以连续添加多个相同的控件，先单击要添加的控件，再单击“表单控件”工具栏中的“按钮销定”按钮，然后，连续在表单中拖动或单击。

另外，有些表单控件可以通过生成器来快速地在表单中创建其对象的属性。要通过生成器设计其属性，首先可以单击“表单控件”工具栏中的“生成器锁定”按钮。再往表单中添加控件。如果生成器已注册，会在添加控件的同时打开“生成器”对话框；也可以添加到控件到表单中，再右击该控件，在快捷菜单中打开“生成器”对话框。

选择“显示“菜单中的“表单控件工具栏”选项，或在“表单设计器”工具栏中单击“表单控件工具栏”按钮，可以显示或隐藏“表单控件”工具栏。

3. “属性”窗口

“属性”窗口由对象列表、属性和过程列表组成。对象列表中列出了表单包含的所有对象的名称。属性和过程列表中的内容与对象列表中选中的对象相对应。属性列表列出了对象的属性，属性的设置可以在“属性”窗口中设置，也可以在“代码”窗口中设置。在“代码”窗口中设置属性的方法如下。

```
Thisform. 对象名. 属性名=属性值
```

选择“显示”菜单中的“属性”命令，或在“表单设计器”工具栏中单击“属性窗口”按钮，可以显示或隐藏“属性”窗口中。也可以右击表单，在弹出的快捷菜单中选择“属性”命令，以显示“属性”窗口。

4. “代码”窗口

“代码”窗口由对角列表、过程列表和代码区域组成，用来为表单中对象的事件编写代码。

选择“显示”菜单中的“代码”命令，或在“表单设计器”工具栏中单击代码窗口按钮，可以显示或隐藏代码窗口。也可以右击表单，在弹出的主快捷菜单中选择“代码”命令，或在表单上双击，显示“代码”窗口。

5. “布局”工具栏

利用“布局“工具栏可以方便地调整表单中被选控件的相对大小、位置和对齐方式。选择”显示“菜单”中的“布局工具栏”命令，或在“表单设计器”工具栏中单击(布局工具栏)按钮，可以显示和隐藏“布局”工具栏。

6. “数据环境设计器”窗口

“数据环境设计器”窗口可以添加表或视图到“数据环境设计器”窗口中。表单设计可以与表有关，也可以与表无关。如果表单与表有关，在建立表单时应该设置数据环境。

通过“显示”菜单选择“数据环境”命令，或右击表单，在弹出的快捷菜单中选择“数据环境”命令，或在“表单设计器”工具栏中单击“数据环境”按钮，打开“数据环境设计器”窗口，在打开的对话框中选择要添加的表或视图。图 5-4 给出了“数据环境设计器”窗口。

7. “表单设计器”工具栏

“表单设计器”工具栏包括“设置 Tab 键次序”、“数据环境”、“属性窗口”、“代码窗口”、“表单控件工具栏”、“调色板工具栏”、“布局工具栏”、“表单生成器”和“自动格式”等按钮。

选择“显示”菜单中的“工具栏”选项，可以显示或隐藏“表单设计器”工具栏。

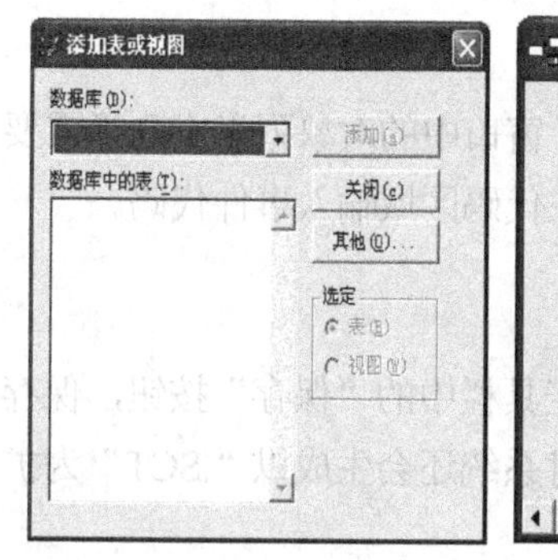

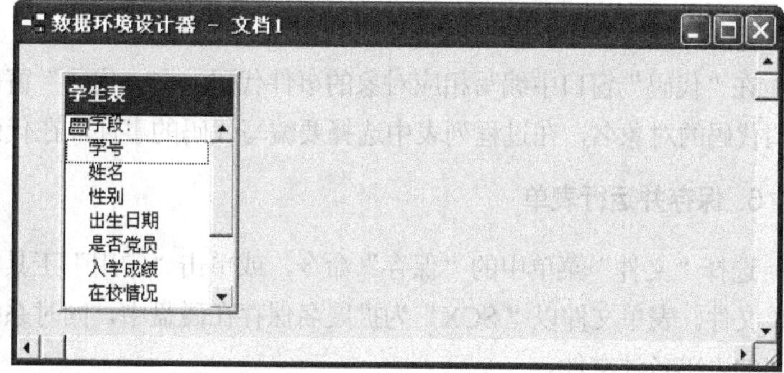

图5-4　“数据环境设计器”窗口

5.2.2　表单设计的基本步骤

表单可以与表有关，也可以与表无关。与表有关的表单设计可以通过向导完成。也可以在表单设计器中设计完成；与表无关的表单设计只能在表单设计器中设计完成。利用向导建立表单将在后面介绍，表单文件以扩展名“.SCX”文件形式保存在磁盘上。在表单设计器中建立表单通常需要完成以下几方面的操作。

1. 打开表单设计器

建立表单文件，可以通过菜单方式和命令方式实现。

(1) 菜单方式

选择“文件”菜单中的“新建”命令，在“新建”对话框中选择“表单”单行按钮单击“新建文件”图标按钮。

(2) 命令方式

用命令方式建立表单文件，其命令格式如下。

```
CREATE  FORM[表单文件名|？]
```

2. 设计数据环境

数据环境是一个容器对象，用来定义与表单相联系的表或视图等的信息及其相互联系。如果建立与表有关的表单，则需要设置数据环境。

3. 在表单中添加控件

在“表单控件”工具栏中选择要添加的控件，在表单中单击或拖动均可以添加控件到表单中。

4. 设置对象属性

在“属性”窗口中设置表单及表单中对象的属性。单击要设置属性的对象，或在“属性”窗口的对象列表中选择要设置属性的对象，在属性列表中选择需要设置的对象属性，选择属性的值。也可以通过生成器设置对象的属性。

5. 编写事件代码

在“代码”窗口中编写相应对象的事件代码。在“代码”窗口中的对象列表中选择需要编写代码的对象名，在过程列表中选择要编写代码的事件，在代码区域输入事件代码。

6. 保存并运行表单

选择“文件”菜单中的“保存”命令，或单击“常用”工具栏中的“保存”按钮，保存表单文件。表单文件以“.SCX”为扩展名保存在磁盘中，同时系统还会生成以“.SCT”为扩展名的表单备注文件。

运行表单可以采用下面几种方式。

- 选择“表单”菜单中的“执行表单”命令。
- 右击表单，在快捷菜单中选择“执行表单”命令。
- 在命令窗口输入“DO　FORM　表单文件名” 运行表单。
- 在“常用”工具栏中单击“运行”按钮运行表单。

【例 5-1】设计如图 5-5(a)所示的菜单，用于完成输入任意的两个数并求和。表单上包含的控件及属性在表 5-2 中给出，图 5-5(b)给出了表单运行效果图。

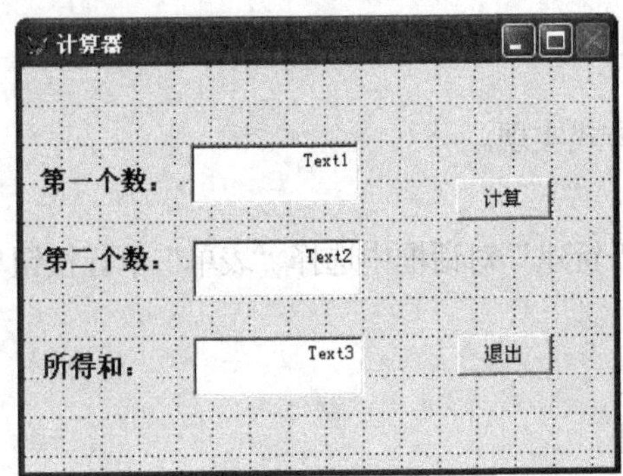

(a) 例 5-1 表单设计图

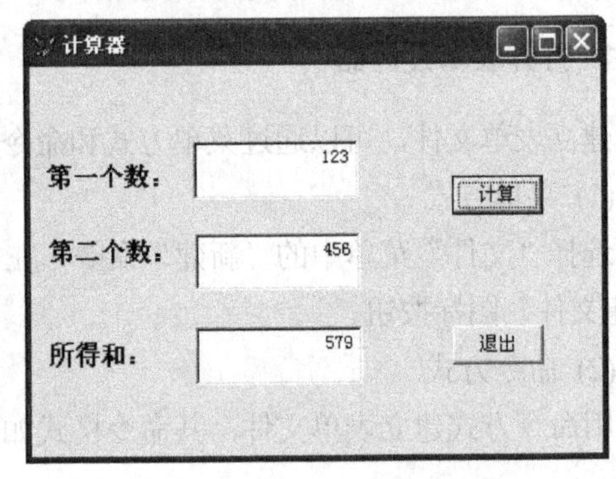

(b) 例 5-1 表单运行效果图

图 5-5　例 5-1 图

设计表单的过程如下。

(1) 建立表单文件 BD51.SCX，在命令窗口中输入命令 CREATE FORM BD51，打开表单设计器。

(2) 根据图 5-5(a)在表单中添加相应的控件。

(3) 根据表 5-2 给出的属性值设置各控件的属性。

表 5-2　例 5-1 表单包含的控件及其属性

控件名	属性	属性值
Form1	Caption	计算器
Label1	Caption	第一个数
Label2	Caption	第二个数
Label3	Caption	所得和

(续表)

控件名	属性	属性值
Text1	Value	0
Text2	Value	0
Text3	Value	0
Command1	Caption	计算
Command2	Caption	退出

(4) 编写代码

在 Command1 的 Click 中输入如下代码。

```
Thisform.Text3.Value=Thisform.Text1.value+Thisform.Text2.value
```

在 Command2 中的 Click 中输入如下代码。

```
Thisform.Release
```

(5) 保存并运行表单

在命令窗口中输入下列命令执行表单。

```
DO  FORM  BD51
```

5.3　常用的表单控件

在 Visual FoxPro 中，表单控件的属性决定这个控件的数据特征(如命令按钮的位置等)，而当控件的某个事件发生时(如鼠标在命令按钮上单击)，将驱动一个约定的程序段完成特定的功能处理。方法是表单等控件的行为特征，如释放表单、移动表单等。

对大部分控件来说，表单控件中的有些属性作用是相同的。常用到的通用属性及其作用见表 5-3。

表 5-3　表单控件的通用属性

属性	作用
Name	指定在代码中用以引用对象的名称
Caption	指定对象标题文本
Enabled	指定能否同用户引发事件
Visible	指定对象是否可见
Alignment	指定与控件相关联的文本对齐方式
BackColor	指定对象内文本和图形的背景色
ForeColor	指定对象内显示的文本和图形的前景色
FontSize	指定显示文本的字体大小
FontName	指定显示文本的字体
FontBold	指定文字是否为粗体，.T.为粗体
FontItalic	指定文字是否为斜体，.T.为斜体

5.3.1　表单(Form)控件

表单是 Visual FoxPro 中其他控件的容器，通常用于设计应用程序中的窗口和对话框等。可以在表单上添加所需的控件，以完成应用程序窗口和对话框等的设计要求。

1. 常用属性

- Caption：表单标题栏中的显示的文本。
- MaxButton：表单是否可以进行大化操作，为.T.时表示可以进行最大化操作。
- MinButton：表单是否可以进行最小化操作，为.T.时表示可以进行最小化操作。
- Closeable：表单是否可能通过双击控制菜单或关闭表单按钮来关闭表单，为.T.表示可以关闭表单。
- ControlBox：系统控制菜单是否显示，为.T.时显示，为.F.时不显示。此时的最大化按钮、最小化按钮、关闭按钮不显示在表单上。
- Icon：表单中系统控制菜单的图标，图标文件是扩展名“.ICO”的文件。
- TitleBar：表单的标题栏是否可见，“1-打开”表示显示表单的标题栏；“0-关闭”表示关闭表单的标题栏。
- WindowState：0 是普通；1 是最小化；2 是最大化。
- Picture：给当前控件添加图片背景。

2. 常用方法

- Show：显示表单。
- Hide：隐藏表单。
- Refresh：刷新表单。
- Release：释放表单。
- Cls：清除表单上运行过程中的输出结果。

3. 常用事件

- Load：表单运行时，创建表单之前触发此事件。
- Init：表单运行时，创建表单时触发此事件。
- Destroy：释放表单之前触发此事件。
- Unload：释放表单时触发此事件。
- Click：表单运行时，单击表单时触发此事件。
- Rightclick：表单运行时，右击表单时触发此事件。

【例 5-2】设计一个窗口，单击“闪烁”按钮，则实现该窗口的闪烁，如图 5-6 所示。

设计表单的过程如下。

(1) 建立表单文件“闪烁.SCX”，在命令窗口中输入命令“CREATE FORM 闪烁”，打开表单设计器。

(2) 在表单中添加命令按钮控件。

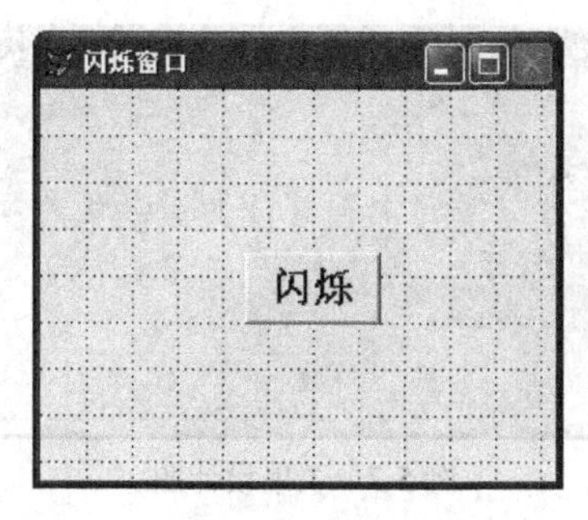

图5-6　表单设计图

(3) 设置各控件的属性。

```
THISFORM.CAPTION= "闪烁窗口"
THISFORM.COMMAND1.CAPTION= "闪烁"
```

(4) 编写代码。

在Command1的Click事件中输入如下代码。

```
FOR I=1 TO 20
THISFORM.HIDE
WAIT ' ' TIME 0.2
THISFORM.SHOW
WAIT ' ' TIME 0.2
NEXT
THISFORM.RELEASE
```

(5) 保存并运行表单。

在命令窗口中输入“DO　FORM　闪烁”，执行表单，然后单击“闪烁”按钮。

5.3.2　标签(Label)控件

标签控件用于在表单中显示静态的文本，通常用于提示信息。

1. 常用属性

- Caption：标签的标题文本。
- Alignment：标题文本的对齐方式，可以选择“0-左(默认值)”、“1-右”和“2-中央”这3种对齐方式。
- BackStyle：标签背景是否透明，可以选择“0-透明”或“1-不透明(默认值)”。

2. 常用事件

- Click：单击标签时触发此事件。
- RightClick：右击标签时触发此事件。

【例5-3】设计一个窗口，在该窗口中添加一行文字，右击窗口任意位置则实现该行文字自右向左周而复始地滚动显示，按END键停止文字滚动，如图5-7所示。

例 5-7　表单设计图

设计表单的过程如下。

(1) 建立表单文件“文字滚动.SCX”，在命令窗口中输入命令“CREATE FORM 文字滚动”，打开表单设计器。

(2) 在表单中添加标签控件。

(3) 设置各控件的属性，代码如下。

```
THISFORM.CAPTION= "文字滚动"
THISFORM.LABEL1.CAPTION="学校决定本周末召开体育运动大会……"
```

(4) 编写代码。

在 Command1 的 RightClick 事件中输入代码如下。

```
I=600
DO WHILE .T.
THISFORM.LABEL1.LEFT=I
I=I-18
IF I<-500
I=600
ENDIF
K=INKEY(0.1, 'H')
IF K=6
   EXIT
ENDIF
ENDDO
```

(5) 保存并运行表单。

在命令窗口中输入“DO　FORM　文字滚动”，执行表单然后在窗口任意位置右击，按 END 键停止文字滚动。

5.3.3　文本框(Text)控件

文本框控件用于显示或输入单行的文本，它允许用户编辑内存变量、数组元素及保存在表中非备注字段中的数据。显示在文本框中的内空保存在其属性 value 中。所有标准的 Visual FoxPro 编辑操作(如剪切、复制和粘贴等)都可以在文本框中使用。

1. 常用属性

Alignment:用于指定文本框中文本的对齐方式，可以选择“0-左”、“1-右”、“2-中间”和“3-自动(默认值)”这 4 种对齐方式。

- PasswordChar：用于指定文本框是显示用户输入的字符还是占位符。
- SelText：在文本输入区域选定的文本内容。
- SelLength：在文本输入区域选定字符的字符数目。
- SelStart：在文本输入区域选定字符的起始位置。
- Value：文本区域中的内容。

文本框中的文本类型可以是字符型、数值型、日期型和逻辑型，默认类型是字符型，但可以在“属性”窗口中设置 Value 属性的初始值确定文本类型，也可以右击文本框，在弹出的快捷菜单中选择“生成器”选项，在“文本框生成器”对话框中设置文本类型。

2. 常用事件

InteractiveChange：当文本框的值发生了改变时，触发此事件。

5.3.4　命令按钮(Command)控件

命令按钮是最常用的控件，它通常用于启动一段预先设计的代码，如确定、退出、打开等。

1. 常用属性

- Cancel：指定当用户按下 Esc 键时，执行与命令按钮的 Click 事件相关的代码。
- Caption：在按钮上显示的标题文本。
- Enable：能否选择此按钮，为.T.可用，为.F.不可用。
- Picture：显示在按钮上的图像，是扩展名为“.BMP”的文件。

2. 常用事件

Click：当单击命令按钮时触发该事件。

【例 5-4】建立如图 5-8(a)所示的表单，表单包含的控件和属性如表 5-4 所示。表单完成的功能是输入用户名有密码，图 5-8(b)给出了表单运行的效果图。单击“验证”按钮进行验证。如果正确，显示“登录成功，欢迎使用”，如图 5-8(c)所示，并退出表单；若用户名或密码有错误，则显示“用户名或密码错误，请重新输入”，如图 5-8(d)所示。单击“退出”按钮退出表单。现假设用名为 ABC，密码为 123。

表 5-4　例 5-4 表单包含的控件及其属性

控件名	属性	属性值
Form1	Caption	登录
Label1	Caption	用户名
Label2	Caption	密码
Text1		
Text2	PasswordChar	*
Command1	Caption	验证
Command2	Caption	退出

Command1_click 的事件代码为如下。

```
If Thisform.Text1.Value="ABC"  And  Thisform.Text2.Value="123"
Wait  "登录成功 欢迎使用"  Window
Thisform.Release
Else
Wait "用户名或密码错误，请重新输入"  Window
Thisform.Text1.Value=""
Thisform.Text2.Value=""
Endif
```

Command2_click 的事件代码如下。

```
Thisform.Release
```

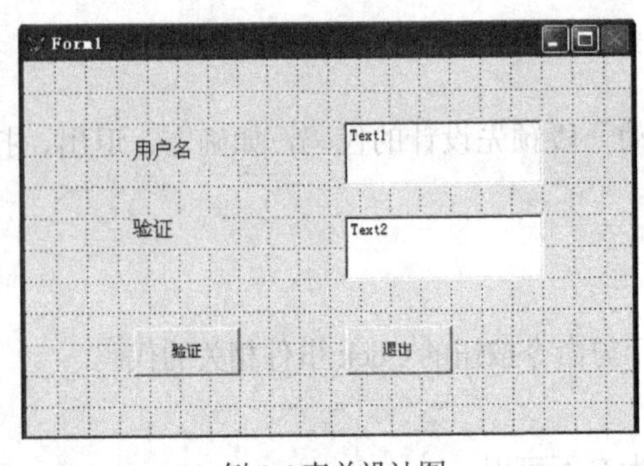

(a) 例 5-4 表单设计图

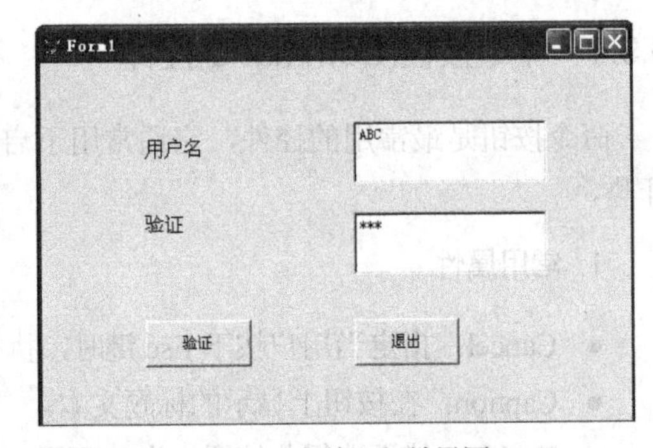

(b) 例 5-4 表单运行效果图

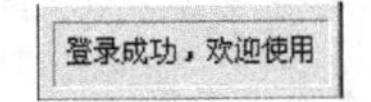

(c) 例 5-4 表单运行效果图

(d) 例 5-4 表单运行效果图

图 5-8　例 5-4 图

5.3.5　命令按钮组(Commandgroup)控件

命令按钮组控件是一个容器控件，它包含一组命令按钮(Command)。命令按钮组控件将相关的一组命令按钮集中在一起，既可单独操作，也可作为一个组来统一操作。

1. 常用属性

命令按钮组的常用属性如下。

- ButtonCount：从命令按钮组中命令按钮的数目。
- Value：命令按钮组中当前选中的命令按钮的序号，序号是根据命令按钮排列的顺序从 1 开始编号的。

命令按钮的常用属性见第 5.3.4 小节。

命令按钮组的属性可以通过生成器快速设置。命令按钮组的生成器如图 5-9 所示，生成器包括“按钮”和“布局”选项卡。在生成器中可以设置命令按钮组中包含的命令按钮个数、命令按钮的标题、命令按钮的布局等属性。可以采用下面的操作，打开“命令组生成器”对话框。

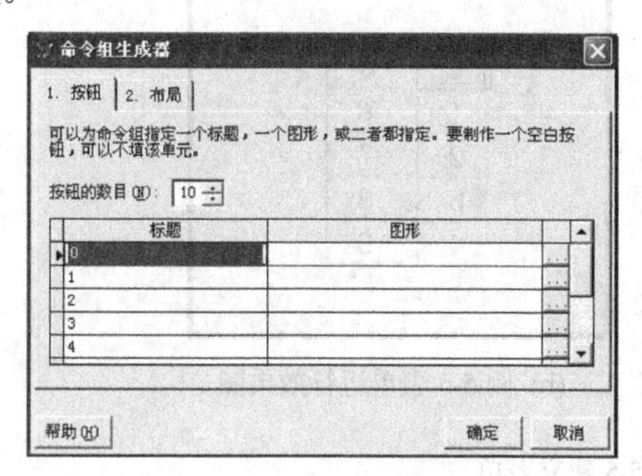

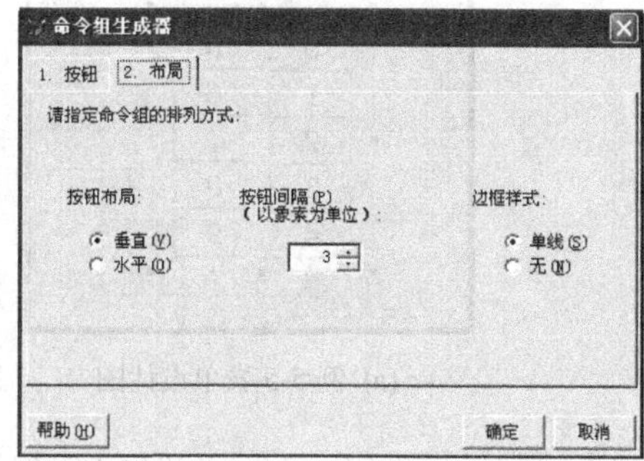

图 5-9　“命令组生成器”对话框

- 先添加命令按钮组控件到表单中，再右击命令按钮，在快捷菜单中选择“生成器”命令。
- 先单击“表单控件”工具栏中的“生成器锁定”按钮，再添加命令按钮组控件到表单中。

另外，也可以通过“属性”窗口设置命令按钮组的属性和命令按钮的属性。

2. 常用事件

Click：当单击命令按钮组时触发该事件。

【例 5-5】完成如图 5-10(a)所示的电话号码键盘表单，表单包含的控件和各控件的属性由表 5-5 给出。表单能完成电话号码的输入并显示在上面的文本框内，图 5-10(b)给出表单运行效果图。

表 5-5　例 5-5 表单包含的控件及其属性

控件名	属性	属性值
Form1	Caption	命令组控件实例
Label1	Caption	电话
Text1	Value	
Commandgroup1	ButtonCount	10
Commandgroup1.Command1	Caption	0
Commandgroup1.Command2	Caption	1
Commandgroup1.Command3	Caption	2
Commandgroup1.Command4	Caption	3
Commandgroup1.Command5	Caption	4
Commandgroup1.Command6	Caption	5
Commandgroup1.Command7	Caption	6
Commandgroup1.Command8	Caption	7
Commandgroup1.Command9	Caption	8
Commandgroup1.Command10	Caption	9

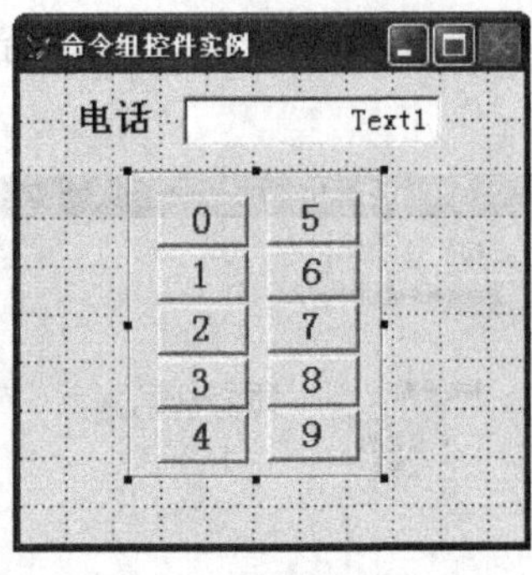

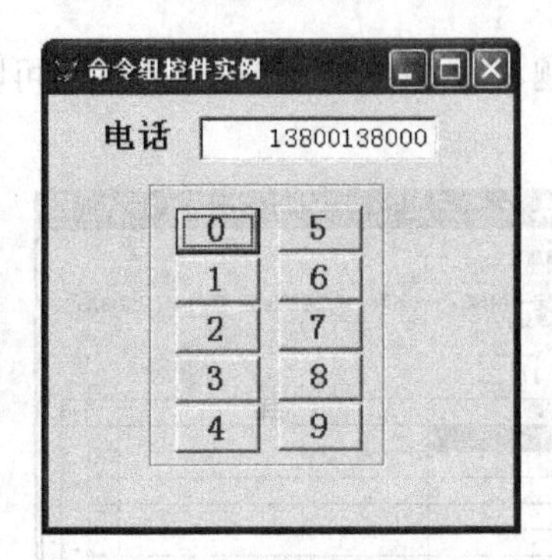

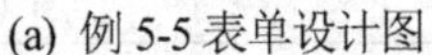

(a) 例 5-5 表单设计图　　(b) 例 5-5 表单运行效果图

图 5-10　例 5-5 建立表单

Form1 的 Init 事件代码为:

```
THISFORM.TEXT1.VALUE=""
```

COMMANDGROUP1 中的 COMMAND1 的 CLICK 事件代码为:

```
THISFORM.TEXT1.VALUE=THISFORM.TEXT1.VALUE+'0'
```

COMMANDGROUP1 中的 COMMAND2 的 CLICK 事件代码为:

```
THISFORM.TEXT1.VALUE=THISFORM.TEXT1.VALUE+'1'
```

COMMANDGROUP1 中的 COMMAND3 的 CLICK 事件代码为:

```
THISFORM.TEXT1.VALUE=THISFORM.TEXT1.VALUE+'2'
```

COMMANDGROUP1 中的 COMMAND4 的 CLICK 事件代码为:

```
THISFORM.TEXT1.VALUE=THISFORM.TEXT1.VALUE+'3'
```

COMMANDGROUP1 中的 COMMAND5 的 CLICK 事件代码为:

```
THISFORM.TEXT1.VALUE=THISFORM.TEXT1.VALUE+'4'
```

COMMANDGROUP1 中的 COMMAND6 的 CLICK 事件代码为:

```
THISFORM.TEXT1.VALUE=THISFORM.TEXT1.VALUE+'5'
```

COMMANDGROUP1 中的 COMMAND7 的 CLICK 事件代码为:

```
THISFORM.TEXT1.VALUE=THISFORM.TEXT1.VALUE+'6'
```

COMMANDGROUP1 中的 COMMAND8 的 CLICK 事件代码为:

```
THISFORM.TEXT1.VALUE=THISFORM.TEXT1.VALUE+'7'
```

COMMANDGROUP1 中的 COMMAND9 的 CLICK 事件代码为:

```
THISFORM.TEXT1.VALUE=THISFORM.TEXT1.VALUE+'8'
```

COMMANDGROUP1 中的 COMMAND10 的 CLICK 事件代码为：

```
THISFORM.TEXT1.VALUE=THISFORM.TEXT1.VALUE+'9'
```

5.3.6　选项按钮组(Optiongroup)控件

选项按钮也称单选按钮，用于在多个选项中选择其中一个选项，选项按钮一般都是成组使用的。在一组选项按钮中只能选择一项，当重新选择一个选项时，先前选择的选项将自动释放，被选中的选项用黑心圆点表示。

1. 常用属性

选项按钮组的常用属性如下。

- ButtonCount：选项按钮组中选项按钮的数目。
- Value：在选项按钮组中选中的选项按钮的序号，序号是根据选项按钮的排列顺序从 1 开始编号的。
- Enabled：说明能选择此按钮组。
- Visible：说明该按钮组是否可见。

选项按钮的常用属性如下。

- Caption：在按钮旁显示的标题文本。
- Alignment：说明文本对齐方式，可以选择“0-左(默认值)“和“1-右”这两种对齐方式。

2. 常用事件

- Click：当单击选项按钮时触发该事件。
- InteractiveChange：选项按钮组中选中的按钮发生改变时触发该事件。

5.3.7　复选框(Check)控件

复选框也称作选择框，指明一个选项是否选中。复选框一般是成组使用的，用来表示一组选项，在应用时可以同时选中多项，也可以一项都不选。

1. 常用属性

- Caption：在复选框旁显示的标题文本。
- Alignment：说明文本对齐方式。
- Enabled：说明此复选框是否可用。
- Visible：说明此复选框是否可见。
- Value：说明此复选框是否被选中，1 为选中，0 为未选中。

2. 常用事件

- Click：当单击复选框时触发该事件。
- InteractiveChange：复选框中选项状态发生改变时触发该事件。

复选框控件主要用于判定在一组选项中选择哪些选项。由于每个复选框控件都是一个独立的控件，所以必须逐个判定每个复选框控件的 Value 属性值。如果为 1，则说明该选项被选中；如果为 0，则说明该选项未被选中。

【例 5-6】完成如图 5-11(a)所示的表单，表单包含的控件及其属性值在表 5-6 中给出。表单完成文本框中文本字号、字体和字型的设置，图 5-11(b)出给了表单运行效果图。

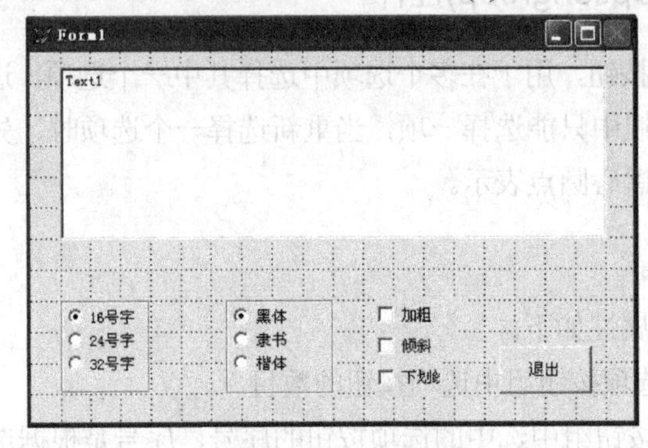

(a) 例 5-6 表单设计图

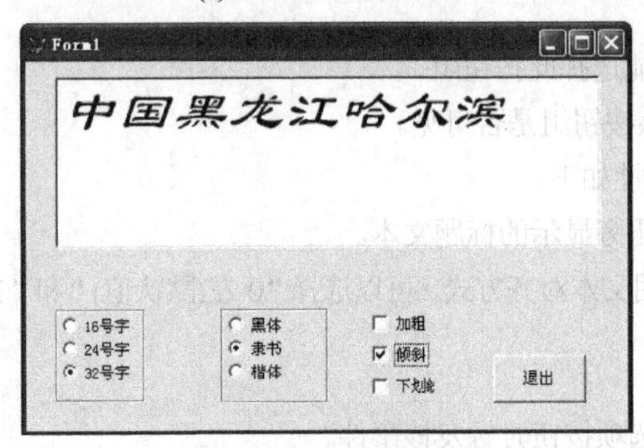

(b) 例 5-6 表单运行效果图

图 5-11　例 5-6 建立表单

表 5-6　例 5-6 表单控件及属性

控件名	属性	值
Text1		
Optiongroup1	ButtonCount	3
Optiongroup1.Option1	Caption	16 号字
Optiongroup1.Option2	Caption	24 号字
Optiongroup1.Option3	Caption	32 号字
Optiongroup2	ButtonCount	3
Optiongroup2.Option1	Caption	黑体
Optiongroup2.Option2	Caption	隶书
Optiongroup2.Option3	Caption	楷体
Check1	Caption	加粗
Check2	Caption	倾斜
Check3	Caption	下划线
Command1	Caption	退出

Optiongroup1_InteractiveChange 的事件代码如下。

```
DO  Case
     Case  Thisform.Optiongroup1.Value=1
       Thisform.Text1.Fontsize=16
     Case  Thisform.Optiongroup1.Value=2
       Thisform.Text1.Fontsize=24
Case  Thisform.Optiongroup1.Value=3
Thisform.Text1.Fontsize=32
Endcase
```

Optiongroup2_InteractiveChange 的事件代码如下。

```
DO  Case
Case Thisform.Optionrgroup2.Value=1
Thisform.Text1.Font="黑体"
Case Thisform.Optionrgroup2.Value=2
  Thisform.Text1.Font="隶书"
Case Thisform.Optionrgroup2.Value=3
Thisform.Text1.Font="楷体"
Endcase
```

Click1_Click 的事件代码如下。

```
If  Thisform.Check1.Value1
 Thisform.Text1.FontBold=.T.
Else
Thisform.Text1.FontBold=.F.
EndIf
或
Thisform.Text1.FontBold=NOT Thisform..Text1.FontBold
```

Click2_Click 的事件代码为：

```
If Thisform.Check2.Value1=1
 Thisform.Text1.FontBold=.T.
Else
Thisform.Text1.FontBold=.F.
EndIf
或
Thisform.Text1.FontItalic=NOT Thisform.Text1.FontItalic
```

Click3_Click 的事件代码如下。

```
If Thisform.Check1.Value1=1
  Thisform.Text1.FontUnderline=.T.
Else
Thisform.Text1.FontUnderline=.F.
EndIf
或
```

```
Thisform.Text1.FontUnderline=NOT Thisform.Text1.FontUnderline
```

Command1_Click 的事件代码如下。

```
Thisform.Release
```

5.3.8 列表框(List)控件

列表框控件用于显示一系列选项供用户从中选择一项或多项，当项目在列表框的空间内显示不下时，可以通过旁边的滚动条进行翻页。

1. 常用属性

- ColumnCount：列表框的列数。多列时，使用 Column Widths 属性设置每列的宽度，宽度值用“，”分隔。
- ControlSource：从列表中选择的值保存在何处。
- MultiSelect：能否从表中一次选择多项，值为.T.时表示可以选择多项。
- RowSourceType：确定 RowSource 的类型。可以选择“0-无”、“1-值”、“2-别名”、“3-SQL 语句”、“4-查询”、“5-数组”、“6-字段”、“7-文件”、“8-结构”和“9-弹出式菜单”。
- RowSource：列表中显示的值的来源。
- Value：列表框中选中的内容。
- List：用来存取列表框中数据项的数组。
- ListIndex：选中数据项的索引值，索引值从 1 开始。
- Selected：列表框中某条目是否处于选定状态。

2. 常用方法

- AddItem：当 RowSourceType 属性的值为 0 或 1 时，向列表框中添加一项。
- RemovItem：RowSourceType 属性的值为 0 或 1 时，向列表框中删除一项。

3. 常用事件

- Click：当单击列表框时触发该事件。
- InteractiveChange：列表框中选定的选项发生改变时触发该事件。

4. 使用要点

列表框使用的要点：一是，如何给出列表框中的项目；二是，如何判断列表框中选择哪个或哪些项目。

通过设置 RowSourceType 和 RowSource 属性，可以用不同数据源中的项目填充列表框。其中，RowSourceType 属性决定列表框的数据源类型，如数组或表；RowSource 属性指定列表项的数据源。设置属性时，应该先设置 RowSourceType 属性的值，再设置 RowSource 属性的值。

下面分别介绍 RowSourceType 和 RowSource 属性的不同设置。

(1) 0-无

如果将 RowSourceType 属性设置为“0-无”，则不能自动填充列表项。可以用 Addtem 方法添加列表项，示例代码如下。

```
Thisform.List1.RowSourceType=1
Thisform.List1.AddItem("计算机")
Thisform.List1.AddItem("会计")
Thisform.List1.AddItem("工商")
```

RemoveItem 方法用于从列表中移动列表项，如下面一行代码将从列表中移动第一项。

```
Thisform.List1.RemoveItem(1)
```

(2)1-值

如果将 RowSourceType 属性设置为“1-值”，则可用 RowSource 属性指定多个要在列表框中显示的值。如果在“属性”窗口中设置 RowSource 属性的值，则可以逗号分隔列表项；如果要在程序中设置 RowSource，则可以逗号分隔列表项，并用字符界限符括起来。

```
Thisform.List1.RowSourceType=1
Thisform.List1.RowSource="北大，清华，黑大，师大，工大"
```

(3) 2-别名

如果将 RowSourceType 属性设置为“2-别名”，可以在列表中包含打开表的一个或多个字段的值。

如果 ColumnCount 属性设置为 0 或 1，则列表将显示表中第一个字段的值；如果将 ColumnCount 属性设为非 0 或 1 时，则列表将显示表中最前面的几个字段的值。

如果在“属性”窗口中设置 RowSource 属性的值，则直接输入表的别名即可；如果要在程序中设置，则将表的别名用字符界限符括起来。示例代码如下。

```
Thisform.list1.RowSourceType=2
Thisform.list1.RowSource="学生表"
```

(4) 3-SQL 语句

如果将 RowSourceType 属性设置为 3-SQL 语句，则在 RowSource 属性中包含一个 SQL-SELECT 语句。例如，下面的 SQL-SELECT 语句将从学生表中选择姓名字段值作为列表框的项目。

```
SELECT 姓名 FROM  学生表
```

如果在“属性”窗口中设置，则将 RowSource 属性值直接输入 SELECT 语句即可；如果在程序中设置，则需要将 SELECT 语句用字符界限符括起来。

```
Thisform.list1.RowSourceType=3
Thisform.list1.RowSource=" SELECT 姓名 FROM  学生表"
```

(5) 4-查询(.QPR)

如果将 RowSourceType 属性设置为“4-查询”(.QPR)，则可以用查询的结果填充列表框。查询一般是在查询设计器中设计的。当 RowSourceType 设置为“4-查询(.QPR)”时，需要将 RowSource 属性设置为一个查询文件，即扩展名为“.QPR”的文件。在“属性”窗口中直接输入查询文件名，可以给出扩展名“.QPR”；在程序中将查询文件用字符界限符括起来。可以用如下语句将列表框的 RowSource 的属性设置为一个查询。

```
Thisform.List1.RowSourceType=4
Thisform.List1.RowSourceType="XM.QPR"    &&XM 为已经存在的查询文件名
```

如果不指定文件的扩展名，Visual FoxPro 将默认扩展名是“.QPR”。

(6) 5-数组

如果 RowSourceType 属性设置为“5-数组”，则可以用数组中的元素填充列表。可以在表单的 INIT 事件或 LOAD 事件中创建数组，将 RowSource 的值设置为数组名即可。

Form1_init 的事件代码用于创始数组，代码如下。

```
Public X(5)
X(1)= "哈尔滨"
X(2)="长春"
X(3)="沈阳"
X(4)="北京"
X(5)="深圳"
```

如果在“属性”窗口中设置 RowSource，则直接输入数组名 X 即可；如果在程序中设置则需要字符界限将数组名括起来。

```
Thisform.List1. RowSourceType=5
Thisform.List1. RowSource="X"
```

(7) 6-字段

如果 RowSourceType 属性设置为“6-字段”，则可以为 RowSourceT 属性指定一个字段或用逗号分隔的一系列字段值来填充列表框，如“学号，姓名”。

注意：

当为列表框指定多个字段时，需要同时设置 ColumnCount(列表框的列数)属性的值。

当 RowSourceType 属性为“6-字段”时，可在 RowSource 属性中包括下列几种信息。

- 字段名
- 别名.字段名
- 别名.字段名 1，别名.字段名 2，别名.字段名 3，……

如果在“属性”窗口中设置，则在设置了 RowSourceType 为 6 时，在 RowSource 属性处可以选择字段；如果在程序中设置，则需要将字段名用字符界限各个符括起来。示例代码如下。

```
Thisform.List1.ColumnCount=2
Thisform.List1. RowSourceType=6
Thisform.List1. RowSource="姓名，性别"
```

(8) 7-文件

如果将 RowSourceType 属性设置为“7-文件”，则将用当前目录下的文件名来填充列表框，而且列表框中的选项允许选择别的驱动器和目录，并在列表框中显示其中的文件名。可将 RowSource 属性设置为列表中显示的文件类型或要显示文件的驱动器和目录。

如果在“属性”窗口设置 RowSource 属性，则直接输入要在列表框中显示文件所在的驱动器和目录文件类型；如果在程序中设置 RowSource 属性，则需要将设置的内容用字符界限符括起来。

```
Thisform.List1. RowSource=7
Thisform.List1. RowSource="c: \*.txt"
```

例如，要在列表中显示 Visual FoxPro 的表，可将 RowSource 属性设置为“*.DBF”，如图 5-12 所示，然后在程序中编写代码，并对选中列表框中的内容进行操作，如图 5-13 所示。

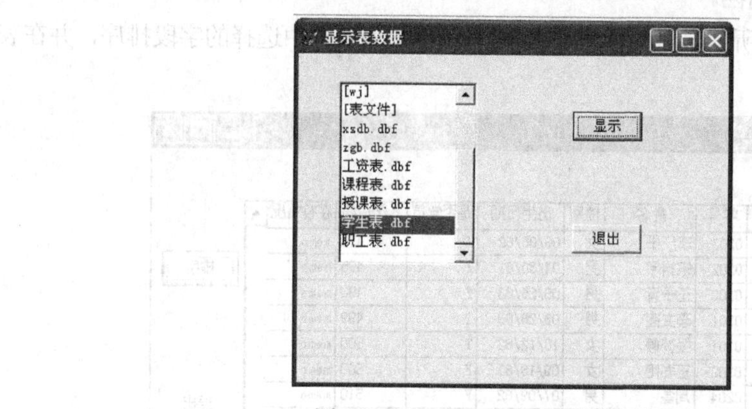

图 5-12　RowSource 属性设置为“*.dbf”

显示表数据

学号	姓名	性别	出生日期	是否党员	入学成绩	在校
0101	张梦婷	女	10/12/82	T	500	memo
0102	王子奇	男	05/25/83	F	498	memo
0103	平亚静	女	09/12/83	F	512	memo
0201	毛锡平	男	06/23/82	T	530	memo
0202	宋科宇	男	04/30/81	F	496	memo
0203	李广平	女	06/06/82	T	479	memo
0204	周磊	男	07/09/82	F	510	memo
0301	李文宪	男	03/28/83	T	499	memo
0302	王春艳	女	09/18/83	F	508	memo
0303	王琦	女	05/06/82	T	519	memo

图 5-13　单击“显示”按钮的结果

“显示”命令按钮的事件代码如下。

```
BM=THISFORM.LIST1.VALUE
USE &BM
BROWSE
USE
```

“退出”命令按钮的事件代码为:

```
THISFORM.RELEASE
```

(9) 8-结构

如果将 RowSourceType 属性设置为“8-结构”，则将用 RowSource 属性所指定表中的字段名填充列表框。如果在“属性”窗口中设置，则可以将 RowSource 属性设置为表的别名；如果在程序中设置，则需将表的别名用字符界限符括起来。示例代码如下。

```
Thisform.List1. RowSourceType=8
Thisform.List1. RowSource="学生表"
```

如果想为用户提供用来查找值的字段名列表或用来对表进行排序的字段名列表，则可通过设置 RowSourceType 属性。

【例 5-7】如图 5-14 所示，对“学生表.DBF”表中按列表框中选择的字段排序，并在表格控件中显示排序结果。

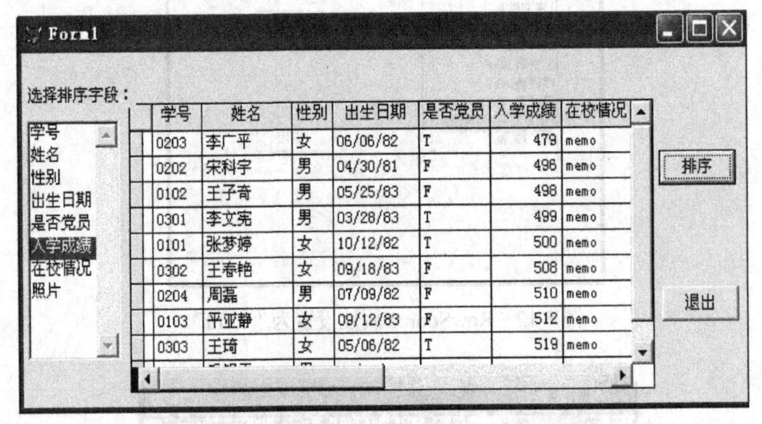

学号	姓名	性别	出生日期	是否党员	入学成绩	在校情况
0203	李广平	女	06/06/82	T	479	memo
0202	宋科宇	男	04/30/81	F	496	memo
0102	王子奇	男	05/25/83	F	498	memo
0301	李文宪	男	03/28/83	T	499	memo
0101	张萝婷	女	10/12/82	T	500	memo
0302	王春艳	女	09/18/83	F	508	memo
0204	周磊	男	07/09/82	F	510	memo
0103	平亚静	女	09/12/83	F	512	memo
0303	王琦	女	05/06/82	T	519	memo

图 5-14　单击“排序”按钮的结果

Form1_Init 的事件代码如下。

```
Thisform.List1. RowSourceType=8
Thisform.List1. RowSource=" 学生表"
Thisform.Grid1.visible=.F.
```

“排序”命令按钮的事件代码如下。

```
Thisform.Grid1.Visible=.T.
AD=Thisform.List1.Value
Thisform.Grid1.RecordSourceType=4
Thisform.Grid1.RecordSource="Select * From 学生表 Order By &AD Into Cursor
Tp"
```

(10) 9-弹出式

如果将 RowSourceType 属性设置为“9-弹出式菜单”，则可以用一个先前定义的弹出式菜单来填充列表框。

5.3.9　组合框(Combo)控件

组合框的使用方法和列表框的使用方法非常相似，所具有的属性名相同时，作用也相同，常用方法和事件也相同。组合框控件有两种类型：“0-下拉组合框”和“2-下拉列表框”。可以通过 Style 属性设置组合框的类型。

下拉组合框和下拉列表框架的区别在于后者只能从下接列表框的项目中选择项目，而前者则像是文本框和下拉列表框的组合，不仅可以从下拉列表框中选择项目，还可以直接输入数据。

5.3.10　编辑框(Edit)事件

编辑框控件可用于显示和输入多行文本。在编辑框中，可以自动换行并能使用方向键、PageUp 和 PageDown 键以及滚动条来浏览文本。所有标准的 Visual FoxPro 编辑操作(如剪切、复制和粘贴等)都可以在编辑框中使用。

编辑框的常用属性如下。

- SelLength：指定选定文本框内容的长度。
- SelStart：指定选定文本框内容的起始点。
- SelText：指定编辑框中选定的文本内容。

5.3.11　页框(Pageframe)控件

页框控件一般也称作选项卡控件。页框是包含页面的容器对象，页面又可包含控件。可以在页框、页面或控件级上设置属性。

1. 常用属性

页框的常用属性如下。

- Tabs：确定页框控件有无选项卡。
- TabStyle：是否选项卡都是相同的大小，并且都与页框的宽度相同。
- PageCount：页框的页面数。

页面的常用属性如下。

Caption：页面显示的标题文本。

一般不需要对页框编写代码。但在代码中出现页面中的对象引用时，可以根据下面形式给出。

```
Thisform.PageFrame1.Page1.     &&页面中的对象名.对象的属性或方法名
```

2. 使用要点

页框是由页面组成的，页面可以有各自的控件，添加控件在编辑状下完成。进入编辑状态的方法如下。

- 右击页框，在弹出的捷菜单中选择“编辑”命令。
- 在“属性”窗口中直接选择要添加控件的页面名称。

5.3.12　计时器(Timer)控件

计时器控件用于对时间变化作出反应，可以让计时器以一定的时间间隔重复地执行某种操作。计时器最常用的属性是 Interval，它指定一个计时器事件和下一个计时器事件之间的毫秒数。如果计时器有效，它将以近似等间隔的时间接收 Timer 事件。

计时器控件设计时在表单中是可见的，这样便于选择属性、查看属性和为它编写事件过程，而运行时的计时器是不可见的，所以它的位置和大小都无关紧要。

1. 常用属性

- Enabled：若想让计时器在表单加载时就开始工作，则应该将该属性设置为.T.，否则将该属性设置为.F.。也可以选择一个外部事件，将其值设置为.T.以启动计时器操作，或将其值设置为.F.来挂起计时器的工作。
- Interval：触发 Timer 事件间隔的毫秒数。

2. 常用事件

Timer：经过 Interval 属性设置的时间间隔后触发的事件。

【例 5-8】设计一个窗口，在该窗口中添加一行文字，实现该行文字在窗口内自右向左周而复始的滚动显示，如图 5-15 所示。窗口包含的控件及其属性见表 5-7。

图 5-15　例 5-8 窗口设计图

表 5-7　例 5-8 窗口包含的控件及其属性

控件名	属性	值
Form1	Caption	计时器控件实例
Label1	Caption	欢迎使用本系统
Timer1	Interval	1000

Form1_Init 的事件代码为：

```
Thisform.Label1.Left=Thisform.Width-20
```

Timer1_timer 的事件代码如下。

```
    If Thisform.Label1.Left<=-Thisform.Label1.Width+20
       Thisform.Label1.Left=Thisform.Width-20
Else
       Thisform.Label1.Left=Thisform.Label1.Left-20
Endif
```

【例 5-9】设计如图 5-16 所示的计时器。窗口包含的控件及其属性见表 5-8。

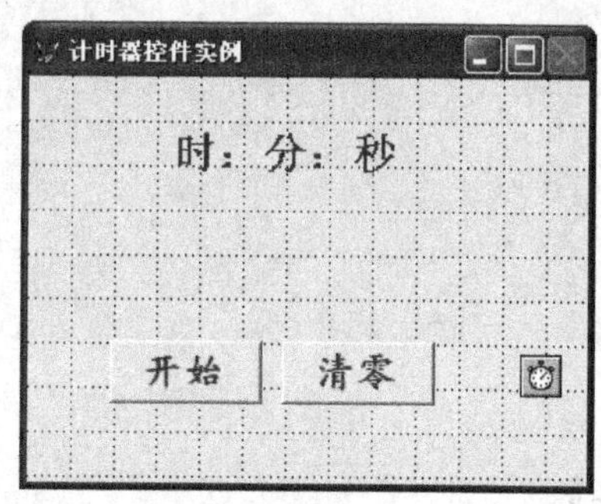

(a) 例 5-9 窗口设计图

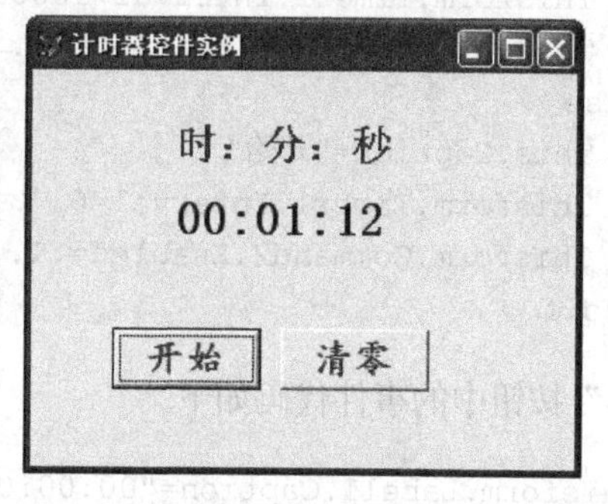

(b) 例 5-9 窗口运行效果图

图 5-16　例 5-9 图

表 5-8　例 5-9 窗口包含的控件及其属性

控件名	属性	值
Form1	Caption	计时器控件实例
Label1	Caption	(无)
Label2	Caption	时：分：秒
Command1	Caption	开始
Command2	Caption	清零
Timer1	Interval	0

Form1_Init 的事件代码如下。

```
Public N
N=0
Thisform.Label1.Caption="00:00:00"
Thisform.Timer1.Interval=0
```

在 Form1 中新建方法程序 Trans，用菜单项“表单”|“新建方法程序”来建立，再在 Form1 的过程中选取新建的方法程序 Trans。

新建的方法程序 Trans 的事件代码如下。

```
Parameter N
If N>=10
   Return(Str(N, 2))
```

```
Else
  Return("0"+Str(N, 1))
Endif
```

“开始”按钮中的事件代码如下。

```
If This.Caption="开始"
  This.Caption="停止"
  N=Seconds()
  Thisform.Timer1.Interval=1000
  Thisform.Command2.Enabled=.F.
Else
  This.Caption="开始"
  Thisform.Timer1.Interval=0
  Thisform.Command2.Enabled=.T.
Endif
```

“清零”按钮中的事件代码如下。

```
Thisform.Label1.Caption="00:00:00"
Thisform.Timer1.Interval=0
```

Timer1_timer 的事件代码如下。

```
M=Seconds()
Dif=M-N
Tim=Int(Dif/3600)         &&计算小时数
Dif=Dif-Tim*3600
Min=Int(Dif/60)           &&计算分钟数
Dif=Dif-Min*60
Sec=Dif                   &&计算秒数
Thisform.Label1.Caption=Thisform.Trans(Tim)+":"+;
Thisform.Trans(Min)+":"+ Thisform.Trans(Sec)
```

5.3.13 微调(Spinner)控件

微调控件是一种可以通过输入或单击上下箭头按钮增加或减少数值的控件。它既可以让用户通过微调值来选择确定一个值，也可以直接在微调框中输入值。

1. 常用属性

- Increment：每次单击向上各向下按钮时增加和减少的值。
- KeyboardHighValue：能输入到微调文本框中的最大值。
- KeyboardLowValue：能输入到微调文本框中的最小值。
- SpinnerHighValue：单击向上按钮时，微调控件能显示的最大值。
- SpinnerLowValue：单击向下按钮时，微调控件能显示的最小值。
- Value：微调控件的当前值。

2. 常用事件

InteractiveChange：当微调控件的值发生改变时，触发该事件。

3. 使用要点

(1) 设置输入值的范围

将 KeyboardHightValue 和 SpinnerHighValue 属性设置为用户可在微调控件中输入的最大值，将 KeyboardLowValue 和 SpinnerLowValue 属性设置为用户可以在微调控件中输入的最小值。在使用微调控件时，应该将用户可以输入的范围值和用户可以微调的范围值统一起来。

(2) 单击向上按钮减少微调控件值

在一般应用中，单击向上按钮是增加值，单击向下按钮是减少值。但在有些特殊应用中可能正好相反。例如，用微调控件输入表示“优先级”的值，单击向上按钮时优先级从 2 提高到 1，这时可将 Increment 属性设置为-1。

【例 5-10】建立如图 5-17(a)所示的表单，可在表单中用微调文本框调整字号。表单中包含的控件和属性如表 5-9 所示，图 5-17(b)给出了表单运行效果图。

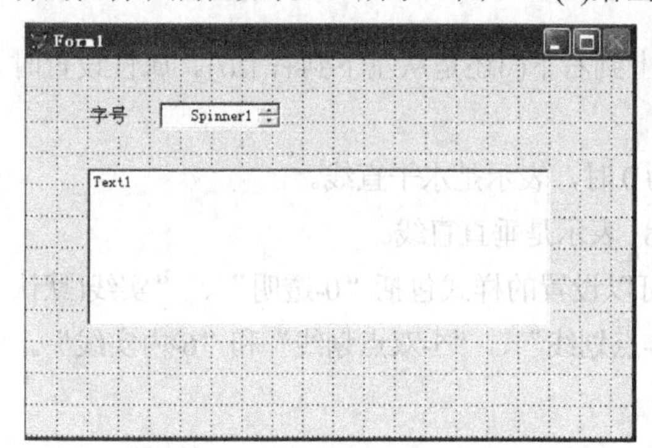

(a) 例 5-10 表单设计图

(b) 例 5-10 表单运行效果图

图 5-17　例 5-10 图

表 5-9　例 5-10 表单包含的控件及其属性

控件名	属性	值
Label1	Caption	字号
Spinner1	Increment	2
Spinner1	SpinnerHighValue	100
Spinner1	SpinnerLowValue	10
Spinner1	KeyboardHighValue	100
Spinner1	KeyboardLowValue	10
Spinner1	Value	16

Spinner_InterActiveChange 的事件代码为:

```
Thisform.Text1.Fontsize=Thisform.Spinner1.Value
```

5.3.14　图像(Image)控件

图像控件允许在表单中添加 BMP 文件和 JPG 文件等图片。

图像控件的常用属性如下。

- Picture：要显示的图片。
- BorderStyle：决定图像是否具有可见的边框。

5.3.15　形状(Shape)控件

形状控件的常用属性如下。

- Curvature：指定形状控件角的曲率。
- BorderStyle：指定线条的线型。
- FillStyle：指定用来填充形状的图案。
- SpecialEffect：指定控件不同的外观，可以设置“0-3 维”和“1-平面”。

5.3.16　线条(Line)控件

线条控件的常用属性如下。

- LineSlant:：指定线条如何倾斜，从左上到右下(\)还是从左下到右上(/)。属性设置时用键盘上的“\”和“/”键进行设置。
- Height：指定对象的高度。当属性值为 0 时，表示是水平直线。
- Width：指定对象的宽度。当值为 0 时，表示是垂直直线。
- BorderStyle：指定对象的边框样式。可以设置的样式包括“0-透明”、“实线(默认值)”、“2-虚线”、“3-点线”、“4-点划线”、“5-双点划线”和“6-内实线”。
- BorderWidth：指定对象边框的宽度。

5.3.17　容器(Container)控件

容器控件是用来容纳其他控件的容器。

容器控件的常用属性如下。

- BorderWidth：指定对象边框的宽度。
- SpecialEffect：指定控件的不同格式选项，可以设置的格式有“0-凸起”、“1-凹下”和“2-平面(默认值)”。

在容器控件中添加控件时，应在容器控件的编辑状态下添加，进入编辑状态的方法是右击容器控件，在弹出的快捷菜单中选择“编辑”命令。

5.3.18　表格(Grid)控件

表格控件是将数据以表格形式表示出来的一种控件，它属于容器控件，其中包含了列标头、列和列控件等。表格控件通常用来显示表中的数据或查询的结果。

1. 常用属性

表格控件的属性包括表格自身的属性和表格中列的属性。其中，表格的常用属性如下。

- RecordSourceType：表格中显示数据来源于何处，可以选择“0-表”、“1-别名”、“2-提示”、“3-查询(.QPR)”和“4-SQL 说明”。
- RecordSource：表格中要显示的数据。

2. 使用要点

(1) 设置表格中显示的数据源

可以为整个表格设置数据源，也可以为每一个列单独设置数据源。为整个表格设置数据源的步骤如下。

① 选择表格，然后选择“属性”窗口的 RecordSourceType 属性。

② 如果让 Visual FoxPro 打开表，则将 RecordSourceType 属性设置为“0-表”，如果在表格中放入打开表的字段，则将 RecordSourceType 属性设置为“1-别名”。

③ 选择“属性”窗口中的 RecordSource 属性。

④ 确定作为表格数据源的别名或表名。

(2) 用拖动形式设置表格数据源

如果用表格控件显示一个表的数据，可以先添加数据环境，在“数据环境设计器”窗口打开的情况下，直接拖动表的标题到表单中。

(3) 使用表格控件创建一对多表单

表格最常见的用途之一是：当文本框显示父表记录的数据时，表格显示子表的记录；或在父表中浏览记录时，另一表格将显示相应的子记录。

如果添加到数据环境的两个表之间具有在数据库中建立的永久性关系，那么这些关系也会自动添加到数据环境中。如果两个表之间没有永久关系，则可以在数据环境设计器中为两个表设置关系。设置方法很简单，只要将主表的某个字段拖动到子表的相匹配的索引名即可；如果子表上没有与主表字段匹配的索引，也可以将主表字段拖动到子表的某个字段上。

要在表单中显示这个一对多的关系非常容易，只需要将这两个具有一对多关系的表分别从数据环境设计器中拖动到表单即可。也可以只将需要的字段从数据环境设计器中拖动到表单中。由于在数据环境设计器中已经有两个表单之间的一对多关系，将它们拖动到表单后会自动建立两个表之间的一对多关系。

3. 向导建立表单

表单与表有关时，可以通过向导快速建立表单，既可以通过表单向导建立与一个表有关的表单，也可以通过一对多表单向导建立与两个表有关的表单。

【例 5-11】以“学生表.DBF”为例，介绍用表单向导建立表单的过程。

(1) 在“新建”对话框中选择“表单”选项，单击“向导”图标按钮，显示如图 5-18 所示的“向导选取”对话框。

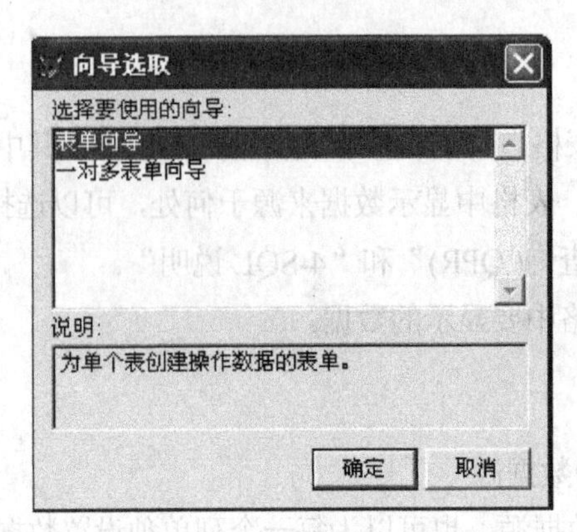

图 5-18　“向导选取”对话框

(2) 选择“表单向导”选项，单击“确定”按钮，显示如图 5-19 所示的“表单向导”对话框。在“步骤 1-字段选取”对话框中选择学生表中的姓名、性别、入学成绩这 3 个字段。

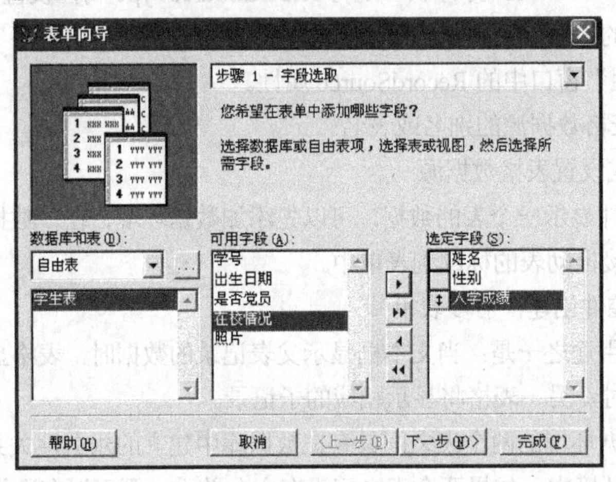

图 5-19　“步骤 1-字段选取”对话框

(3) 在“步骤 2-选择表单样式”对话框中选择表单样式为“标准式”按钮，类型为“文本按钮”，如图 5-20 所示。

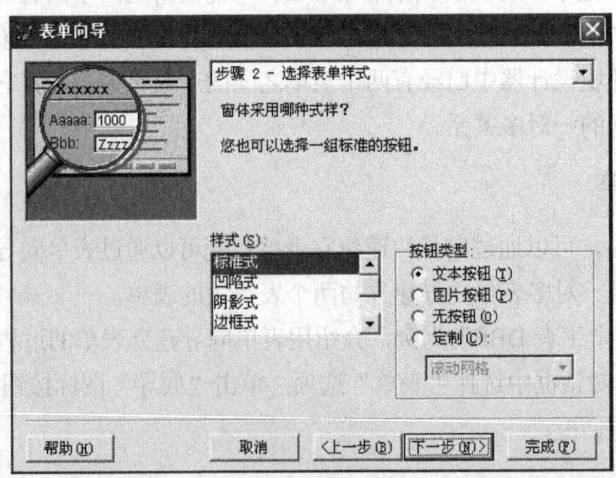

图 5-20　“步骤 2-选择表单样式”对话框

(4) 在“步骤 3-排序次序”对话框中设置排序字段，将“入学成绩”字段添到选定字段下，如图 5-21 所示。

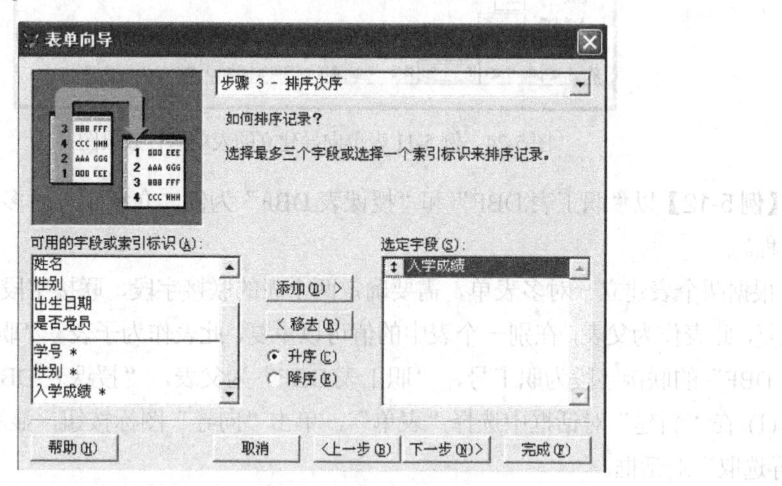

图 5-21　“步骤 3-排序次序”对话框

(5) 在“步骤 4-完成”对话框中，确定表单标题为“学生情况表”，结果处理方式为“保存表单并用表单设计器修改表单”，如图 5-22 所示。单击“完成”按钮，给出表单文件名。

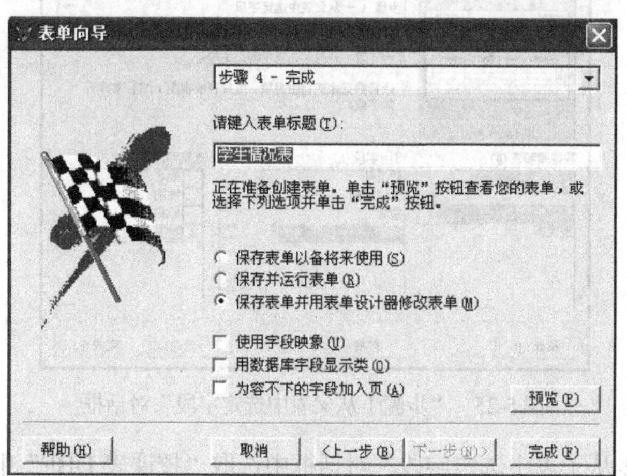

图 5-22　“步骤 4-完成”对话框

图 5-23 和图 5-24 给出了表单向导建立的表单设计图和运行效果图。

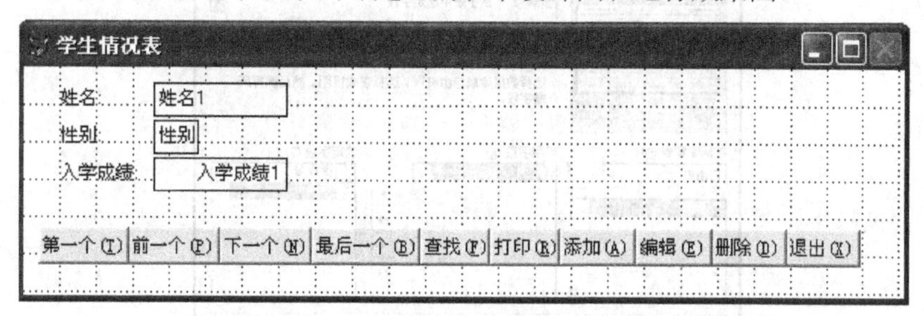

图 5-23　例 5-11 表单向导建立的表单设计图

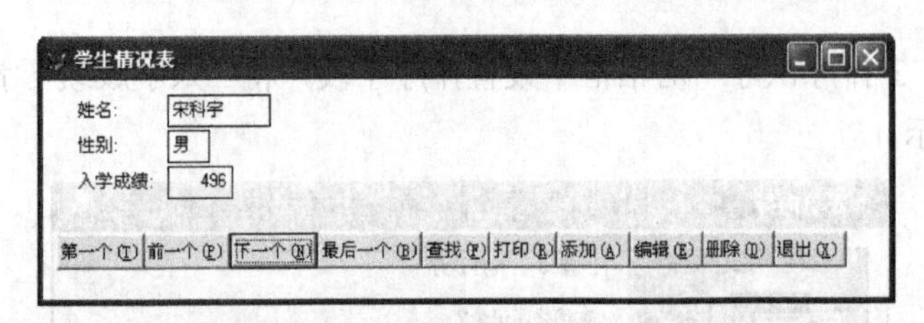

图 5-24　例 5-11 表单向导建立的表单运行效果图

【例 5-12】以“职工表.DBF”和“授课表.DBF”为例，介绍用一对多表单向导建立表单的过程。

根据两个表建立一对多表单，需要确定两个表的联接字段，联接字段在一个表中的值不能重复，此表作为父表，在别一个表中的值可以重复，此表作为子表。“职工表.DBF”和“授课表.DBF”的联接字段为职工号，“职工表.DBF”为父表，“授课表.DBF”为子表。

(1) 在“新建”对话框中选择“表单”，单击“向导”图标按钮，显示如图 5-18 所示的“向导选取”对话框。

(2) 选择“一对多表单向导”选项，显示如图 5-25 所示“一对多表单向导”对话框，在“步骤 1-从父表中选定字段”对话框中选取“职工表.DBF”中姓名、性别、职称和工资这 4 个字段。

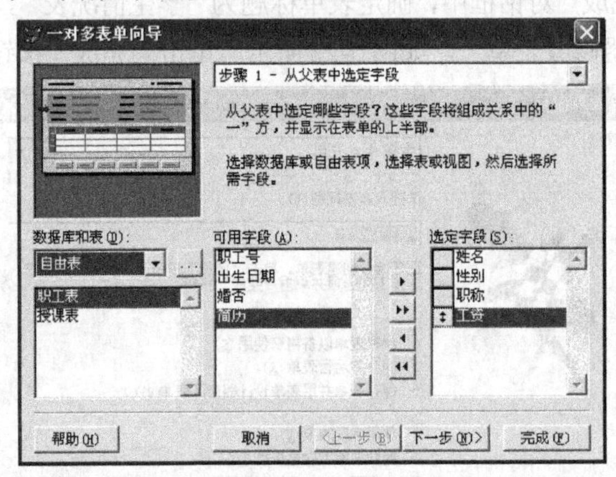

图 5-25　“步骤 1-从父表中选定字段”对话框

(3) 在“步骤 2-从子表中选定字段”对话框中选取“授课表.DBF”中课程号和授课班级这两个字段，如图 5-26 所示。

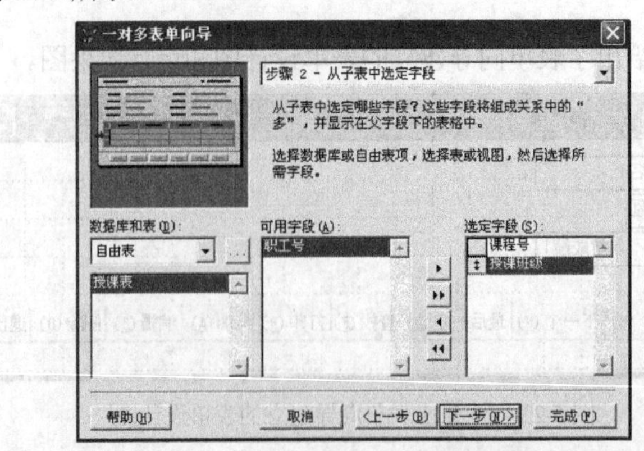

图 5-26　“步骤 2-从子表中选定字段”对话框

(4) 在“步骤 3-建立表之间的关系”对话框中确定父表和子表间的联接字段，本例中为“职工号”字段，如图 5-27 所示。

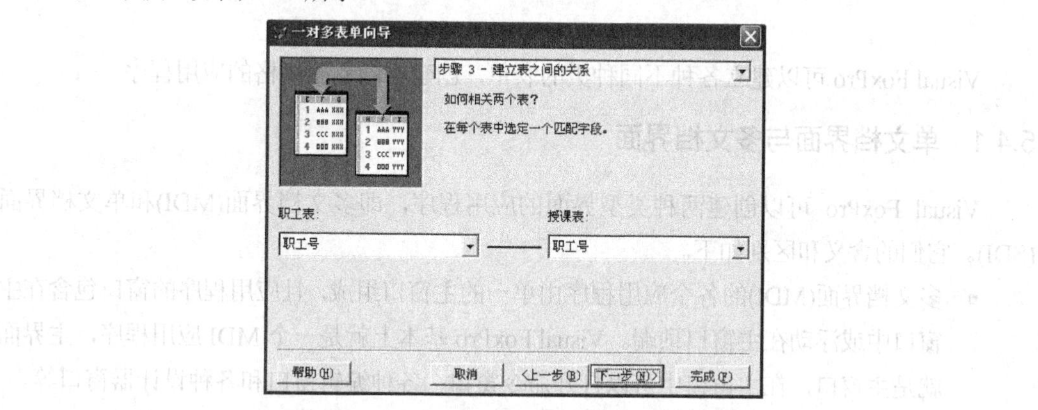

图 5-27　“步骤 3-建立表之间的关系”对话框

(5) 在“步骤 4-选择表单样式”对话框中选择表单样式为“标准式”，按钮类型为“文本按钮”。

(6) 在“步骤 5-排序次序”对话框中设置排序字段为“职工号”。

(7) 在“步骤 6-完成”对话框中确定标题和结果处理方式并单击“完成”按钮，给出表单文件名。

用一对多表单向导建立的表单的设计状态图如图 5-28 所示，表单运行的效果如图 5-29 所示。

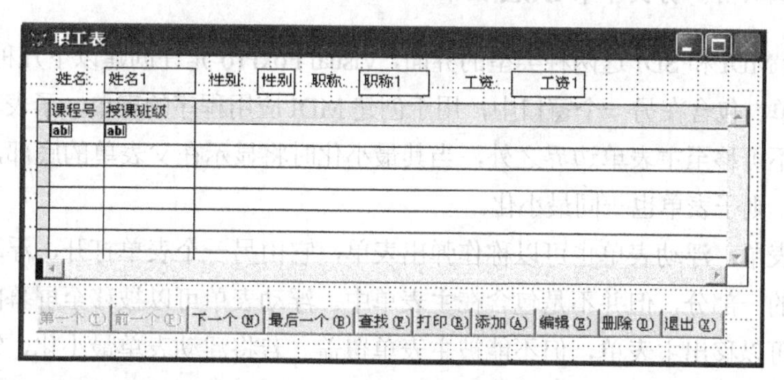

图 5-28　例 5-12 设计的表单

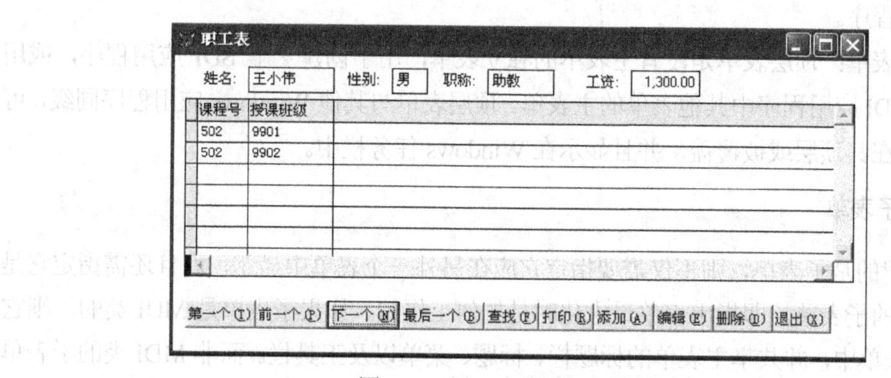

图 5-29　例 5-12 表单运行效果图

5.4　表单的类型

Visual FoxPro 可以建立各种不同种类的表单，创建不同界面风格的应用程序。

5.4.1　单文档界面与多文档界面

Visual FoxPro 可以创建两种类型界面的应用程序，即多文档界面(MDI)和单文档界面(SDI)。它们的含义和区别如下。

- 多文档界面(MDI)的各个应用程序由单一的主窗口组成，且应用程序的窗口包含在主窗口中或浮动在主窗口顶端。Visual FoxPro 基本上就是一个 MDI 应用程序，主界面就是主窗口，在主窗口中可以打开命令窗口、各种编辑窗口和各种设计器窗口等。
- 单文档界面(SDI)的应用程序由一个或多个独立的窗口组成，这些窗口均在 Windows 桌面上单独显示。例如，Visual FoxPro 将调试器显示为一个 SDI 应用程序。

由此看来，如果一个应用程序有一个主窗口，其他窗口在主窗口中打开，并依附于主窗口，则这样的应用程序界面是多文档界面。而一个应用程序，不管是只有一个窗口，还是有多个窗口，如果这些窗口彼此是独立的，则这样的应用程序通常是一个单文档界面应用程序。但也有一些应用程序综合了 SDI 和 MDI 的特性。例如，Visual FoxPro 将调试器显示为一个 SDI 应用程序，而它本身又包含了自己的 MDI 窗口。

5.4.2　子表单、浮动表单和顶层表单

为了支持 MDI 和 SDI 这两种类型的界面，Visual FoxPro 允许创建以下几种类型的表单。

- 子表单：包含在另一个窗口中，用于创建 MDI 应用程序的表单。子表单依附于主表单，不可移至主表单边界之外，当其最小化时将显示在父表单的底部，若父表单最小化，则子表单也一同最小化。
- 浮动表单：浮动表单也可以称作弹出表单，它由另一个表单打开，浮动表单属于主表单的一部分，但并不是包含在主表单中。浮动表单可以被移至屏幕的任何位置，甚至可以移出主表单，但不能被主表单覆盖。若将浮动表单最小化，它将显示在桌面的底部；若主表单最小化，则浮动表单也一同最小化。浮动表单也可用于创建 MDI 应用程序。
- 顶层表单：顶层表单是没有主表单的独立表单，用于创建一个 SDI 应用程序，或用作 MDI 应用程序中其他表单的主表单。顶层表单与其他 Windows 应用程序同级，可出现在其顶层或被覆盖，并且显示在 Windows 任务栏中。

1. 建立子表单

如果创建的是子表单，则不仅需要指定它应在另外一个表单中显示，而且还需指定它是否是 MDI 类的子表单，即指出表单最大化时是如何工作的。如果子表单是 MDI 类的。则它会包含在主表单中，并共享主表单的标题栏、标题、菜单以及工具栏。而非 MDI 类的子表单最大化时将占据主表单的全部用户区域，但仍保留它本身的标题和标题栏。

建立子表单的步骤如下。

(1) 用表单设计器创建或编辑表单。

(2) 将表单的 ShowWindow 属性设置为下列值之一。

- “0-屏幕中(默认)”：说明当子表单的主表单是 Visual FoxPro 主窗口。
- “1-在顶层表单中”：说明当子窗口显示时，子表单的主表单是活动的顶层表单。如果希望子窗口出现在顶层表单窗口内，而不是出现在 Visual FoxPro 主窗口内时，可选用该项设置。

(3) 如果希望子表单最大化时与主表单组合成一体，可设置表单的 MDIForm 属性为.T.；如果希望子表单最大化时仍留为一独立的窗口，可设置表单的 MDIForm.属性为.F.。

2. 建立浮动表单

浮动表单是由表单变化而来。

建立浮动表单的步骤如下。

(1) 用表设计器创建或编辑表单。

(2) 将表单的 ShowWindow 属性设置为以下值之一。

- “0-屏幕(默认)”：说明浮动表单的主表单将出现在 Visual FoxPro 主窗口中。
- “1-在顶层表单中”：说明当浮动窗口显示时，浮动表单的主表单将是活动的顶层表单。

(3) 将表单的 Desktop 设置为.T.。

3. 建立项层表单

建立顶层表单的步骤如下。

(1) 用表单设计器创建或编辑表单。

(2) 将表单的 ShowWindow 属性设置为“作为顶层表单”。

5.4.3 子表单的应用

如果所建立的子表单的 ShowWindow 属性设置为“在顶层表单”中，则不需要直接指定一顶层表单作为子表单的主表单；若是在子窗口出现时，Visual FoxPro 则需要指定成为该子表单的主表单。

如果要显示位于顶层表单中的子表单，则需要完成下列操作。

(1) 创建顶层表单。

(2) 在顶层表单的事件代码中包含 DO FORM 命令，指定要显示的子表单的名称。

例如，在顶层表单中建立一个按钮，然后在按钮的 Click 事件代码中包含如下命令：

```
Do Form MyChild
```

注意：

在显示子表单时，顶层表单必须是可视的、活动的。因此，不能使用顶层表单的 Init 事件来显示子表单。因为，此时顶层表单还未激活。

(3) 激活顶层表单，如有必要，触发用以显示子表单的事件。

5.4.4 隐藏 Visual FoxPro 主窗口

在运行顶层表单时，可能不希望 Visual FoxPro 主窗口是可视的，则可以使用应用程序对象的 Visible 属性按要求隐藏或显示 Visual FoxPro 主窗口，其具体步骤如下。

(1) 在表单的 Init 事件中包含下列代码行。

```
Application.Visible=.F.
```

(2) 在表单的 Destroy 事件中包含下列代码行。

```
Application.Visible=.T.
```

在某些方法程序或事件中，既可以使用 ThisForm..Release 命令关闭表单，也可以在配置文件中包含 Screen=Off，用以隐藏 Visual FoxPro 主窗口。

5.5 本章小结

本章内容首先介绍了表单设计器的使用及表单的创建；然后重点介绍了各种表单控件的使用及其常用的属性和方法；最后简单介绍支持 MDI 和 SDI 两种界面的三种类型表单。通过本章的学习，应能够设计出应用程序中的人机交互界面，满足应用程序中对数据的各种操作处理需求。

第6章　查询与视图

查询与视图是 Visual FoxPro 提供的两类查询工具，虽然用途有差异，但创建视图与创建查询的步骤非常相似。视图兼有表和查询的特点，查询可以根据表或视图定义，所以查询和视图以有很多交叉的概念和作用。

学习目标：

- 了解建立查询文件的方法
- 了解视图与表的关系
- 掌握视图的设计和使用方法

6.1　查　询

查询是从指定的表或视图中提取满足条件的记录，然后按照想得到的输出类型定向输出查询结果，如浏览器、报表、表、标签等。查询是以.PQR 为扩展名的形式储存在磁盘上的，其主体是 SQL Select 语句，另外还有和输出定向有关的语句。

6.1.1　建立查询文件

任意类型的查询文件都可以使用查询设计器建立。

【例 6-1】建立查询，查询“教师管理”数据库中职称为讲师的教师工资和授课情况。查询数据要求有职工号、姓名、职称、工资和课程号，查询结果按工资降序排列，查询结果保存在表 TEACHER.DBF 中。

1. 打开查询设计器

(1) 菜单方式

- 在“文件”菜单中选择“新建”命令，打开“新建”对话框。
- 选择“查询”单选按钮并单击“新建文件”图标按钮，打开查询设计器建立查询。

(2) 命令方式

使用 CREATE QUERY 命令打开查询设计器建立查询，命令格式如下。

```
CREATE  QUERY  [查询文件名 | ? ]
```

(3) 项目管理器方式

- 选择项目管理器的“数据”选项卡。
- 选择“查询”选项并单击“新建”命令按钮，打开查询设计器建立查询。

2. 添加表或视图

用以上 3 种方式打开查询设计器后，将弹出如图 6-1 所示的查询设计器“添加表或视图”对话框。

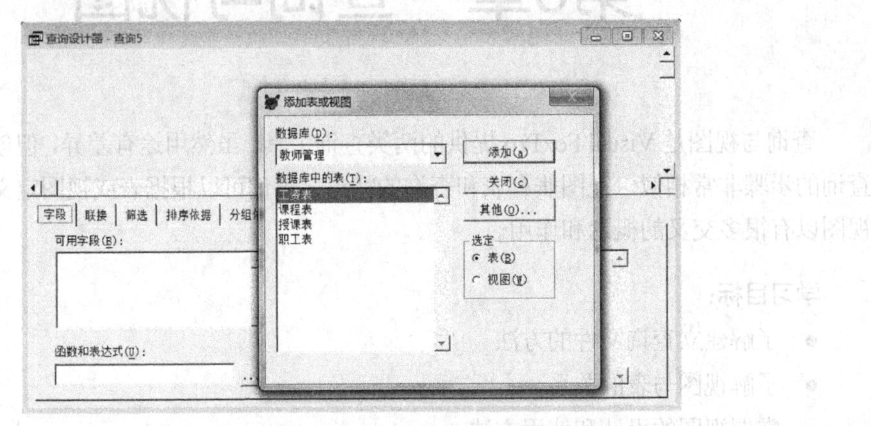

图 6-1　查询设计器“添加表或视图”对话框

在该对话框中，选择用于建立查询的职工表和授课表，单击“添加”按钮。单击“关闭”按钮，进入“查询设计器”窗口。如图 6-2 所示。

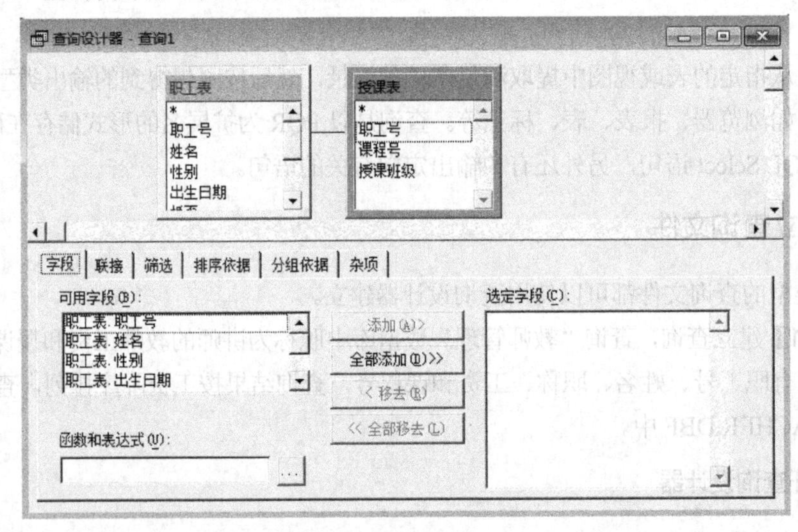

图 6-2　“查询设计器”窗口

“字段”选项卡给出了选择查询的数据项。数据项有两种情况，一种是表中的单独字段，另一种是包含表中字段的表达式，如图 6-3 所示。当查询的内容是表中的字段时，可直接在可用字段列表中选择需要的字段，再单击“添加”按钮，即将字段添加到选定字段列表中；如果选择全部字段，可直接单击“全部添加”按钮。当查询的内容由包含字段的表达式组成时，可单击函数和表达式文本框的“…”按钮，打开“表达式生成器”对话框，生成需要的表达式，然后单击“添加”按钮，将表达式添加到选定字段列表中。

在“字段”选项卡中分别选择职工表的职工号、姓名、职称、工资和授课表的课程号字段，添加到“选定字段”列表框中。

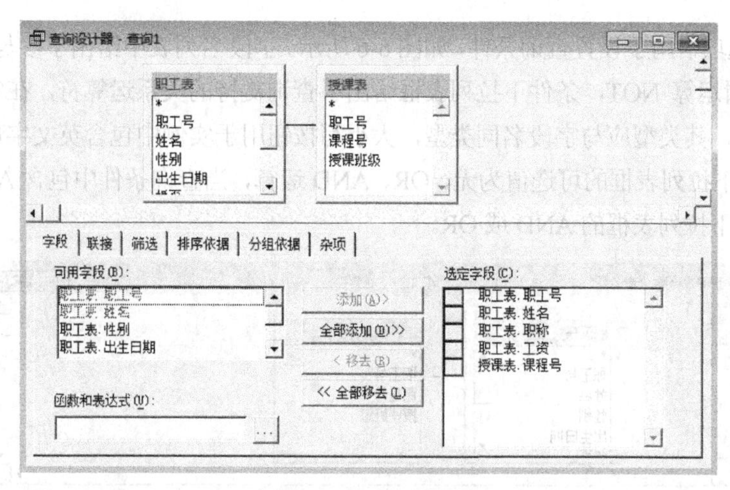

图 6-3 “字段”选项卡

“联接”选项卡用于两个以上表的查询。因为在开始建立查询时，在添加表的过程中就建立了联接，所以一般不需要设置，如图 6-4 所示。在查询涉及 3 个以上表时，注意添加表的顺序。联接可以通过单击如图 6-4 所示的“联接”选项卡中↔按钮，打开如图 6-5 所示的“联接条件”对话框进行修改。

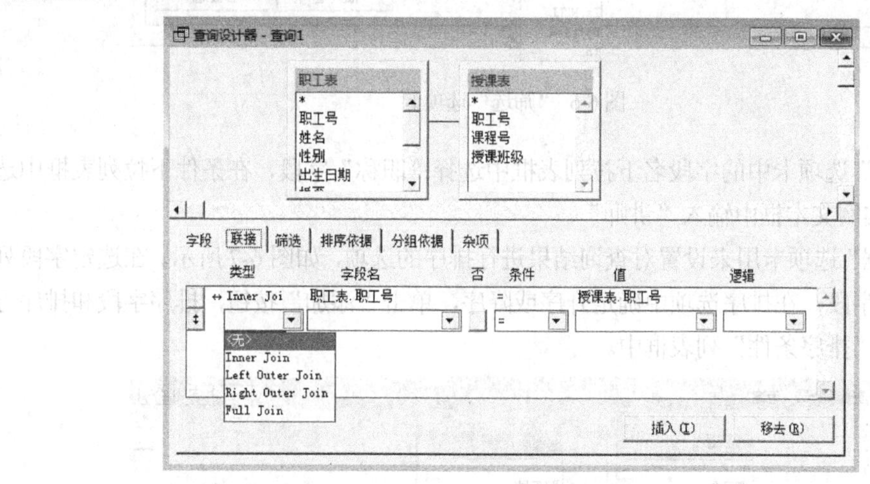

图 6-4 “联接”选项卡

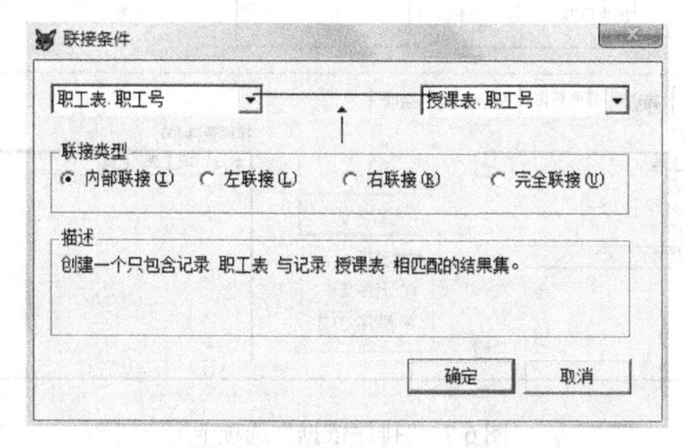

图 6-5 “联接条件”对话框

“筛选“选项卡用于设置查询条件，如图 6-6 所示。字段名列表中给出了参与条件的字段，“否”表示逻辑运算 NOT，条件下拉列表框给出了查询支持的关系运算符，在实例文本框中输入具体的值，其类型应与字段名同类型，大小写按钮用于实例中包含英文字母时是否区分大小写，逻辑下拉列表框的可选值为无、OR、AND 运算，当查询条件中包含 AND 或 OR 运算时，选择此下拉列表框的 AND 或 OR。

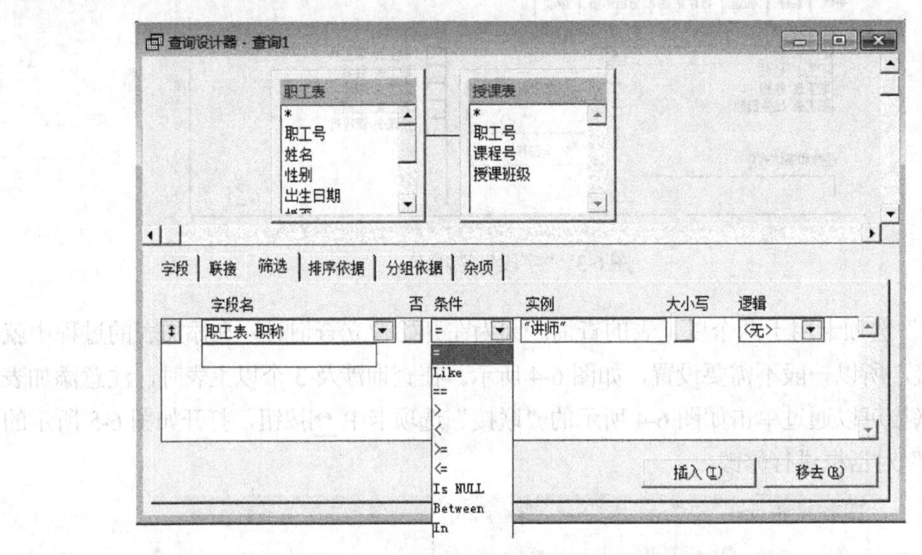

图 6-6 “筛选”选项卡

在“筛选”选项卡中的字段名下拉列表框中选择“职称”字段，在条件下拉列表框中选择“=”，在实例文本框中输入“讲师”。

“排序依据”选项卡用来设置对查询结果进行排序的选项，如图 6-7 所示。在选定字段列表中选择排序字段，在排序选项中确定升序或降序，单击“添加”按钮，排序字段和排序方式即可添加到“排序条件”列表框中。

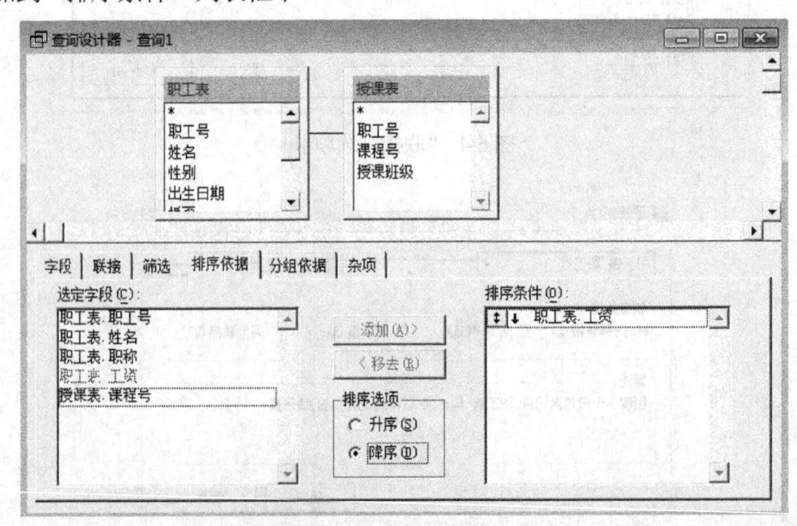

图 6-7 “排序依据”选项卡

在“排序依据”选项卡中选择排序字段“职工表.工资”，设置排序选项为降序，单击“添加”按钮，将排序字段添加到“排序条件”列表框中。

“分组依据”选项卡设置分组字段和分组需要满足的条件，如图 6-8 所示。在可用字段列表中选择用于分组的字段，单击“添加”按钮，用于分组的字段添加到“分组字段”列表框中。“满足条件”按钮用于设置分组需要满足的条件，单击“满足条件”按钮，显示如图 6-9 所示的“满足条件”对话框。“满足条件”对话框的操作与“筛选”选项卡相似，操作方法相同，只是目的不同。筛选用于限制查询的条件，满足条件用于限制分组结果中需要的内容。

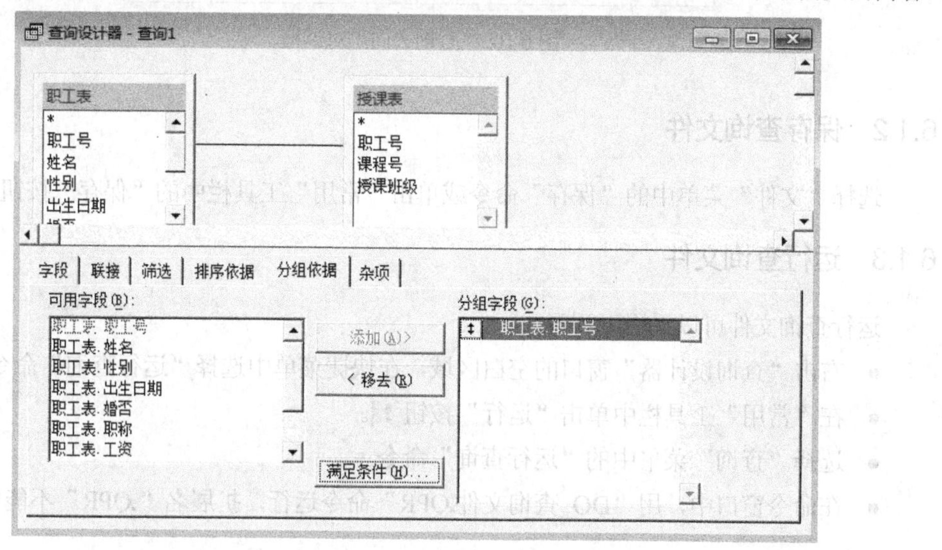

图 6-8 “分组依据”选项卡

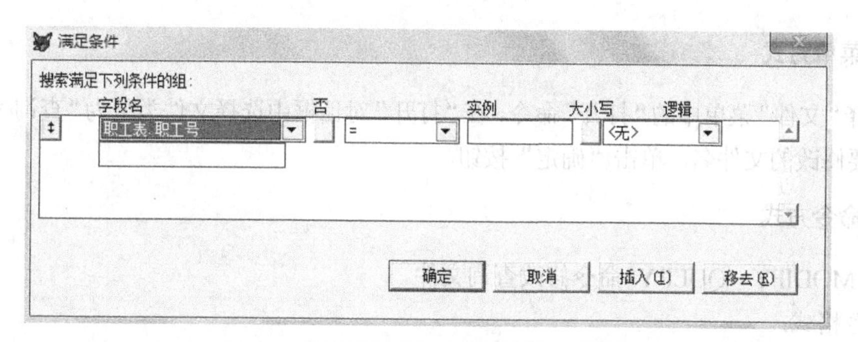

图 6-9 分组依据中的“满足条件”对话框

在“分组依据”选项卡中，从字段名列表中选择分组字段“职工表.职工号”，将其添加到分组字段列表中。

输出去向用来对查询结果进行处理。默认情况下，输出去向是浏览。如果采用其他方式作为输出去向时，则需要作相应的设置。

右击查询设计器的空白处，在弹出的快捷菜单中选择“输出设置”命令，显示如图 6-10 所示的“查询去向”对话框。单击“表”图标按钮，在表名文本框中输入 Teacher，单击“确定”按钮完成输出去向的设置。

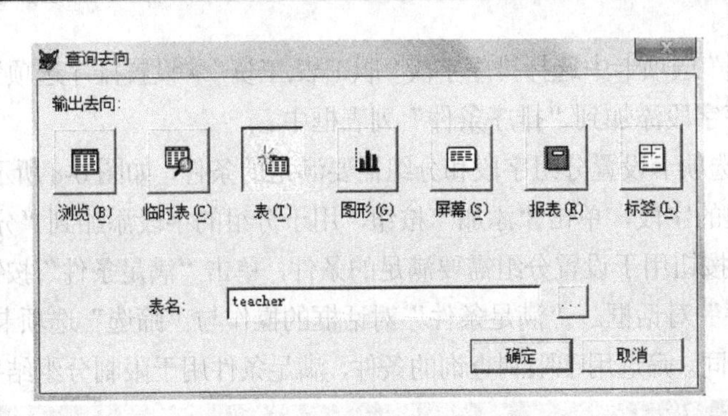

图 6-10 “查询去向”对话框

6.1.2 保存查询文件

选择“文件”菜单中的“保存”命令或单击“常用”工具栏中的“保存”按钮。

6.1.3 运行查询文件

运行查询文件可以采用下列形式。

- 右击“查询设计器”窗口的空白区域，在快捷菜单中选择“运行查询”命令。
- 在“常用”工具栏中单击“运行”按钮 ! 。
- 选择“查询”菜单中的“运行查询”命令。
- 在命令窗口中，用“DO 查询文件.QPR”命令运行，扩展名“.QPR”不能省略。

6.1.4 修改查询文件

1. 菜单方式

选择“文件”菜单中的“打开”命令，在“打开”对话框中选择文件类型为“查询(*.qpr)”，并选择要修改的文件名，单击“确定”按钮。

2. 命令方式

用 MODIFY QUERY 命令修改查询文件。

命令格式:

```
MODIFY  QUERY 查询文件名.QPR              &&扩展名可以省略
```

6.2 视　　图

视图是从一个表或多个表或其他视图上导出的表。视图是属于数据库的，所以在建立视图之前必须先打开相应的数据库。视图的数据通常从已有的数据库表或其他视图中抽取得来。如果在视图中含有取自远程数据源的数据，则该视图为远程视图；否则为本地视图。

创建和使用视图一般有两种途径：使用由 SQL 移植过来的命令；通过视图设计器的界面操作。

本节主要介绍使用这两种途径来建立和使用本地视图。

6.2.1　使用命令操作本地视图

1. 建立视图

命令格式：

```
CREATE  VIEW 视图名 [(<列名>[, <列名>]. . . . . . )]AS <SELECT 语句>
```

其中，SELECT 语句可以是任意 SELECT 查询语句，但通常不含有 ORDER BY 子句和 DISTINCT 短语。视图的字段或者是由属性列名全定部指或者是由 SELECT 语句中的字段组成。

2. 修改视图

命令格式：

```
MODIFY  VIEW  视图名
```

3. 删除视图

命令格式：

```
DROP  VIEW  视图名
```

或

```
DELETE  VIEW  视图名
```

4. 重命名视图

命令格式：

```
RENAME  VIEW  原视图名  TO  新视图名
```

6.2.2　使用视图设计器建立本地视图

视图与查询一样都是以 SQL SELECT 语句为基础的。视图可以通过对产生视图的表更新条件的设置，对数据源进行更新。视图的结果保存在数据库中。

在建立视图之前，应该注意视图将要存在的数据库作为当前数据库打开。使用视图设计器建立视图有以下两种方式。

1. 菜单方式

(1) 选择“文件”菜单中的“新建”命令，或单击“常用”工具栏中的“新建”按钮，打开“新建”对话框。

(2) 然后选择“视图”单选按钮并单击“新建文件”图标按钮，打开视图设计器，建立视图。

2. 命令方式

使用 CREATE VIEW 命令，打开“视图设计器”建立视图。

【例 6-2】利用“视图设计器”，根据“教师管理.DBC”数据库创建一个多表本地视图“授课视图”，视图中包括职工号、姓名、职称、课程号和课程名。

(1) 打开数据库中“教师管理.DBC”，进入数据库设计窗口。

(2) 打开“视图设计器”，并同时打开“添加表或视图”对话框。如图 6-11 所示。

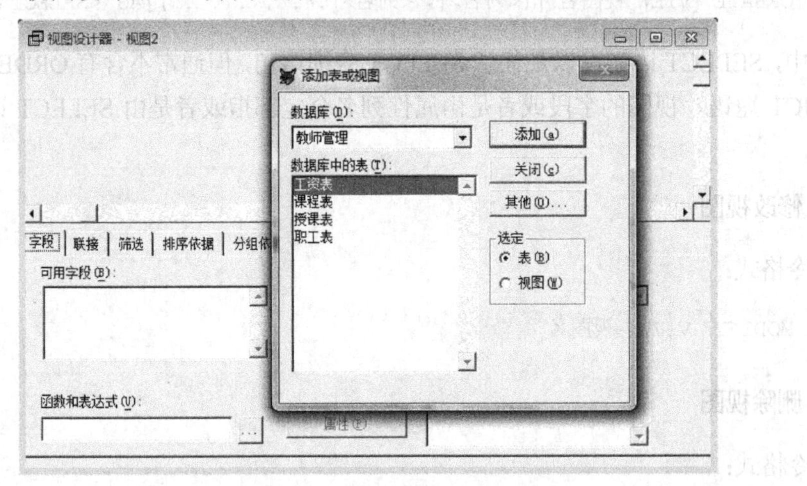

图 6-11　“添加表或视图”对话框

(3) 将数据库“教师管理.DBC”中的“职工表.DBF”、“授课表.DBF”和“课程表.DBF”添加到“视图设计器”中。单击“关闭”按钮，退出“添加表或视图”对话框，返回“视图设计器”窗口。

(4) 在“视图设计器”窗口的“字段”选项卡中的“可用字段”列表框中，将“职工号”、“姓名”、“职称”、“课程号”和“课程名”字段移到“选定字段”列表框中。如图 6-12 所示。

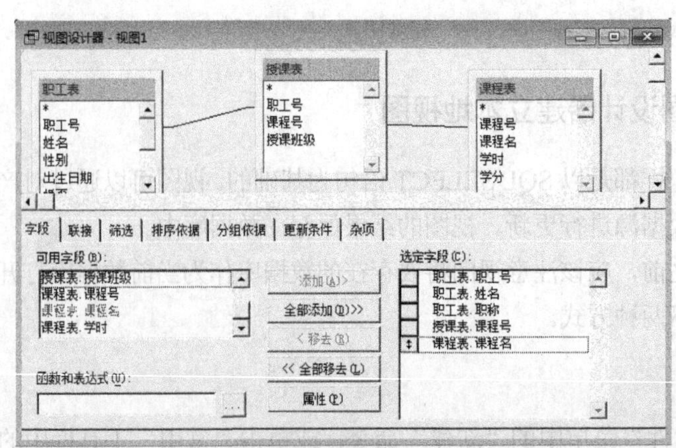

图 6-12　为视图选定字段

(5) 在“视图设计器”窗口中单击“联接”选项卡，对联接条件进行设置。如图6-13所示。

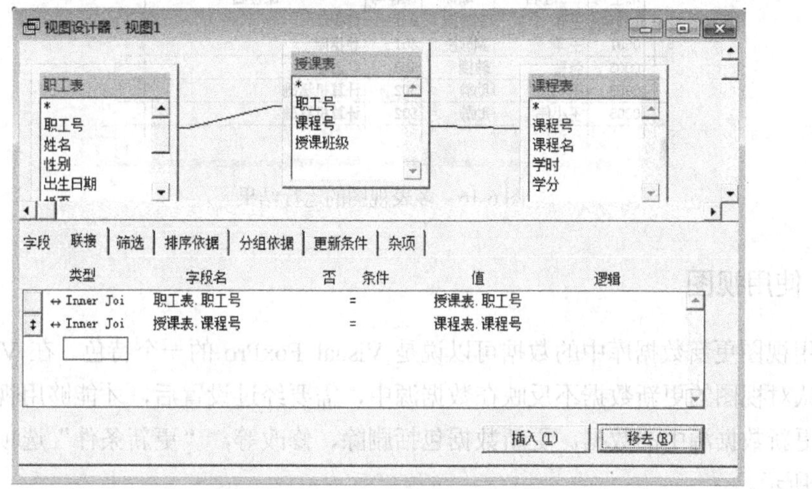

图6-13 为视图设置联接条件

(6) 关闭“视图设计器”，将“视图1”保存为“授课视图”。

(7) 返回“数据库设计器”窗口，出现了名为“授课视图”的视图。如图6-14所示。

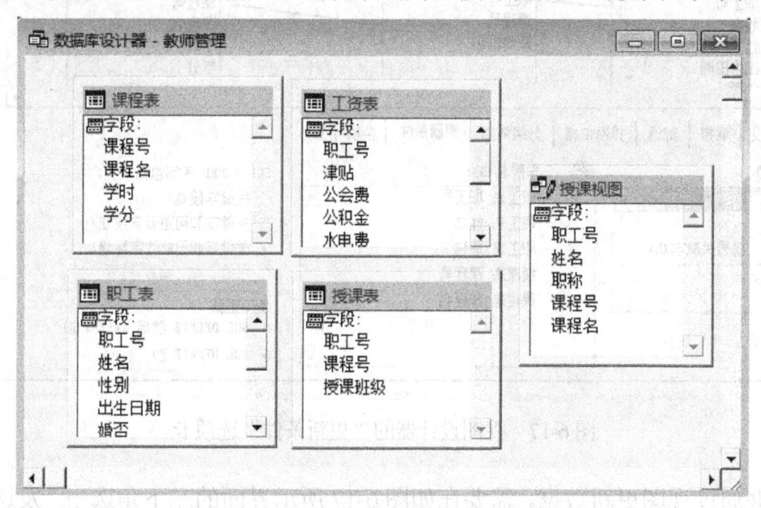

图6-14 添加了视图的数据库

单击“视图设计器”上的SQL按钮，显示如图6-15所示的SELECT语句。

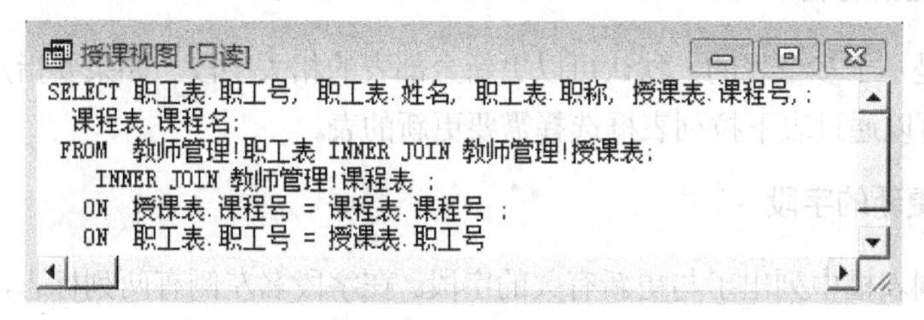

图6-15 SELECT语句

双击“授课视图”的任意处来运行它，得到如图6-16所示的结果。

授课视图

职工号	姓名	职称	课程号	课程名
0001	王洋	副教授	601	数据库
0001	王洋	副教授	601	数据库
0003	张敏	教授	403	C语言
0005	王小伟	助教	502	计算机基础
0005	王小伟	助教	502	计算机基础

图 6-16　多表视图的运行结果

6.2.3　使用视图

使用视图更新数据库中的数据可以说是 Visual FoxPro 的一个特色。在 Visual FoxPro 中，默认对视图的更新数据不反映在数据源中，需要经过设置后，才能够用视图中修改了的数据更新数据源中的数据。更新数据包括删除、修改等，“更新条件”选项卡的内容如图 6-17 所示。

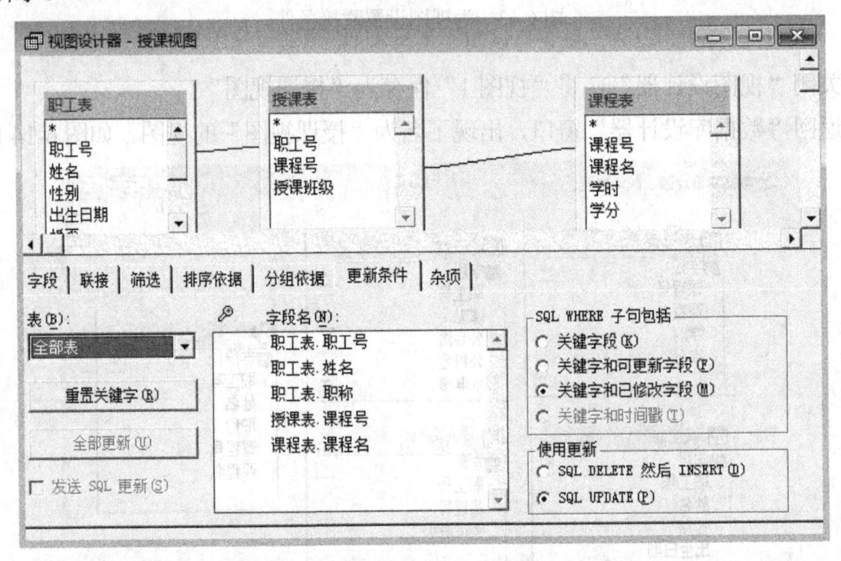

图 6-17　视图设计器的“更新条件”选项卡

为了能够通过视图更新数据，需要在如图 6-17 所示界面的左下角选中“发送 SQL 更新”复选框。下面参照默认更新属性的设置，介绍与更新属性有关的几个问题。

1. 指定可更新的表

如果视图是基于多个表的，默认可以更新全部表的相关字段。如果要指定只能更新某个表的数据，则可以通过表下拉列表框选择需要更新的表。

2. 指定可更新的字段

在字段名列表框中列出了与更新有关的字段。在字段名左侧有两列标志，按钮表示关键字，按钮表示更新。通过单击相应列按钮可以改变相关的状态，默认可以更新所有非关键字字段，并且通过基本表的关键字完成更新。

视图不但可以用来显示和更新数据，而且还可以通过调整它的属性来提高性能。

视图一经建立就可像表一样使用。适用于表的命令基本都可以用于视图。例如，在视图上也可以建立索引但索引是临时的，视图一关闭，索引自动删除。视图不可以用 MODIFY STRUCTURE 命令修改结构，因为视图毕竟不是独立存在的表，它是由表派生出来的，可以通过修改视图的定义来修改视图。

6.3 本章小结

查询与视图是为快速、方便地使用数据库提供数据的一种方法。使用它们，可以提取或更新数据库中的数据，尤其是多表信息的显示、更新和编辑。本章介绍了查询与本地视图的创建和使用方法。通过本章的学习，用户可掌握灵活的查询手段，了解视图与表的关系，掌握视图的设计和使用方法。

第7章　报　表

报表是数据库应用系统常用的输出形式。Visual FoxPro 提供的报表设计器，兼有设计、显示和打印报表的功能。

学习目标：

- 了解向导建立报表的方法
- 了解报表设计器的使用方法
- 了解报表的输出

7.1　建立报表

建立报表就是定义报表的数据源和数据布局。利用“报表设计器”和“报表向导”可以方便地建立不同风格的报表，而使用“快速报表”则能迅速地建立报表。

本节以“职工表.DBF”为例，介绍通过快速报表和使用报表向导这两种方式建立报表的过程。

7.1.1　快速报表

利用“快速报表”功能可以快速生成常用格式的报表，这是建立报表最快捷的方法。

打开“报表设计器”可以使用菜单方式和命令方式。

1. 命令

```
CREATE REPORT [<报表文件名> | ? ]
```

2. 菜单方式

(1) 在“文件”菜单中选择“新建”命令，在“新建”对话框中选择“报表”单选按钮，再单击“新建文件”图标按钮。

(2) 使用“快速报表”功能建立报表。

按上述任意一种方法打开如图 7-1 所示的“报表设计器”窗口。

在“报表”菜单中选择“快速报表”命令，并从弹出的“打开”对话框中选择一个表来指定报表数据源。例如，选择“职工表.DBF”表，打开“快速报表”对话框，如图 7-2 所示。

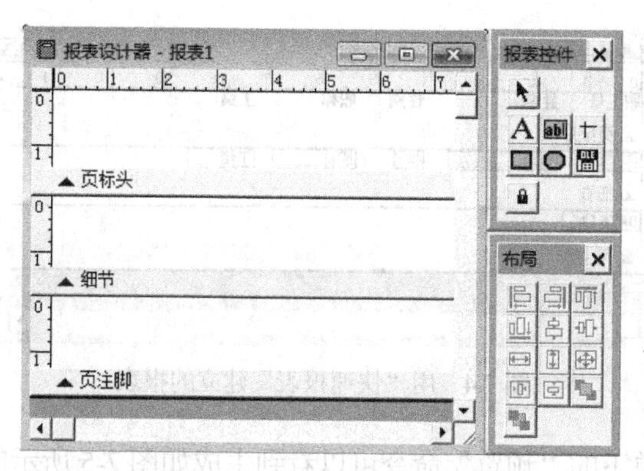

图 7-1 “报表设计器”窗口

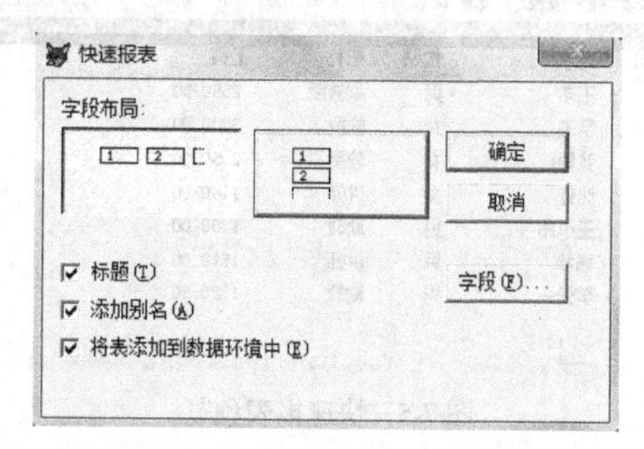

图 7-2 “快速报表”对话框

在“快速报表”对话框中选定字段和字段布局，默认全部字段都出现在报表中。可以单击“字段”按钮来选择部分字段。在弹出的“字段选择器”对话框中，从“所有字段”列表框中选择报表中需要的字段添加到“选定字段”列表框中，如图 7-3 所示。单击“确定”按钮，返回“快速报表”对话框。默认布局是表格方式(列式)即水平排列，也可以选择记录方式(行式)即垂直排列。

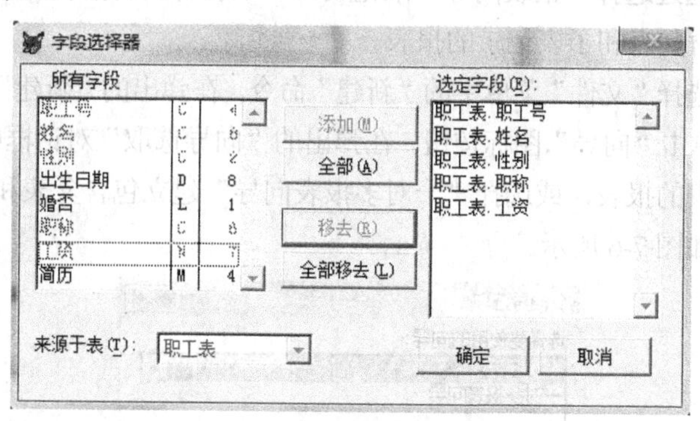

图 7-3 “字段选择器”对话框

单击“快速报表”对话框中的“确定”按钮，即完成了快速报表的建立。快速报表建立后的报表设计器如图 7-4 所示。

报表设计器中的“页标头”是每页的表头，在“页标头”中的是字段名；“细节”是报表的内容，在“细节”中的是字段值；“页注脚”是每页的注脚，通常包括打印报表的日期等，在“页注脚”中的是日期函数。

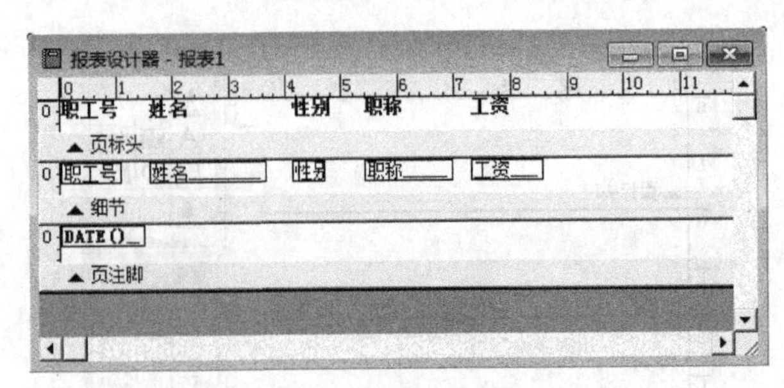

图 7-4　用“快速报表”建立的报表

单击“显示”菜单下的“预览”命令可以看到生成如图 7-5 所示的报表样式。

报表设计器 - 报表1 - 页面 1

职工号	姓名	性别	职称	工资
0001	王洋	男	副教授	2550.50
0002	李杰	女	教授	3800.00
0003	张敏	女	教授	2950.00
0004	张红	女	讲师	1480.00
0005	王小伟	男	助教	1300.00
0006	杨林	男	讲师	1510.00
0007	李天一	男	助教	1320.50

图 7-5　快速报表预览

报表文件以后缀名.FRX 存储到磁盘中，同时还生成了一个报表备注文件.FRT。

7.1.2　使用报表向导建立报表

报表初学者可选择创建报表的最简单途径——“报表向导”来设计报表，相比“快速报表”所建立的报表，“报表向导”建立的报表可有更多的格式，也更加美观。

报表向导可以通过选择“报表向导”来完成与一个表有关的报表，也可以选择“一对多报表向导”完成包含父表和子表记录的报表。

建立报表时，选择“文件”菜单中的“新建”命令，在弹出的“新建”对话框中选择“报表”单选按钮，并单击“向导”图标按钮。在弹出的“向导选取”对话框中选择“报表向导”建立基于单个数据表的报表，或选择“一对多报表向导”建立包含父表和子表的报表，并单击“确定”按钮，如图 7-6 所示。

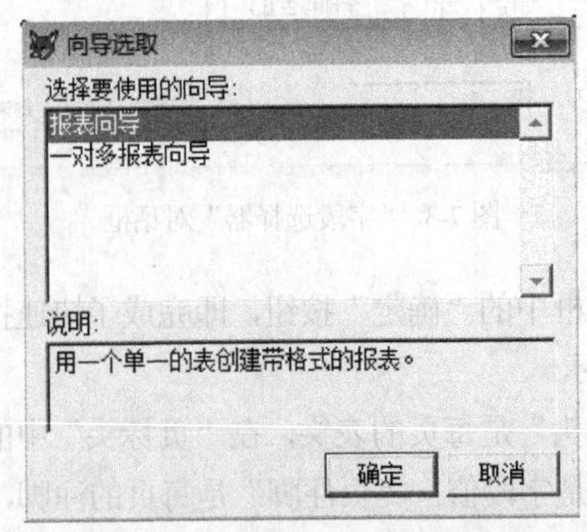

图 7-6　“向导选取”对话框

1. 报表向导

以“职工表.DBF”为例介绍使用报表向导建立报表的过程，具体步骤如下。

(1) 字段选取。首先在“数据库和表”下拉列表框中选取一个自由表或数据库中的表或视图，如选择“职工表”；然后在“可用字段”列表框中选取需要的字段，使用“添加”按钮▶添加到“选定字段”列表框中。若需要全部选择，可以使用“全部添加”按钮▶▶，如选择职工号、姓名、性别、出生日期、职称、工资字段等。如图7-7所示，单击“下一步”按钮进入如图7-8所示的对话框。

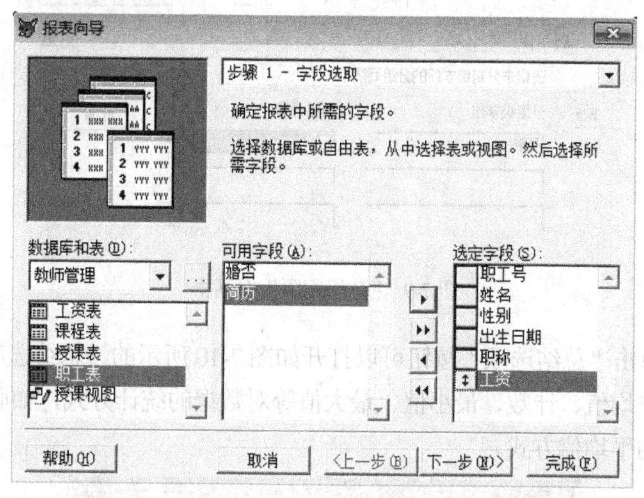

图7-7 步骤1-字段选取

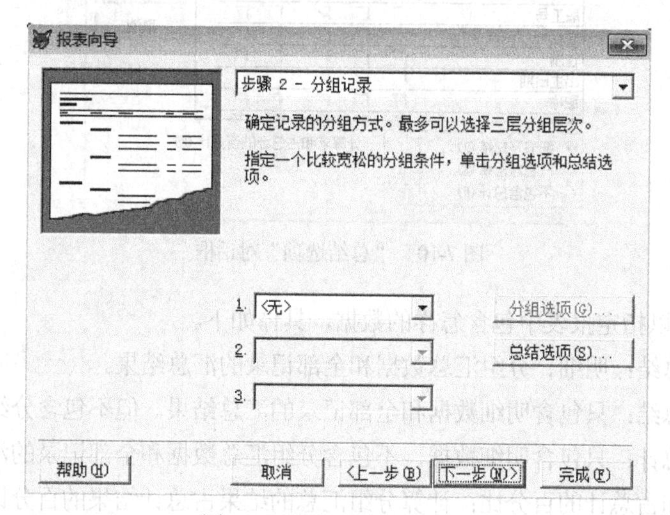

图7-8 “分组记录”对话框

(2) 分组记录。如果没有分组需求，直接单击“下一步”按钮进入如图7-8所示的对话框。

记录分组方式根据需要来设定，最多可以选择3层分组层次。单击如图7-8所示的下拉列表框选择分组字段(如职称字段)，单击“分组选项”按钮可以打开如图7-9所示的“分组间隔”对话框。从中可以选择是按整个字段分组，还是按字段值的前几个字母进行分组。

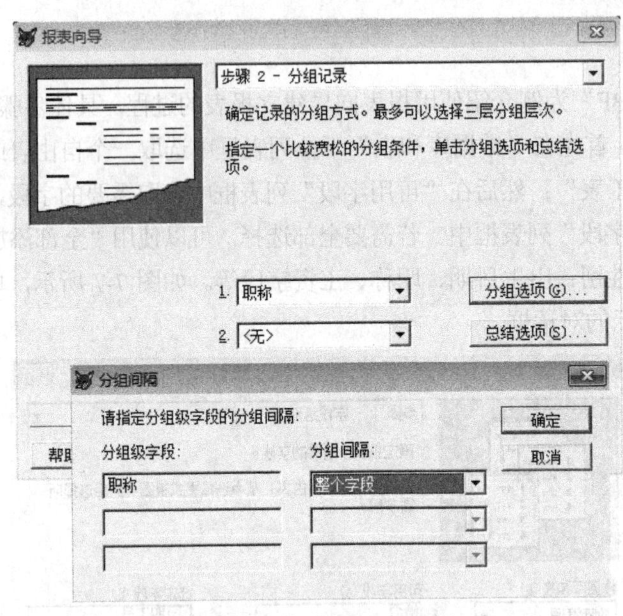

图 7-9 “分组间隔”对话框

在图 7-8 中单击“总结选项”按钮可以打开如图 7-10 所示的“总结选项”对话框。从中可以选择求和、平均值、计数、最小值、最大值等对数据的统计方式，如职工号字段的计数方式、工资字段的平均值方式。

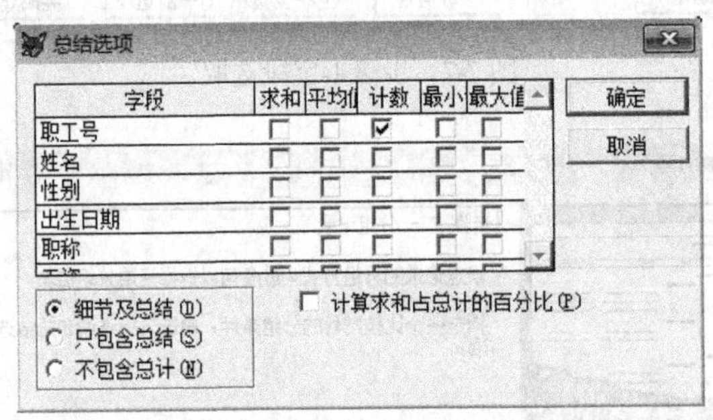

图 7-10 “总结选项”对话框

另外，还可以指定报表中包含怎样的数据，具体如下。

- 细节及总结：明细、分组汇总数据和全部记录的汇总结果。
- 只包含总结：只包含明细数据和全部记录的汇总结果，但不包含分组汇总数据。
- 不包含总计：只包含明细数据，不包含分组汇总数据和全部记录的汇总结果。
- 计算求和占总计的百分比：计算分组汇总的结果占总计结果的百分比。

(3) 选择报表样式。在如图 7-11 所示的对话框中，通过选择“样式”模板确定报表的布局。

(4) 定义报表布局。在如图 7-12 所示的对话框中，可以定义报表输出方向，默认是纵向；可以定义字段布局为按列或行布局，列布局中，字段与其数据在同一列中，而行布局中，字段与其数据在同一行中；还可以定义列数，默认是 1，当列数大于 1 时，可以实现报表的多栏输出。

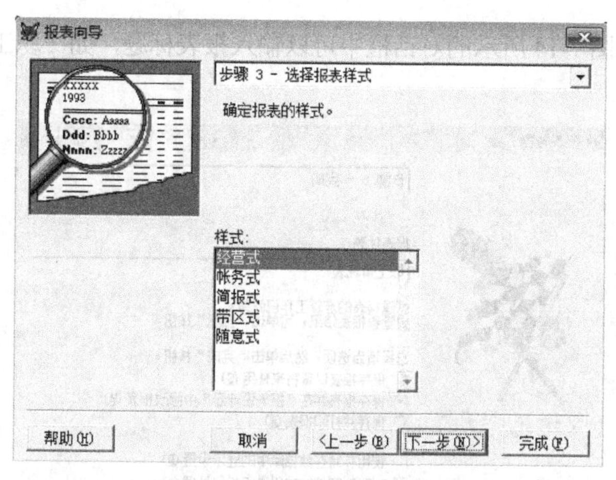

图7-11 步骤3-选择报表样式

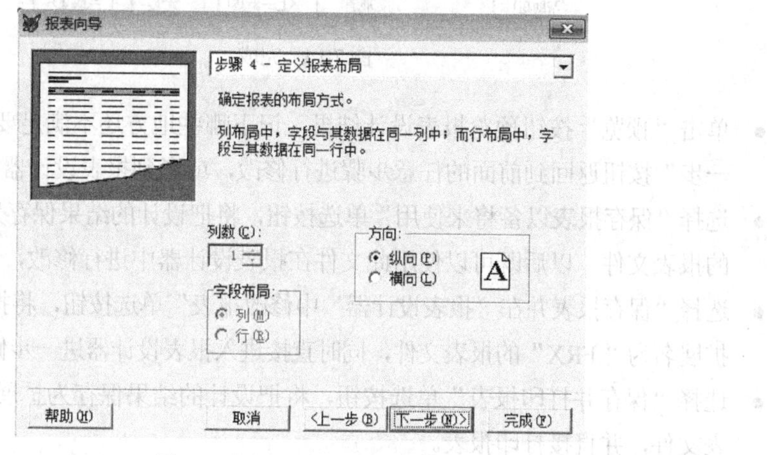

图7-12 步骤4-定义报表布局

(5) 排序记录。在如图7-13所示的对话框中，可以从“可用的字段或索引标识”列表框中选择排序字段，单击“添加”按钮将选择的排序字段添加到“选定字段”列表框中，还可以指定排序方式为升序或降序。例如，选择“姓名”为排序字段，排序方式为“升序”。

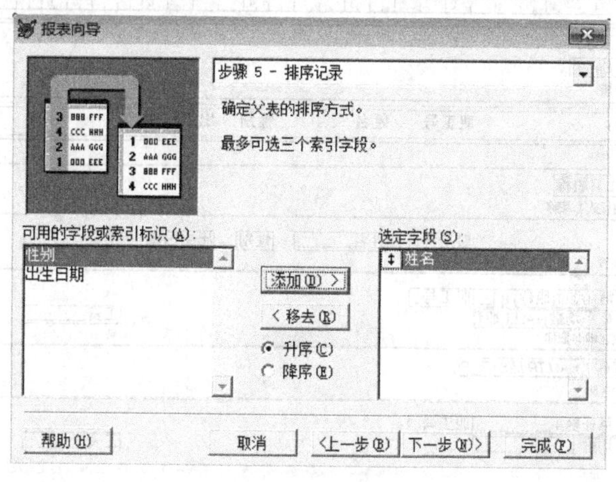

图7-13 步骤5-排序记录

(6) 完成。在如图 7-14 所示的对话框中可以输入报表标题，如“职工情况表”，还可以选择下列操作。

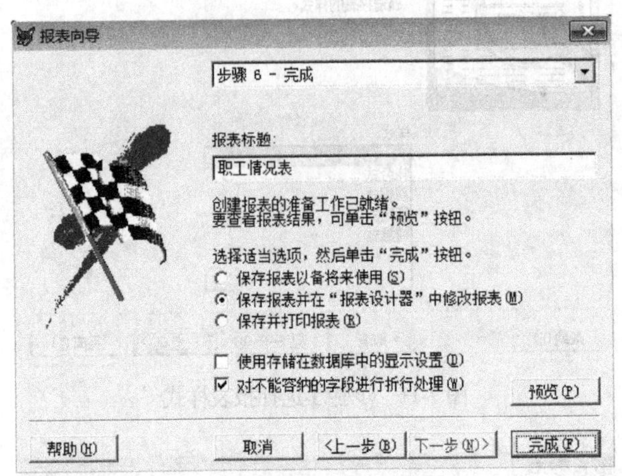

图 7-14　完成

- 单击“预览”按钮预览报表设计结果，记下哪些地方还不满足要求。然后单击“上一步”按钮返回到前面的任意步骤进行修改，或者到报表设计器中进行修改。
- 选择“保存报表以备将来使用”单选按钮，将把设计的结果保存为扩展名为“.FRX”的报表文件，以后既可以使用此文件在报表设计器中进行修改，也可以打印报表。
- 选择“保存报表并在‘报表设计器’中修改报表”单选按钮，将把设计的结果保存为扩展名为“.FRX”的报表文件，同时直接进入报表设计器进一步修改报表的布局等。
- 选择“保存并打印报表”单选按钮，将把设计的结果保存为扩展名为“.FRX”的报表文件，并直接打印报表。
- 最后，单击图 7-14 对话框中的“完成”按钮，即完成了用报表向导建立报表的任务，结果保存在一个扩展名为“.FRX”的报表文件中。
- 报表向导建立的报表如图 7-15 所示。用报表向导建立的报表预览图如图 7-16 所示。

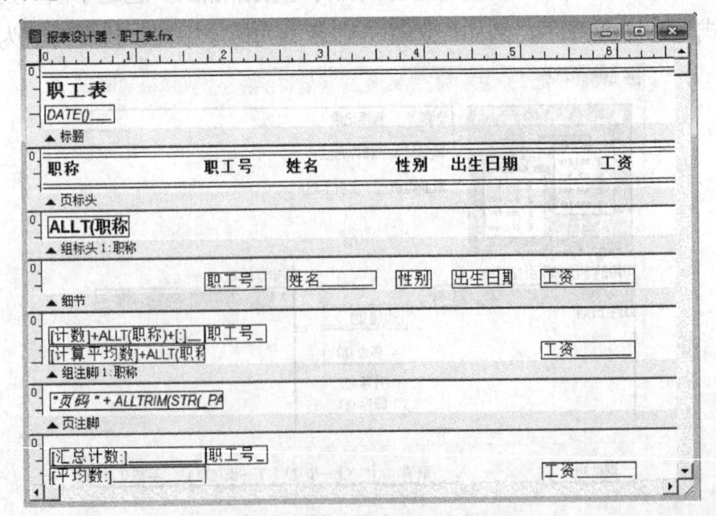

图 7-15　用报表向导建立的报表

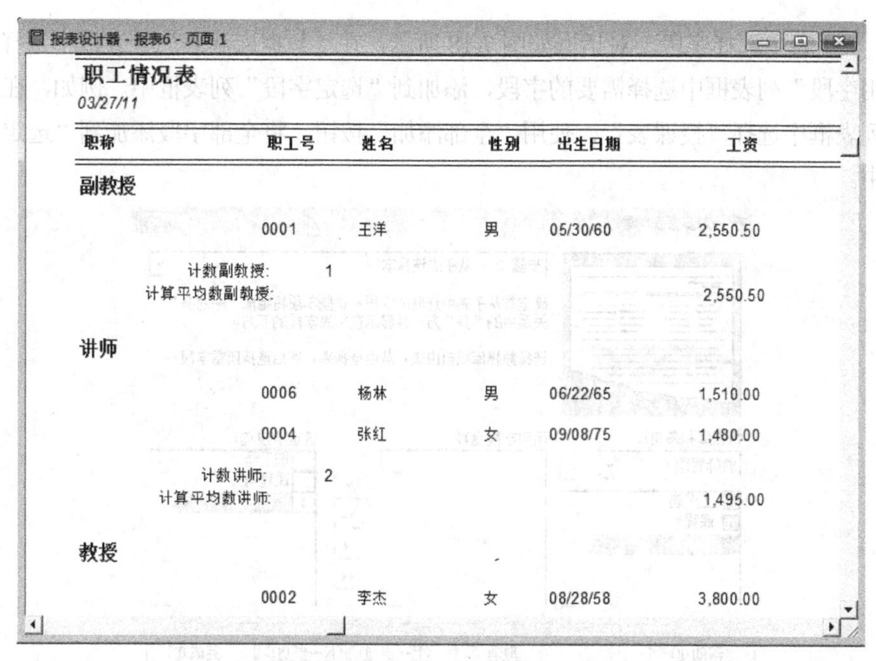

图 7-16 用报表向导建立的报表预览图

2. 一对多报表向导

一对多报表向导和报表向导不同的是，在开始选择表时需要选择相互关联的两个表(父表及其字段，子表及其字段)；确定联接字段为父表和子表建立关联；联接字段在父表中的值不能重复，在子表中的值可以重复。

以“职工表.DBF”和“授课表.DBF”为例介绍使用一对多报表向导建立报表的过程。

(1) 从父表选择字段。在“向导选取”对话框中选择“一对多报表向导”选项，单击“确定”按钮后，打开如图 7-17 所示的对话框。在“数据库和表”列表框中选择父表，在“可用字段”中选择报表中需要的字段，单击“添加”按钮▸，将选择的字段添加到“选定字段”列表框中；也可以直接单击“全部添加”按钮▸▸，将所有字段添加到“选定字段”列表框中。例如，将“职工表”中的职工号、姓名、性别字段分别添加到“选定字段”列表框中。

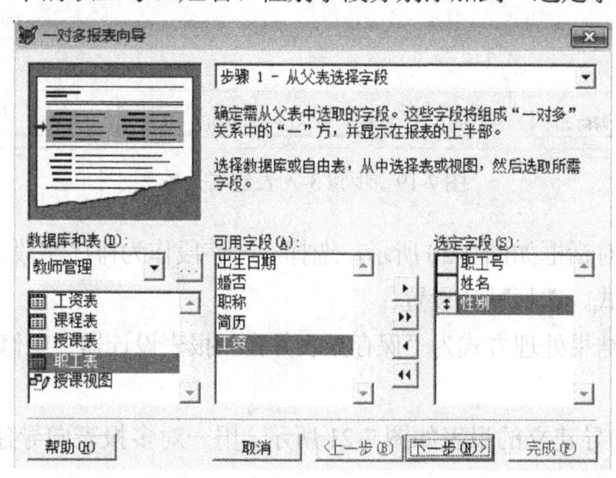

图 7-17 步骤 1-从父表选择字段

(2) 从子表中选择字段。对话框如图 7-18 所示，在“数据库和表”列表框中选择子表，在“可用字段”列表框中选择需要的字段，添加到“选定字段”列表框中。例如，在“数据库表”列表框中选择“授课表”，使用“全部添加”按钮，将全部字段添加到“选定字段”列表框中。

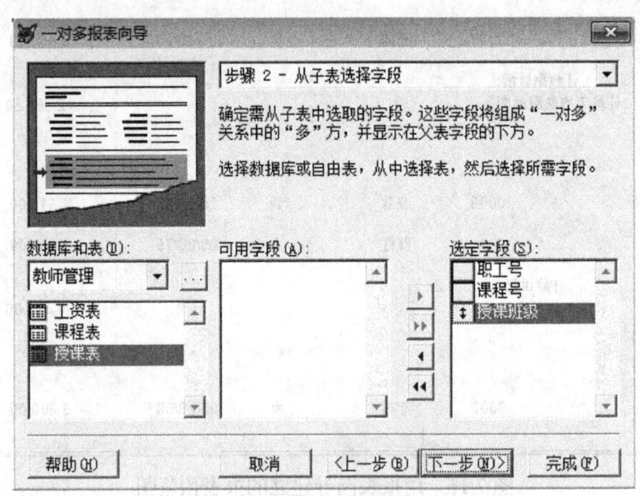

图 7-18　步骤 2-从子表中选择字段

(3) 为表建立关系。对话框如图 7-19 所示，如果在建立数据时已建立了关系，此时应该使用默认的关系；否则需要选择两个表之间的匹配字段。

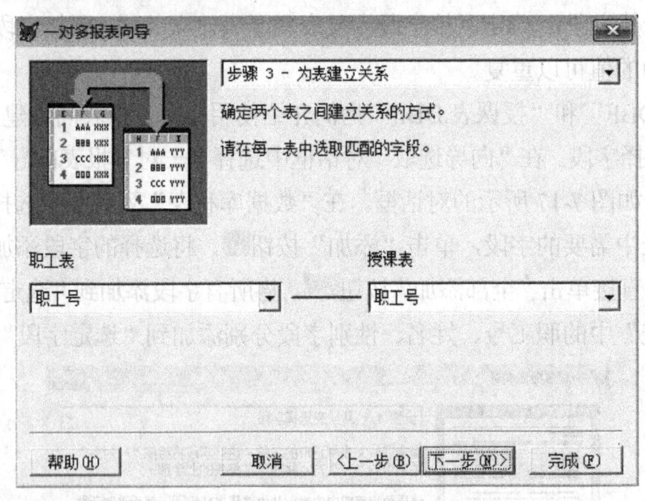

图 7-19　步骤 3-为表建立关系

(4) 排序记录。对话框如图 7-20 所示，选择学号字段作为排序字段。

(5) 选择报表样式。选择默认设置。

(6) 完成。选择结果处理方式为“保存报表并在‘报表设计器’中修改报表”单选按钮，单击“确定”按钮。

用一对多报表向导建立的报表如图 7-21 所示。用一对多报表向导建立的报表预览图如图 7-22 所示。

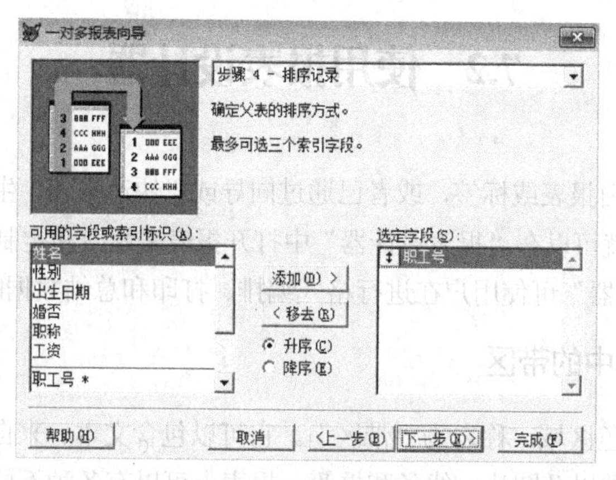

图 7-20　步骤 4-排序记录

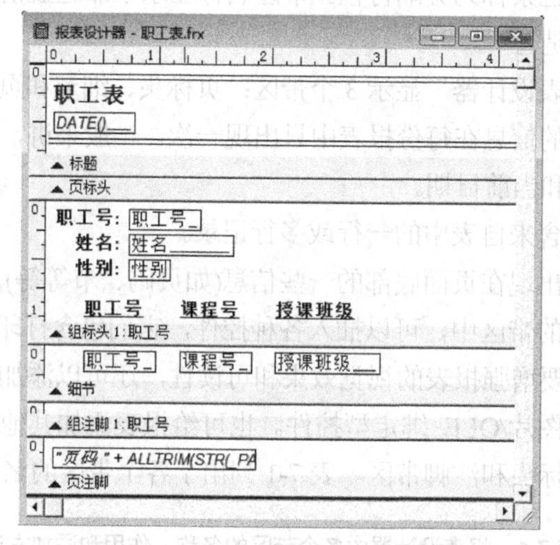

图 7-21　一对多报表向导建立的报表

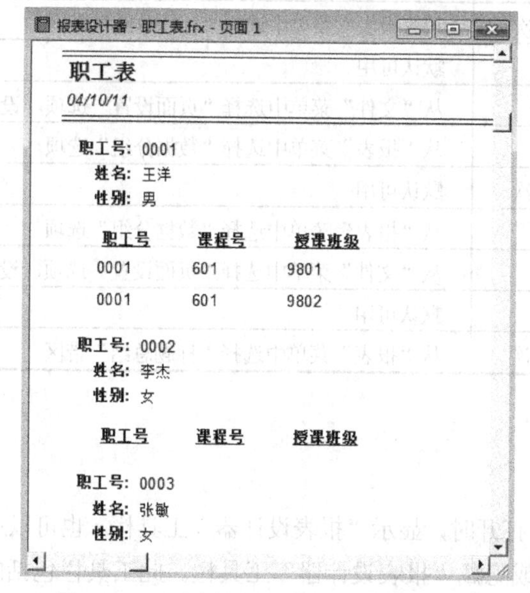

图 7-22　一对多报表向导建立的报表预览图

7.2　使用报表设计器

如果已有一个空白报表或标签，或者已通过向导或“快速报表”生成了一个不算很符合要求的报表，下一步就可以在“报表设计器”中打开报表来修改和定制其布局。使用 Visual FoxPro 的“报表设计器”可使用户在进行格式编排、打印和总结数据时获取最大的灵活性。

7.2.1　报表设计器中的带区

报表中的每个白色区域，称之为“带区”。它可以包含文本、来自表字段中的数据、计算值、用户自定义函数以及图片、线条和框等。报表上可以有各种不同类型的带区。

每一带区底部的灰色条称为分隔符栏。带区名称显示于靠近蓝箭头的栏，蓝箭头指示该带区位于栏之上，而不是之下。

默认情况下，“报表设计器”显示 3 个带区：页标头、细节和页注脚。

页标头带区：包含的信息在每份报表中只出现一次。一般来讲，出现在报表标头中的项包括报表标题、栏标题和当前日期。

细节带区：一般包含来自表中的一行或多行记录。

页注脚带区：包含出现在页面底部的一些信息(如页码、节等等)。

在“报表设计器”的带区中，可以插入各种控件，它们包含打印的报表中所需的标签、字段、变量和表达式。要增强报表的视觉效果和可读性，还可以添加直线、矩形以及圆角矩形等控件。也可以包含图片/OLE 绑定型控件。也可给报表添加其他带区，报表也可能有多个分组带区或者多个列标头和注脚带区。表 7-1 列出了各个带区的名称、作用和添加方法。

表 7-1　报表设计器中各个带区的名称、作用和添加方法

带区名称	作　用	添加带区方法
标题	每报表一次	从“报表”菜单中选择“标题总结”带区
页标头	每页一次	默认可用
列标头	每列一次	从“文件”菜单中选择“页面设置”选项，设置“列数”>1
组标头	每组一次	从“报表”菜单中选择“数据分组”选项
细节	每记录一次	默认可用
组注脚	每组一次	从“报表”菜单中选择“数据分组”选项
列注脚	每列一次	从“文件”菜单中选择“页面设置”选项，设置“列数”>1
页注脚	每页一次	默认可用
总结	每报表一次	从“报表”菜单中选择“标题总结”带区

7.2.2　报表工具栏

当“报表设计器”打开时，显示“报表设计器”工具栏。也可以选择“显示”菜单中的“工具栏”命令来显示或隐藏“报表设计器”工具栏。此工具栏包括的按钮及说明如表 7-2 所示。

表7-2 “报表设计器”工具栏

按钮	名称	说明
	数据分组	显示“数据分组”对话框，从中可以创建数据组并指定其属性
	数据环境	显示“数据环境设计器”窗口，为报表设计数据环境，与表单的数据环境类似
	报表控件工具栏	显示或隐藏报表控件工具栏
	调色板工具栏	显示或隐藏调色板工具栏
	布局工具栏	显示或隐藏布局工具栏

“报表控件”工具栏提供了建立报表时需要的控件，可以选择“显示”菜单中的“报表控件工具栏”命令，或单击“报表设计器”工具栏中的“报表控件工具栏”按钮来显示或隐藏“报表控件”工具栏。此工具栏包括的按钮及说明如表7-3所示。

表7-3 “报表控件”工具栏

按钮	名称	说明
	选定对象	移动或更改控件的大小。在创建了一个控件后，会自动选定“选定对象”按钮，除非按下了“按钮锁定”按钮
A	标签	创建一个标签控件，用于保存不希望用户改动的文本，如复选框上面或图形下面的标题
abl	域控件	创建一个字段控件，用于显示表字段、内存变量或其他表达式的内容
	线条	设计时用于在表单上画各种线条样式
	矩形	用于在表单上画矩形
	圆角矩形	用于在表单上画椭圆和圆角矩形
	图片/ActiveX绑定控件	用于在表单上显示图片或通用数据字段的内容
	按钮锁定	允许添加多个同种类型的控件，而无须多次按此控件的按钮

每种控件对应报表中的不同对象。通过选择不同类型的控件设计报表的布局，能够制作出美观、实用的报表。

下面列出常用的标签控件和域控件的添加方法。

1. 添加标签控件

添加标签控件的具体步骤如下。

- 在“报表控件”工具栏中单击“标签”按钮。
- 在报表设计器中要添加标签控件的带区的适当位置单击。
- 输入在报表中要显示的文字。
- 选定输入的文字或标签控件，然后选择“格式”菜单中的“字体”命令，从打开的“字体”对话框中设置文字的字体、字形、字号、效果、颜色等属性。

2. 添加域控件

添加域控件一般有两种方法：一是，从数据环境设计器中直接把字段拖动到报表设计器中，然后再根据需要调整布局；二是，通过“报表控件”工具栏添加域控件，其具体步骤如下。

- 在“报表控件”工具栏中单击“域控件”按钮。
- 在报表设计器中要添加域控件的带区适当位置单击，将打开如图 7-23 所示的编辑域控件的“报表表达式”对话框。

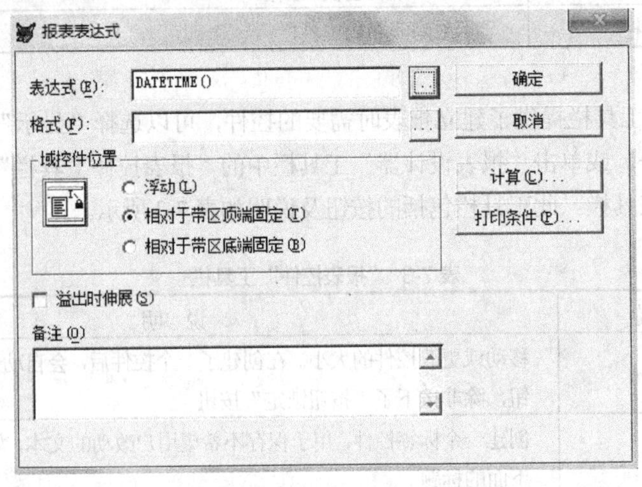

图 7-23 “报表表达式”对话框

- 根据需要可以在“表达式”文本框中输入或指定表的字段变量、内存变量、函数或计算表达式等，还可以在“格式”文本框中指定域控件的显示格式等。
- 单击“确定”按钮完成域控件的添加。

7.2.3　报表的数据源

报表总是从视图或表中提取数据，所以报表必须有数据源。前面使用的快速报表和报表向导功能建立报表时，都直接指定相关的表作为数据源，而在使用报表设计器创建一个空报表并直接设计报表时，必须专门为报表指定数据源。指定数据源是通过数据环境的设置来实现的。

7.2.4　报表的布局

报表布局定义了报表的打印格式。

1. 删除控件

当某个控件确实不需要时，可以直接在报表设计器中删除该控件，具体步骤如下。

- 单击选择一个要删除的控件，或在按下 Shfit 键的同时单击多个要删除的控件，或直接使用鼠标拖动选择多个要删除的控件。
- 当要删除的控件被选中后，按下 Delete 键完成删除控件的操作。

2. 移动控件

在报表设计器中可以用拖动的方法将一个控件从原来的位置移动到目标位置，甚至可以将控件从一个带区拖动到另一个带区。

3. 对齐控件

当添加了新控件或调整了控件的位置后，通过“布局”工具栏，可以将多个控件对齐或排列控件，具体步骤如下。

- 首先用单击的方法选中一个要对齐的控件，然后按住 Shift 键，同时单击选择其他要参与对齐的控件，直到选中全部需要对齐的控件。
- 根据对齐方式的需要单击“布局”工具栏中的相应按钮。

4. 调整带区的空间

可以上、下调整带区的空间。将鼠标移动到带区的上边缘或下边缘，当鼠标指针的形状变为上下双向箭头时，向上或向下进行拖动，直到达到满意的空间效果。

5. 页面设置

通过“页面设置”可以设置报表的栏目数和打印报表的大小等。选择“文件”菜单中的“页面设置”命令，打开“页面设置”对话框，如图 7-24 所示。

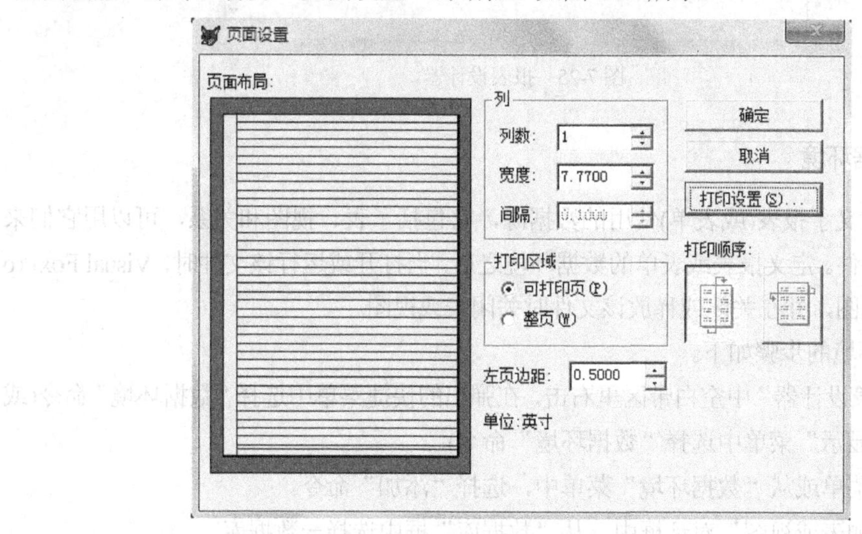

图 7-24　“页面设置”对话框

如果报表只占打印纸不到左边半页的空间，可以将报表设置为多个栏目，方法是在“页面设置”对话框中完成以下操作。

- 在“列”选项区域中调整列数的值、栏目的宽度和栏目的间隔。
- 选择打印顺序，另外还可以设置打印区域和左页边距。

报表默认打印是在 A4 打印纸上的，如果是其他规格的打印纸，则在“页面设置”对话框中单击“打印设置”按钮，打开“打印设置”对话框。然后，将纸张大小调整为所需要的大小。

7.2.5　使用报表设计器设计报表

使用报表设计器设计报表的一般步骤包括打开报表设计器、设置数据环境、建立表之间的关系、添加报表内容和调整报表布局等。

1. 打开报表设计器

(1) 菜单方式

选择“文件”菜单中的“新建”命令，在“新建”对话框中选择“报表”单选按钮，单击“新建文件”图标按钮。

(2) 命令方式

使用 CREATE　REPORT 命令建立报表。

用上面两种方式建立报表，都显示如图 7-25 所示的报表设计器。

图 7-25　报表设计器

2. 设置数据环境

数据环境定义了报表(或表单)使用的数据源，它包括了表、视图和关系，可以用它们来填充报表中的控件。定义报表或表单的数据环境之后，当打开或运行该文件时，Visual FoxPro 自动打开表或视图，并在关闭或释放该文件时关闭表或视图。

设置数据环境的步骤如下。

- 在“报表设计器”中空白带区里右击，在弹出的快捷菜单中选择“数据环境”命令(或者从“显示”菜单中选择“数据环境”命令)。
- 从快捷菜单或从“数据环境”菜单中，选择“添加”命令。
- 在“添加表或视图”对话框中，从“数据库”框中选择一数据库。
- 在“选定”区域中选取“表”或“视图”。
- 在“数据库中的表/视图”框中，选取一个表或视图。
- 选择“添加”按钮。

这样，选择的数据源就添加到“数据环境设计器”中了。

3. 建立表之间的关系

如果报表数据需要两个表，则添加到数据环境设计器中的表或视图之间的关系应该在数据库中已经建立好，否则在此还需要建立表或视图之间的关系。

4. 添加报表内容

根据需要设置报表带区，默认情况下，报表带区包括页标头、细节和页注脚，可以根据需要增加带区。

添加字段，可以直接从数据环境设计器中将字段拖动到报表设计器中，通常拖动到细节地区。

添加控件，单击“报表控件”工具栏中要添加的控件，在报表带区中单击。

5. 调整报表布局

最后修改报表布局，完成报表的设计。

7.3 预览和打印报表

使用“报表设计器”创建的报表布局文件只是一个外壳，它把要打印的数据组织成令人满意的格式。

报表按数据源中记录出现的顺序处理记录。在打印一个报表文件之前，应该确认数据源中已对数据进行了正确的排序。如果表是数据库的一部分，则可用视图排序数据，即创建视图并且把它添加到报表的数据环境中。如果数据源是一个自由表，可创建并运行查询，并将查询结果输出到报表中。

打印报表之前通常需要预览报表的效果。通过预览可以看到报表页面的外观，检查数据列的对齐和间隔，并检查报表的数据等。

7.3.1 预览报表

报表设计好后，可以从快捷菜单或“显示”菜单中，选择“预览”命令。

“预览”窗口有它自己的工具栏，使用其中的按钮可以一页一页地进行预览，也可以直接转到某一页进行预览，如果满意还可以从“预览”窗口直接打印报表。

7.3.2 打印报表

从“文件”菜单中选择“打印”命令，打开如图7-26所示的“打印”对话框。单击“选项”按钮，打开如图7-27所示的“打印选项”对话框。对打印选项进行设置，然后单击“打印”对话框中的“确定”按钮开始打印。

除了可以交互打印报表之外，还可以使用REPORT FORM命令来打印报表。

命令格式如下。

```
REPORT  FORM <报表文件名>[范围][FOR<逻辑表达式>]
  [PREVIEW][TO PRINTER[PROMPT]|TO FILE <文件名>]
```

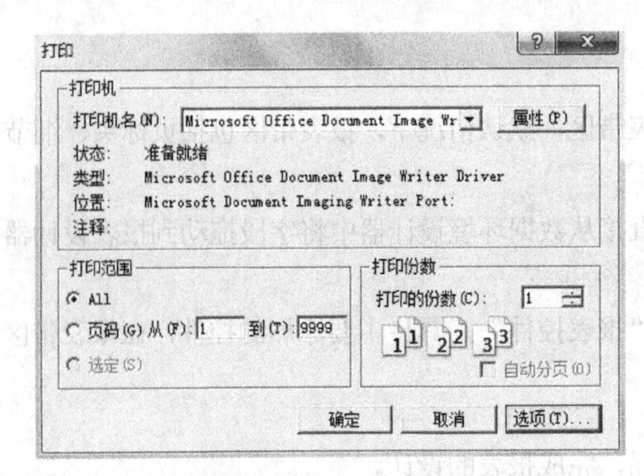

图 7-26 “打印”对话框

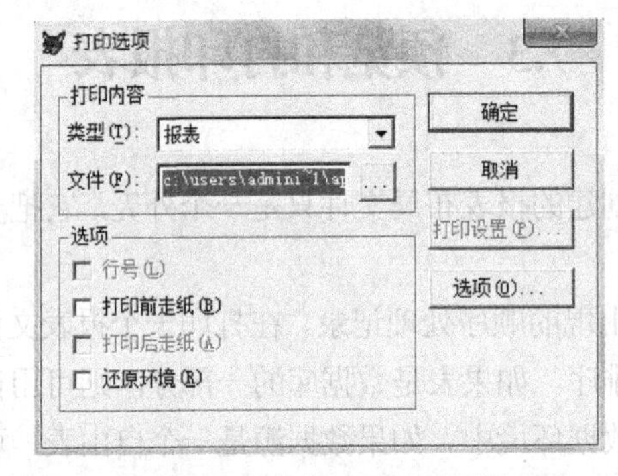

图 7-27 “打印选项”对话框

说明：

(1) <报表文件名>：指出要打印的报表文件名，默认扩展名为.FRX。

(2) PREVIEW 子句：指定报表在屏幕上打印预览，不在打印机上输出，并可指定打印预览的输出窗口。

(3) TO PRINTER 子句：将指定报表文件在打印机上输出。如果有 PROMPT 选项，打印前弹出“打印”对话框，供用户进行打印范围、打印份数的选择。

(4) TO FILE 子句：将报表输出内容输出到文本文件。

7.4 本 章 小 结

本章介绍了如何用“快速报表”功能快速制作报表，如何使用向导制作报表，如何进一步在“报表设计器”中设计报表，还介绍了报表设计器的带区，报表设计器工具栏、报表控件工具栏等相关的工具栏。

报表的设计包含两方面的内容：报表数据源的选定和报表布局的设计。本章重点讨论了报表布局的设计和定义。

当然，如果利用报表向导或快速报表功能，则可以更快地生成报表布局，虽然比较简单、粗糙，但在此基础上应用报表设计器进行修改完善就方便多了。

第8章　菜 单 设 计

菜单在一个系统程序中起着组织和协调其他对象的作用，使用菜单可以将浏览、视图、查询、报表、标签和表单等操作模块有机地融为一体。菜单给用户呈现一个友好的界面，使操作更加便利。

学习目标：

- 了解菜单的组成及设计原则
- 了解菜单设计步骤
- 了解菜单设计器的组成
- 掌握菜单的操作，包括创建、修改、生成和运行菜单
- 了解各种菜单的建立方法

8.1　菜单设计概述

菜单是应用程序的一个重要组成部分。菜单即是一系列选项，每个菜单项对应一个命令或程序，能够实现某种特定的功能。Visual FoxPro 菜单包括主菜单和快捷菜单。主菜单是显示在标题栏下方的菜单；快捷菜单是右击某个对象而出现的菜单，如图 8-1 所示。

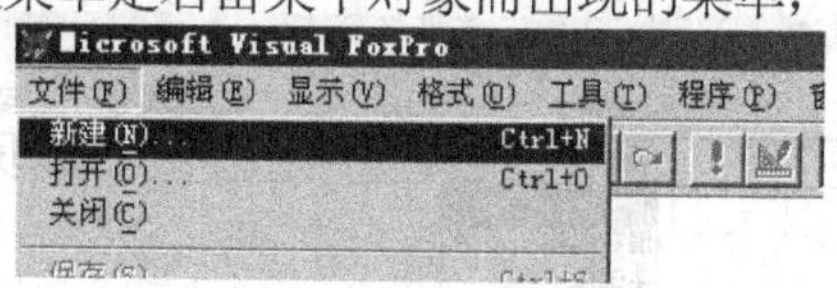

图 8-1　菜单示例

8.1.1　菜单的组成及设计原则

每一个主菜单都有一个内部名称和一组菜单选项，每个菜单选项都有一个供用户使用的菜单名称和内部名称。每一个快捷菜单也有一个内部名称和一组菜单选项，每个菜单选项有一个菜单名称和选项序号。当菜单运行后，菜单名称显示在屏幕上，菜单及菜单项的内部名称或选项序号在代码中引用。

每一个菜单选项都可以设置一个热键和一个快捷键。热键通常是一个字符，当菜单激活时，可以按菜单项的热键快速选择该菜单项。快捷键通常是 Ctrl 键和另一个字符键的组合键，不管菜单是否激活，都可以通过快捷键选择相应的菜单选项。

创建一个菜单系统包括若干步骤，不管应用程序的规模有多大，需要使用的菜单有多么复杂，都应首先规划菜单系统。因为应用程序的实用性在一定程度上取决于菜单系统的质量。

花费一定的精力和时间规划菜单，有助于用户接受这些菜单的操作方式，理解应用程序的功能和掌握应用程序的使用方法。

在规划和设计菜单系统时，应该考虑如下一些原则。

(1) 根据用户任务组织菜单系统；

(2) 给每个菜单和菜单选项设置一个意义明确的标题；

(3) 按照估计的菜单项使用频率、逻辑顺序或字母顺序组织菜单项；

(4) 在菜单项的逻辑组之间放置分隔线；

(5) 给每个菜单和菜单选项设置热键或键盘快捷键；

(6) 将菜单上菜单项的数目限制在一个屏幕之内，如果超过了一屏，则应为其中一些菜单项创建子菜单；

(7) 在菜单项中混合使用大小写字母，只有强调时才全部使用大写字母。

8.1.2 菜单设计步骤

用菜单设计器设计菜单的基本步骤如下。

(1) 建立菜单和子菜单；

(2) 将任务分派到菜单系统中；

(3) 生成菜单程序；

(4) 测试并运行菜单系统。

8.1.3 菜单设计器的组成

“菜单设计器”窗口如图 8-2 所示，其主要包括菜单名称、结果、选项、菜单级、菜单项、预览等内容。

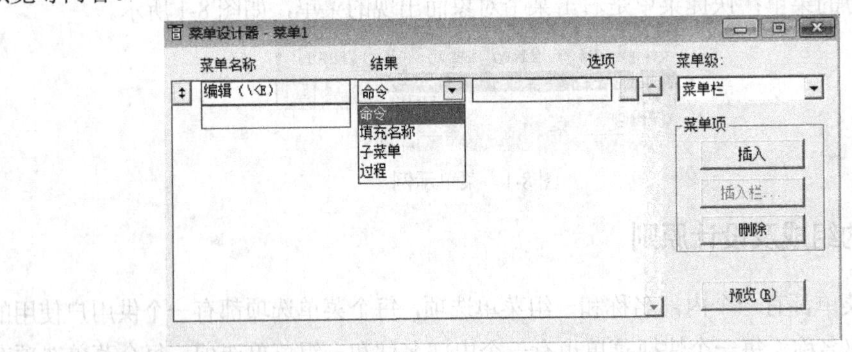

图 8-2 “菜单设计器”窗口

1. 菜单名称

菜单名称是菜单运行时显示的菜单项名称。在菜单名称中，可以包含热键，热键用带有下划线的字母表示。例如，Visual FoxPro 环境的“编辑(E)”菜单使用 E 作为热键。设置热键的方法是在菜单名称后面输入“\<英文字母”。

可以根据各菜单项功能的相似性或相近性，将子菜单的菜单项分组，分组手段是在两组之间插入一条水平的分组线，方法是在相应行的菜单名称框中输入“\-”。

2. 结果

结果是菜单运行时选择此菜单项产生的动作，包括命令、子菜单、过程和填充名称等。其中“命令”结果用一条 Visual FoxPro 命令实现；“子菜单”结果由若干个子菜单项组成；“过程”结果可以用多条命令组成；“填充名称”或“菜单项#”结果，在菜单栏时为“填充名称”，在子菜单中为“菜单项#”，用于指定内部名字或序号。

3. 创建或编辑

在确定菜单项的结果后，对结果的内容进行相应的设置，第一次为“创建”按钮。如果选择结果处理方式并单击“创建”按钮，则创建了结果处理方式的内容，且“创建”按钮变为“编辑”按钮。

4. 选项

每个菜单项的选项列都有一个无符号按钮，单击该按钮就会出现“提示选项”对话框，如图 8-3 所示。在该对话框中，可以为非顶级菜单项设置快捷键，也可以定义菜单项的其他属性。已经定义过属性的选项按钮上会出现√符号。

为非顶级菜单项设置快捷键的具体设置方法如下。

(1) 选择或将光标定位到要定义快捷键的菜单标题或菜单项。

(2) 单击图 8-2 的“选项”栏中的按钮，打开如图 8-3 所示的“提示选项”对话框。

(3) 在“键标签”文本框中按下组合键，按下的组合键将出现在“键标签”文本框中。

(4) 在“键说明”文本框中输入希望在菜单项旁边出现的文本，默认是快捷键标记，建议不要更改。

(5) 单击“确定”按钮，快捷键定义生效。

注意：

若设置快捷键为 Ctrl+J，则无效，因为在 Visual FoxPro 中经常将其作为关闭某些对话框的快捷键。

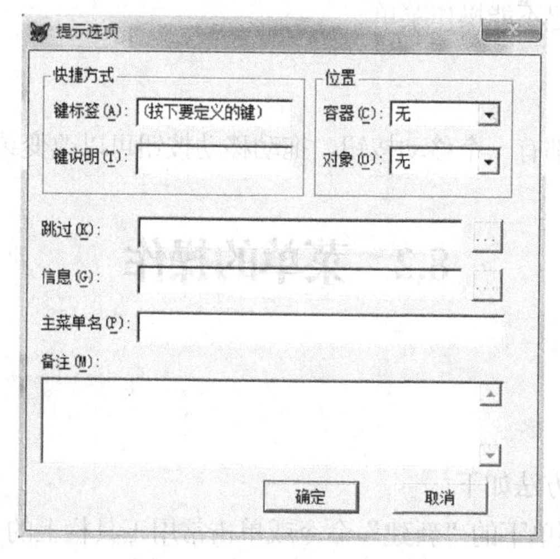

图 8-3 “提示选项”对话框

5. 菜单级

用于显示正在建立的菜单项级别，“菜单栏”表示目前处于顶级菜单；当为某菜单项的名称时，表示目前处于该菜单项的子菜单的设计过程中。

6. 菜单项操作

在图 8-2 的“菜单设计器”窗口中的“菜单项”选项区域中包括插入、插入栏和删除这 3 项内容。

- 插入：可在当前菜单项之前插入一个新的菜单项。
- 插入栏：可在当前菜单项之前插入一个 Visual FoxPro 系统菜单命令。单击该按钮，打开如图 8-4 所示的“插入系统菜单栏”对话框。单击选择所需要的菜单命令，按住 Ctrl 键可以多选，然后单击“插入”按钮。
- 删除：可删除当前的菜单项。

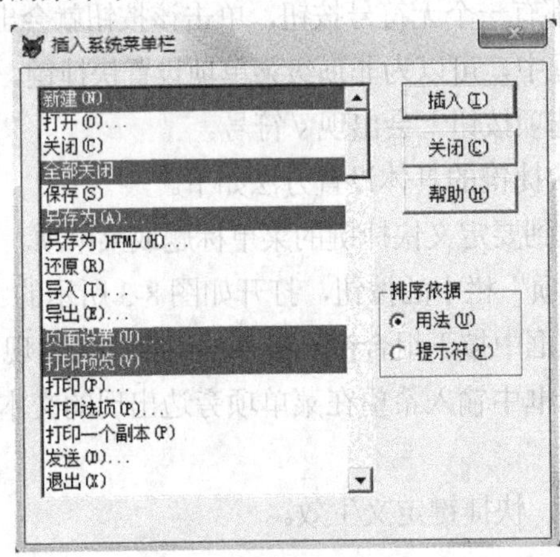

图 8-4 “插入系统菜单栏”对话框

7. 预览

可预览菜单效果，但不能操作菜单。

8. 移动按钮

每一个菜单项左侧都有一个移动按钮，拖动移动按钮可以改变菜单的位置。

8.2 菜单的操作

8.2.1 创建菜单

打开菜单设计器的方法如下。

- 使用“文件”菜单下的“新建”命令或单击常用工具栏上的“新建”按钮。
- 使用 create menu 命令。

以上两种方法都将打开如图 8-5 所示的“新建菜单”对话框。在对话框上有两种菜单：一类是普通的菜单(主菜单)；另一类是快捷菜单。

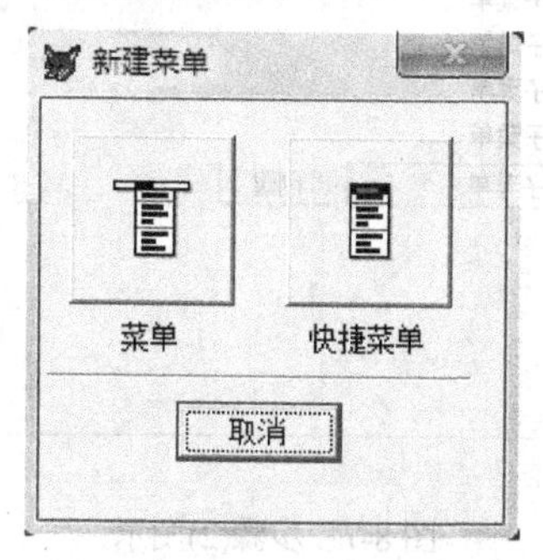

图 8-5 “新建菜单”对话框

主菜单通常显示在界面上，用来完成常规的系统操作；而快捷菜单通常在右击时弹出，根据选择的对象来完成一些特定的操作功能。

【例 8-1】以下面的菜单形式为例，创建一个含有子菜单的主菜单。

文件(F)
新建
打开
保存
关闭
退出
编辑(E)
职工表
授课表
课程表

具体的建立步骤如下。

(1) 在菜单设计器中输入菜单名称“文件”和“编辑”，如图 8-6 所示。

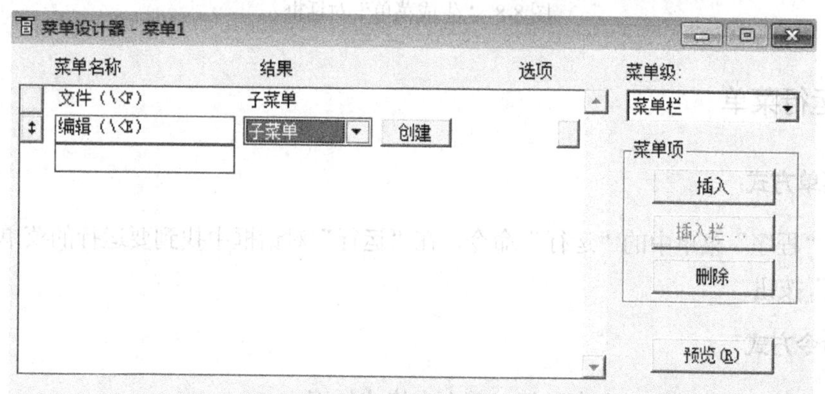

图 8-6 步骤(1)图示

(2) 在“结果”下拉列表框中选择“子菜单”选项，并单击“创建”按钮，依次输入“新建”、“打开”、“保存”、“关闭”和“退出”这 5 个菜单项，如图 8-7 所示。

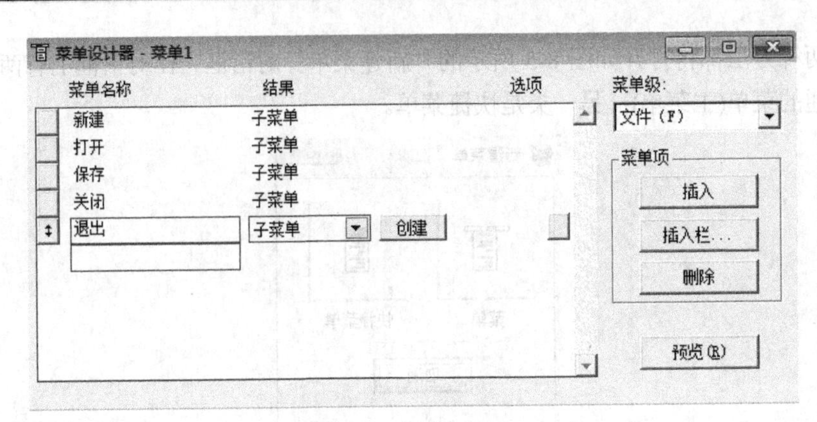

图 8-7　步骤(2)图示

(3) 在图 8-7 的“菜单级”下拉列表框中选择“菜单栏”选项，返回到图 8-6 的窗口，选择“编辑”选项，按步骤(2)建立“编辑”菜单的子菜单项。

(4) 为最下级子菜单项指定相应的任务。

8.2.2　生成菜单程序

定义菜单的描述信息将存储在扩展名为“.MNX”和“.MNT”的菜单文件中。菜单文件要执行，还需要生成扩展名为“.MPR”的菜单程序，具体步骤如下。

(1) 打开菜单源文件“CD1.MNX”。

(2) 选择“菜单”菜单中的“生成”命令，显示如图 8-8 所示的“生成菜单”对话框。

(3) 单击“生成”按钮，生成菜单程序。

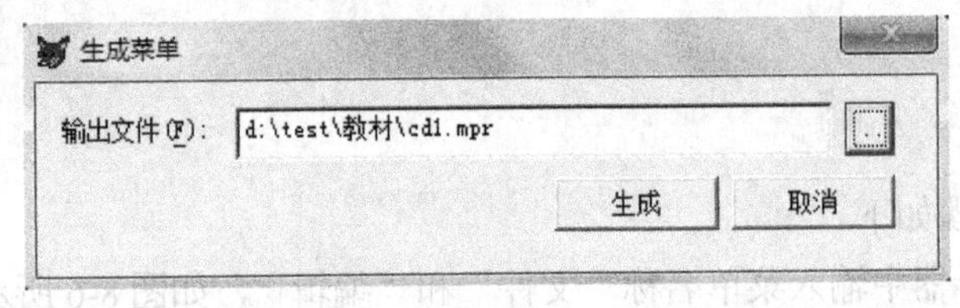

图 8-8　“生成菜单”对话框

8.2.3　运行菜单

1. 菜单方式

选择“程序”菜单中的“运行”命令，在“运行”对话框中找到要运行的菜单文件，单击“运行”按钮。

2. 命令方式

在命令窗口中输入 DO 命令运行，其命令格式如下。

```
DO 菜单程序文件名.MPR
```

扩展名不能省略，因为在 Visual FoxPro 中，DO 命令后省略扩展名默认为 PRG 文件。

8.2.4 修改菜单

1. 菜单方式

选择“文件”菜单中的“打开”命令，显示“打开”对话框。在“打开”对话框中选择打开的文件类型为“菜单(*.mnx)”选项，选择要修改的菜单文件名，单击“确定”按钮。

2. 命令方式

在命令窗口中使用 MODIFY MENU 命令，打开要修改的菜单文件。命令格式如下。

```
MODIFY MENU [<文件名>|?]
```

8.3 为顶层表单添加菜单

一般情况下，使用菜单设计器设计的菜单不是在窗口的顶层，而是在第二层，因为 Visual FoxPro 标题一直被显示。如何去掉该标题，可以通过顶层菜单设计来实现。

【例 8-2】将例 8-1 设计的主菜单添加到顶层表单中。

操作步骤如下。

(1) 打开 CD1.MNX，进入菜单设计器。

(2) 选择“显示”下的“常规选项”命令，在“常规选项”对话框中选中“顶层表单”复选框。

(3) 单击常用工具栏上的“保存”按钮，保存修改后的菜单；然后选择“菜单”下的“生成”菜单项，重新生成新的菜单文件 CD1.MPR。

(4) 选择“文件”下的“新建”命令，在“新建”对话框中选择“表单”文件类型。单击“新建文件”按钮，打开表单设计器，表单属性设置如表 8-1 所示。

表 8-1 表单属性设置表

属性名称	属性值
Caption	教师授课系统
AlwaysOntop	.T.
AutoCenter	.T.
ShowWindow	2

(5) 在表单的 Init 事件过程添加如下代码。

```
DO 菜单程序文件名 WITH THIS , .T.
```

(6) 保存表单并运行，运行效果如图 8-9 所示。

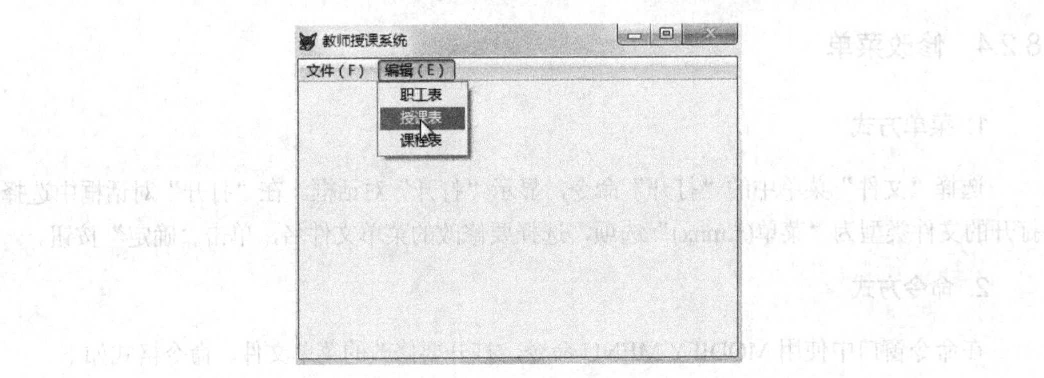

图 8-9　顶层表单中的菜单

8.4 系 统 菜 单

Visual FoxPro 系统菜单是一个典型的菜单系统，其主菜单是一个条形菜单。选择条形菜单中的每一个菜单项都会弹出一个下拉菜单。条形菜单中常见选项的名称及内部名字如表 8-2 至表 8-9 所示。Visual FoxPro 系统菜单的名称是_MSYSMENU。在定义菜单项时，可以通过插入栏插入 Visual FoxPro 系统菜单来快速定义子菜单。

表 8-2　系统主菜单的名称及其内部名称

菜单名称	内部名称
文件(File)	_MSM_FILE
编辑(Edit)	_MSM_EDIT
显示(Data Session)	_MSM_VIEW
格式(Format)	_MSM_TEXT
工具(Tools)	_MSM_TOOLS
程序(Program)	_MSM_PROG
窗口(Window)	_MSM_WINDO
帮助(Help)	_MSM_SYSTM

表 8-3　“文件”菜单及其所属菜项的名称和内部名称

菜单和菜单项	内部名称
“文件”菜单	_MFILE
新建	_MFI_NEW
打开	_MFI_OPEN
关闭	_MFI_CLOSE
全部关闭	_MFI_CLALL
保存	_MFI_SAVAS
另存为	_MFI_SAVASHTML
还原	_MFI_REVRT
导入	_MFI_IMPORT

(续表)

菜单和菜单项	内部名称
导出	_MFI_EXPORT
页面设置	_MFI_PGSET
打印预览	_MFI_PREVU
打印	_MFI_SYSPRINT
发送	_MFI_SEND
退出	_MFI_QUIT

表 8-4 “编辑”菜单及其所属菜单项的名称和内部名称

菜单和菜单项	内部名称
“编辑”菜单	_MEDIT
撤销	_MED_UNDO
重做	_MED_BEDO
剪切	_MED_CUT
复制	_MED_COPY
粘贴	_MED_PASTE
选择性粘贴	_MED_PSTLK
清除	_MED_CLEAR
全部选定	_MED_SLCTA
查找	_MED_EIND
再次查找	_MED_FINDA
替换	_MED_REPL
定位行	_MED_GOTO
插入对象	_MED_INSOB
对象	_MED_OBJ
链接	_MED_LINK
属性	_MED_PREF

表 8-5 “显示”菜单及其所属菜单项的名称和内部名称

菜单和菜单项	内部名称
“显示”菜单	_MVIEW
工具栏	_MVI_TOOLB

表 8-6 “工具”菜单及其所属菜单项的名称和内部名称

菜单和菜单项	内部名称
“工具”菜单	_MTOOLS
向导	_MTL_WZRDS
拼写检查	_MTL_SPELL
宏	_MTL_MACRO
类浏览器	_MTL_BROWSER

(续表)

菜单和菜单项	内部名称
组件管理库	_MTL_GALLERY
代码范围分析器	_MTL_COVERAGE
修饰	_MTL_BEAUT
运行 Active Document…	_MTL_RUNACTIVEDOC
调试器	_MTL_DEBUGGER
选项	_MTL_OPTNS

表 8-7 “程序”菜单及其所属菜单项的名称和内部名称

菜单和菜单项	内部名称
“程序”菜单	_MPROG
运行	_MPR_DO
取消	_MPR_CANCL
继续执行	_MPR_BESUM
挂起	_MPR_SUSPEND
编译	_MPR_COMPL

表 8-8 “窗口”菜单及其所属菜单项的名称和内部名称

菜单和菜单项	内部名称
“窗口”菜单	_MWINDOW
全部重排	_MWI_ARRAN
隐藏	_MWI_HIDE
全部显示	_MWI_HIDE
清除	_MWI_SHOWA
循环	_MWI_CLEAR
命令窗口	_MWI_ROTAT
数据工作期	_MWI_CMD

表 8-9 “帮助”菜单及其所属菜单项的名称和内部名称

菜单和菜单项	内部名称
“帮助”菜单	_MSYSTEM
Microsoft Visual FoxPro 帮助主题	_MST_HPSCH
目录	_MST_MSDNC
索引	_MST_MSDNI
搜索	_MST_MSDNS
技术支持	_MST_TECHS
Microsoft on the Web	_HELPWEBVFPFREESTUFF
关于 Microsoft Visual FoxPro	_MST_ABOUT

8.5 快 捷 菜 单

在选定的对象上右击时，弹出的菜单称为快捷菜单。该菜单是与对象相关的操作。在Visual FoxPro中创建快捷菜单的方法与普通菜单基本相同，只是在图8-5的“新建菜单”对话框中选择“快捷菜单”选项，打开快捷菜单设计器。快捷菜单设计器的使用方法与菜单设计器的使用方法相同。

为了使对象能够在右击时激活快捷菜单，需要在对象的RightClick事件中添加执行菜单的语句，即：

```
DO 快捷菜单程序文件名.MPR
```

快捷菜单使用完后应该使用RELEASE　POPUPS命令及时清理，释放其所占用的内存空间，命令格式为：

```
RELEASE  POPUPS 快捷菜单程序文件名[EXTENDED]
```

其中，EXTENDED选项说明在释放菜单的同时清除下属的子菜单。

8.6 本 章 小 结

一个应用程序一般以菜单的形成列出其具有的功能，而用户则通过菜单调用应用程序的各种功能。本章首先介绍Visual FoxPro菜单的组成及设计规则，然后介绍如何设计条形主菜单及如何为顶层表单添加下拉式菜单、如何设计快捷菜单。

第9章　项目管理器

学习目标：

- 了解项目文件的内容
- 掌握项目文件的操作
- 了解项目管理器的用法
- 利用项目管理器将学生综合信息管理系统连编成一个完整的应用程序

9.1　项目文件的操作

所谓项目，是指文件、数据、文档和对象的集合。“项目管理器”是 Visual FoxPro 中处理数据和对象的主要组织工具，它为系统开发者提供了极为便利的工作平台。一是，提供了简便的、可视化的方法来组织和处理表、数据库、表单、报表、查询和其他一切文件，通过单击就能实现对文件的创建、修改、删除等操作；二是，在项目管理器中可以将应用系统编译成一个扩展名为.app 的应用程序文件或.exe 的可执行文件。

项目管理器将一个应用程序的所有文件集合成一个有机的整体，形成一个扩展名为.pjx 的项目文件。用户可以根据需要创建项目。

9.1.1　创建项目

创建一个新项目有两种途径：一是创建一个项目文件，用来分类管理其他文件；二是使用应用程序向导生成一个项目和一个 Visual FoxPro 应用程序框架。在此介绍第一种途径，第二种途径将在后面介绍。

从“文件”菜单中选择“新建”命令，可以随时创建新项目，具体操作如下。

(1) 从“文件”菜单中选择“新建”命令或者单击“常用”工具栏上的“新建”按钮，打开“新建”对话框，如图 9-1(a)所示。

(2) 在“文件类型”区域中选中“项目”单选按钮，然后单击“新建文件”图标按钮，打开“创建”对话框，如图 9-1(b)所示。

(3) 在创建对话框的“项目文件”文本框中输入项目名称，如“学生综合信息管理系统”；在“保存在”组合框中选择保存该项目的文件夹。

(4) 单击“保存”按钮，Visual FoxPro 就在指定目录位置建立一个“学生综合信息管理系统.pjx”项目文件。

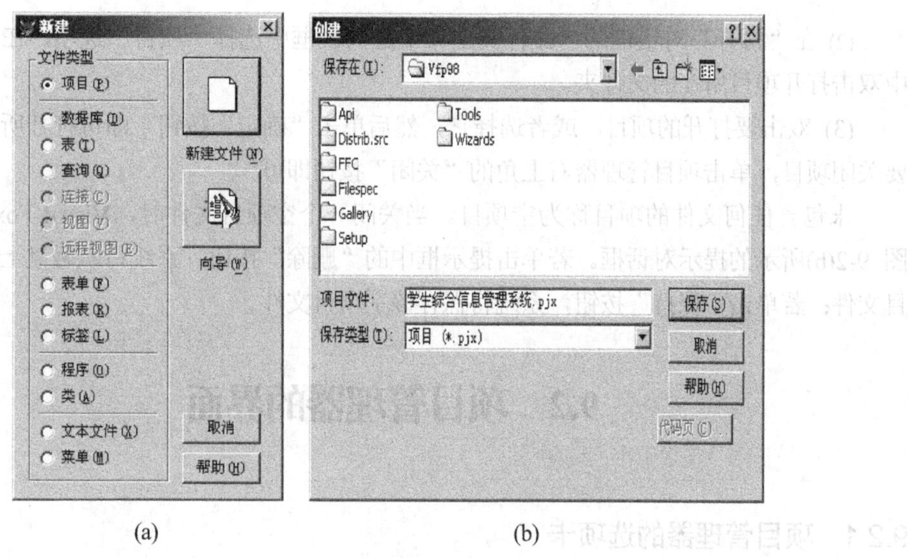

(a)　　　　　　　　　　　　　　(b)

图 9-1　创建新项目

9.1.2　打开和关闭项目

在 Visual FoxPro 中，可以随时打开一个已有的项目，也可以关闭一个打开的项目。用菜单方式打开项目的操作步骤如下。

(1) 从“文件”菜单中选择“打开”命令或者单击“常用”工具栏上的“打开”按钮，弹出“打开”对话框，如图 9-2(a)所示。

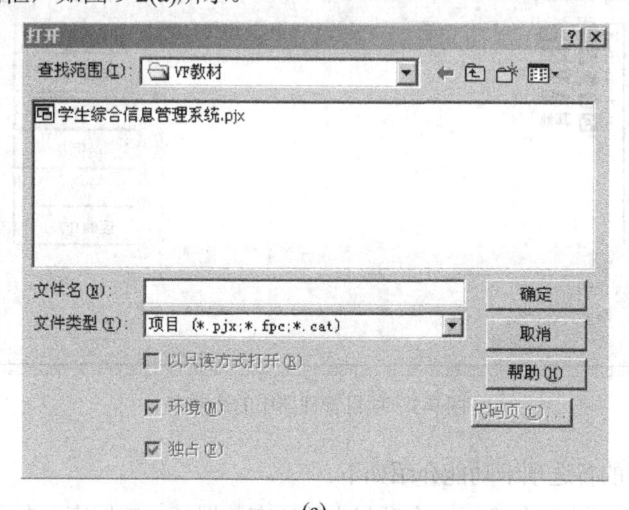

(a)

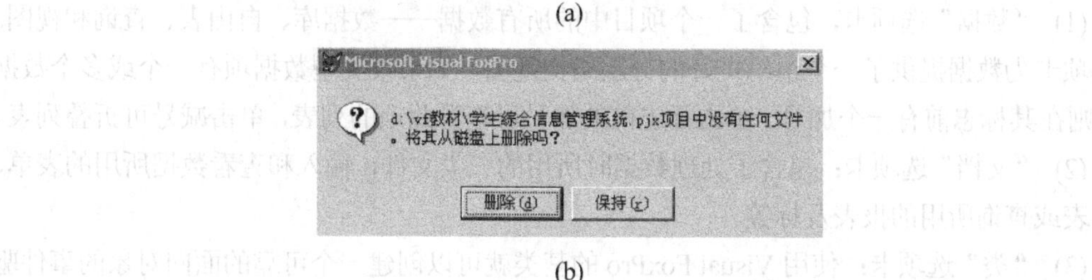

(b)

图 9-2　打开和关闭项目

(2) 在“打开”对话框的“文件类型”下拉列表框中选择“项目”选项，在“搜寻”框中双击打开项目所在的文件夹。

(3) 双击要打开的项目，或者选择它，然后单击“确定”按钮，即可打开所选项目。若要关闭项目，单击项目管理器右上角的“关闭”按钮即可。

未包含任何文件的项目称为空项目。当关闭一个空项目文件时，Visual FoxPro 显示如图 9-2(b)所示的提示对话框。若单击提示框中的“删除”按钮，系统将从磁盘上删除该空项目文件；若单击“保持”按钮，系统将保存该空项目文件。

9.2　项目管理器的界面

9.2.1　项目管理器的选项卡

“项目管理器”窗口是 Visual FoxPro 开发人员的工作平台，它包括 6 个选项卡。其中，“数据”、“文档”、“类”、“代码”和“其他”这 5 个选项卡用于分类显示各种文件。“全部”选项卡用于集中显示该项目中的所有文件。若要处理项目中的某一特定类型的文件或对象，可选择相应的选项卡。初学者常用的是数据和文档这两个选项卡，对于应用系统开发者而言，将要用到所有选项卡。项目管理器中的选项卡如图 9-3 所示。

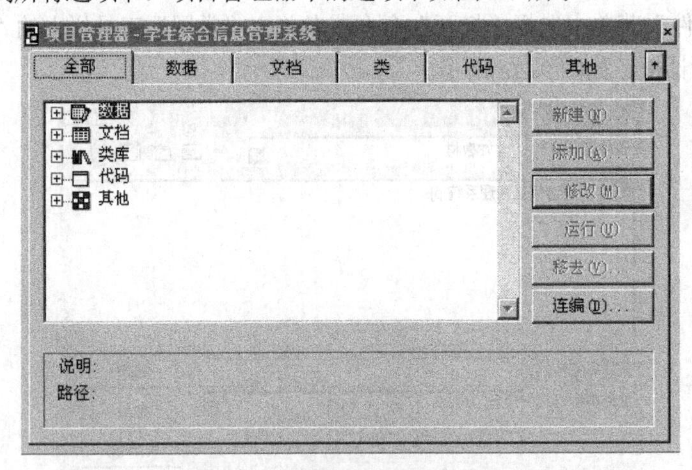

图 9-3　项目管理器中的选项卡

项目管理器中的各选项卡功能介绍如下。

(1) “数据”选项卡，包含了一个项目中的所有数据——数据库、自由表、查询和视图。该选项卡为数据提供了一个组织良好的分层结构视图，如果某类型数据项有一个或多个数据项，则在其标志前有一个加号。单击标志前的加号可查看此项的列表，单击减号可折叠列表。

(2) “文档”选项卡：包含了处理数据时所用的三类文件，输入和查看数据所用的表单、打印表或查询所用的报表及标签。

(3) “类”选项卡：使用 Visual FoxPro 的基类就可以创建一个可靠的面向对象的事件驱动程序。单击“修改”按钮，将打开“类设计器”，可在其中对“类”进行设计。

(4) “代码”选项卡，包括三大类程序——扩展名为.prg 的程序文件、函数库 API 和应用程序.app 文件。

(5) “其他”选项卡：包括文本文件、菜单文件和其他如图片文件、ico 图标文件等。

9.2.2　项目管理器的命令按钮

项目管理器中有许多命令按钮，并且命令按钮是动态的，选择不同的对象会出现不同的命令按钮。下面介绍常用命令按钮的功能。

1. “新建”按钮

创建一个新文件或对象，新文件或对象的类型与当前所选定的类型相同。此按钮与“项目”菜单的“新建文件”命令的作用相同。

注意：

使用“文件”菜单中的“新建”命令可以新建一个文件，但该文件不会自动包含在项目中。而使用项目管理器中的“新建”命令按钮，或选择“项目”菜单中的“新建文件”命令建立的文件会自动包含在项目中。

2. “添加”按钮

把已有的文件添加到项目中。此按钮与“项目”菜单中的“添加文件”命令的作用相同。

3. “修改”按钮

在相应的设计器中打开选定项进行修改。例如，可以在数据库设计器中打开一个数据库进行修改。此按钮与“项目”菜单中“修改文件”命令的作用相同。

4. “浏览”按钮

在“浏览”窗口中打开一个表，以便浏览表中内容。此按钮与“项目”菜单中“浏览文件”命令的作用相同。

5. “运行”按钮

运行选定的查询、表单或程序。此按钮与“项目”菜单中“运行文件”命令的作用相同。

6. “移去”按钮

从项目中移去选定的文件或对象。Visual FoxPro 将询问是仅从项目中移去此文件，还是同时将其从磁盘中删除。此按钮与“项目”菜单中的“移去文件”命令的作用相同。

7. “打开”按钮

打开选定的数据库文件。当选定的数据库文件打开后，此按钮变为“关闭”。此按钮与“项目”菜单中“打开文件”命令的作用相同。

8. “关闭”按钮

关闭选定的数据库文件。当选定的数据库文件关闭后，此按钮变为“打开”。此按钮与“项目”菜单中“关闭文件”命令的作用相同。

9. “预览”按钮

在打印预览方式下显示选定的报表或标签文件内容。此按钮与“项目”菜单中“预览文件”命令的作用相同。

10. “连编”按钮

连编一个项目或应用程序，还可以连编一个可执行文件。此按钮与“项目”菜单中“连编”命令的作用相同。

9.2.3 定制项目管理器

用户可以根据自身对项目管理器的使用情况，实现对项目管理器的具体设定。

1. 移动、缩放和折叠

(1) 移动和缩放项目管理器

将鼠标放置在窗口的标题栏上并拖动即可移动项目管理器，和其他 Windows 窗口一样。将鼠标指针指向“项目管理器”窗口的顶端、底端、两边或角上，拖动便可以扩大或缩小它的尺寸。

(2) 折叠项目管理器

项目管理器在右上角的箭头按钮用于折叠或展开项目管理器窗口。正常时该按钮显示为箭头，单击时项目管理器窗口缩小为仅显示选项卡标签，同时箭头变成了下箭头，称为“还原”按钮，如图 9-4 所示。单击折叠或还原两按钮可以相互切换折叠或展开项目管理器。

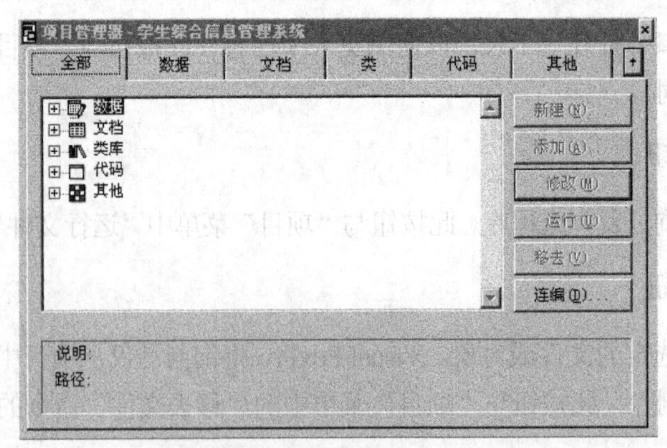

图 9-4　折叠/还原项目管理器窗口

2. 拆分项目管理器

折叠项目管理器窗口以后，可以进一步拆分项目管理器窗口，使其中的选项卡成为独立、浮动的窗口，可以根据需要重新安排它们的位置。

首先，单击 折叠“项目管理器”，然后选定一个选项卡，将它拖离项目管理器，如图 9-5 所示。当选项卡处于浮动状态时，在选项卡中右击，弹出的快捷菜单增加了“项目”菜单中的选项。

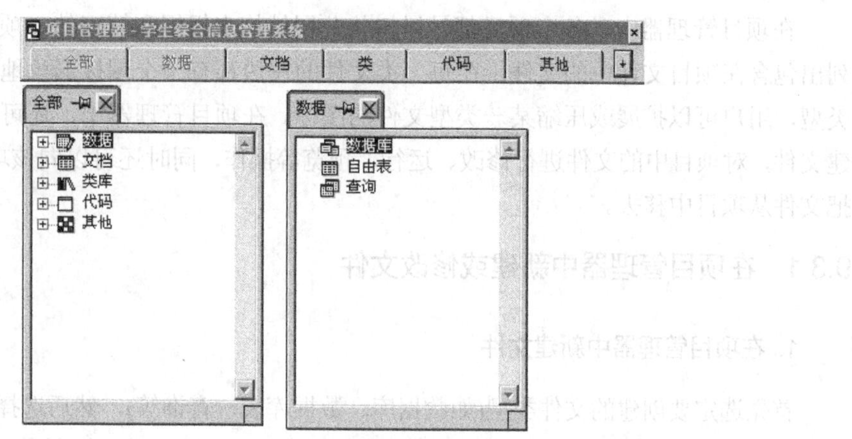

图 9-5　拆分选项卡

对于从项目管理器窗口中拆分出的选项卡，单击选项卡上的图钉图标 ，可以钉住选项卡，将其设置为始终显示在屏幕的最顶层，不被其他窗口遮挡。再次单击图钉图标便取消其“顶层显示”设置。

若要还原拆分的选项卡，可以单击选项卡上的“关闭”按钮，也可以用鼠标将拆分的选项卡拖回项目管理器窗口中。

3. 停放项目管理器

将项目管理器拖动到Visual FoxPro主窗口的顶部，就可以使它像工具栏一样显示在主窗口的顶部。停放后的项目管理器变成了窗口工具栏的一部分，不能将其整个展开，但是可以单击每个选项卡进行相应的操作。对于停放的项目管理器，同样可以通过拖动使其中选项卡分离。

图 9-6 为停放后的项目管理器，拖动到左侧的“其他”选项卡上面的图钉图标已经钉住，表示处于顶层显示状态。

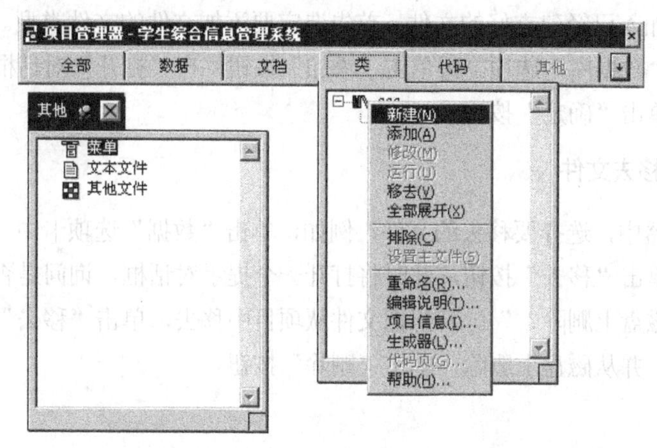

图 9-6　工具栏区域中的项目管理器

9.3　项目管理器的使用

在项目管理器中，各个项目都是以树状分层结构来组织和管理的。项目管理器按大类列出包含在项目文件中的文件。在每一类文件的左边都有一个图标形象地表明该种文件的类型，用户可以扩展或压缩某一类型文件的图标。在项目管理器中，还可以在该项目中新建文件，对项目中的文件进行修改、运行、预览等操作，同时还可以向该项目中添加文件，把文件从项目中移去。

9.3.1　在项目管理器中新建或修改文件

1. 在项目管理器中新建文件

首先选定要创建的文件类型(如数据库、数据库表、查询等)，然后选择“新建”按钮，将显示与所选文件类型相应的设计工具。对于某些项目，还可以选择利用向导来创建文件。

以用项目管理器新建表为例，操作步骤如下。

(1) 打开已建立的项目文件，出现项目管理器窗口。

(2) 选择“数据”选项卡中的“数据库”下的表，然后单击“新建”按钮，出现“新建表”对话框。

(3) 选择“新建表”出现“创建”对话框，确定需要建立表的路径和表名。

(4) 单击“保存”按钮后，出现表设计器窗口。

2. 在项目中修改文件

若要在项目中修改文件，只要选定要修改的文件名，再单击“修改”按钮即可。例如，要修改一个表，先选定表名，然后选择“修改”按钮，该表便显示在表设计器中。

9.3.2　向项目中添加和移去文件

1. 向项目中添加文件

要在项目中加入已经建立好的文件，首先选定要添加文件的文件类型。例如，单击“数据”选项卡中的“数据库”选项。再单击“添加”按钮，在“打开”对话框中，选择要添加的文件名，然后单击“确定”按钮。

2. 从项目中移去文件

在项目管理器中，选择要移去的文件，例如，单击“数据”选项卡中“数据库”选项下的数据库文件。单击“移去”按钮，此时将打开一个提示对话框，询问是否“把数据库从项目中移去还是从磁盘上删除？”。若想把文件从项目中移去，单击“移去”按钮。若想把文件从项目中移去，并从磁盘上删除，单击“删除”按钮。

9.4 项目管理器的综合应用

下面以《学生综合信息管理系统》为例综合运用项目管理器。在开发应用程序时，可以利用“项目管理器”将应用程序的各个部分组织起来，用集成化的方法建立应用系统项目，并进行测试。

9.4.1 系统开发的基本步骤

通过前面各个章节系统的介绍，用户已经基本掌握了应用系统过程的前面几个步骤所需的知识与技能，并能够自己动手设计各个部件。下面具体介绍如何把各个部件集成起来，并生成一个较完整的应用程序。

1. 建立应用程序目录结构

一个完整的应用程序，即使规模不大，也会涉及多种类型的文件，如数据库文件、表文件、表单文件等。为以后的修改、维持工作带来方便，需要建立一个层次清晰的目录结构。如图9-7所示就是一种目录结构的示例，可以让不同类型的文件各归其所。

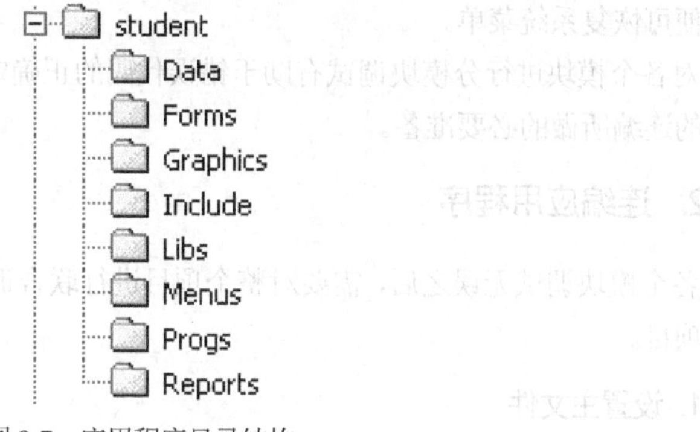

图9-7 应用程序目录结构

2. 用项目管理器组织应用系统

一个典型的数据库应用程序由数据库结构、用户界面、查询选项和报表等组成。在设计应用程序时，应仔细设计每个组件应用提供的功能以及与其他组件之间的关系。经过良好组织的应用程序一般需要为用户提供一个菜单、一个或多个表单供数据输入和显示输出之用。

同时还需要添加某些事件响应代码，提供特定的功能，保证数据的完整性与安全性。此外，还需要提供查询和报表输出功能，允许用户从数据库中选取信息。

使用 Visual FoxPro 创建面向对象的事件驱动应用程序时，可以每次建立一部分组件。这种模块化构造应用程序的方法可以使开发者在每完成一个组件之后，便对其进行检验。在完成了所有的功能组件之后，就可以进行应用程序的集成和连编了。

下面以《学生综合息管理系统》为例来说明应用程序的组织与生成过程。如图9-8所示为学生综合信息管理系统的应用系统结构框图。

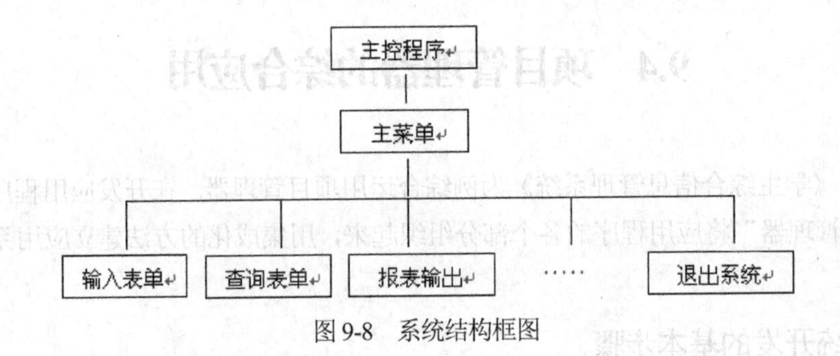

图 9-8　系统结构框图

用项目管理器组织学生综合信息管理系统应用系统的步骤如下。

(1) 创建或打开已有的“学生综合信息管理系统”项目。

(2) 将已经开发好的各个模块或部件通过项目管理添加到“学生综合信息管理系统”项目中。

(3) 在项目管理器中自下而上地调试各个模块。

所谓“自下而上”，是指先调试可以独立运行的模块单元，如一个输入表单、一个输出报表等。然后再调试运行调用它的模块单元，如主菜单。请注意，在菜单调试过程中，如果应用系统的菜单栏代替了 Visual FoxPro 的系统菜单栏，在命令窗口执行 set system to default 命令便可恢复系统菜单。

对各个模块进行分模块调试有助于错误代码的正确定位与修改。这些工作是为应用程序最后的连编所做的必要准备。

9.4.2　连编应用程序

各个模块调试无误之后，需要对整个项目进行联合调试并编译，在 Visual FoxPro 中称为连编项目。

1. 设置主文件

主文件就是一个应用系统的主控文件，是系统首先要执行的程序，是一个已编译应用程序的执行起点。主文件的设置是在项目管理器中选择“代码”选项卡，然后在需要设置为主文件的文件名上右击，选择“设置主文件”命令，如图 9-9 所示。

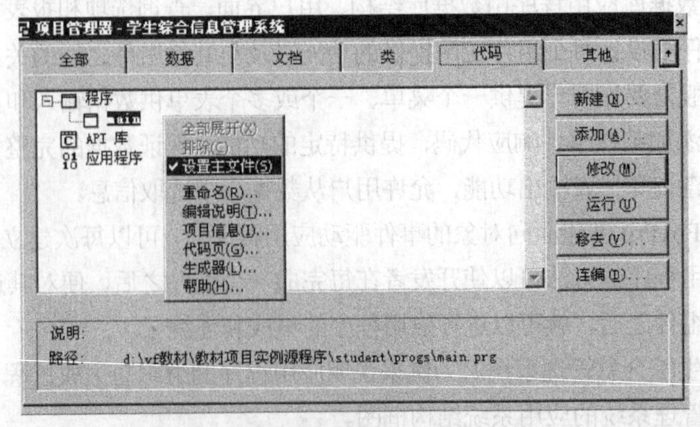

图 9-9　项目管理器中主文件的设置

在主文件中，一般要完成如下任务。

(1) 设置系统运行状态参数

主文件必须做的第一件事情就是对应用程序的环境进行初始化。在打开 Visual FoxPro 6.0 时，默认的 Visual FoxPro 开发环境将设置 SET 命令和系统变量的值，但对于应用程序来说，这些值不一定是最适合的。

例如，Visual FoxPro 6.0 中，命令 SET TALK 的默认状态是 ON，在这种状态下执行了某些命令后，主窗口或表单窗口中会显示出运行结果。某些命令，如 APPEND FROM(追加记录)、AVERAGE(计算平均值)、COUNT(计数)和 SUM(求和)等，在应用程序中一般不需要在主窗口或表单窗口中显示运行这些命令的结果，所以必须在执行这些命令之前将 SET TALK 设置为 OFF。因此，在主文件中都会有一条命令：SET TALK OFF。

(2) 定义系统全局变量

在整个应用程序运行过程中，可能会需要一些全局变量。例如，在“学生档案管理系统”主文件中，就定义了全局变量 cpath，用来确定系统文件目录，这个变量的作用类似于表单控件中的 Enabled 属性。

(3) 设置系统屏幕界面

系统屏幕就是指应用程序所使用的主窗口，在Visual FoxPro中有一个系统变量“_screen”，它代表Visual FoxPro主窗口名称对象，其使用方法与表单对象类似，也具有与表单类似的诸多属性。

例如，若想让主窗口标题栏显示“学生档案管理系统”，则在主文件中对应的语句为：

```
_screen.caption="学生档案管理系统"
```

(4) 调用应用程序界面

在主文件中，应该使应用程序显示初始的界面，“学生档案管理系统”中的初始界面是系统登录表单，则在主文件对应的命令是：

```
DO FORM cpath+"\forms\用户登录.scx"
```

(5) 设置事件循环

一旦应用程序的环境建立起来，同时显示出初始的用户界面，就需要建立一个事件循环来等待用户的交互使用。在Visual FoxPro中执行READ EVENTS命令，该命令使应用程序开始处理像单击、键盘输入这样的用户事件。若要结束事件循环，则执行CLEAR EVENTS命令。

如果在主文件中没有包含 READ EVENTS 命令，则在开发环境下的命令窗口中可以正确运行应用程序。但是，如果要在菜单或者主屏幕中运行应用程序，则程序将显示片刻，然后退出。

以下是“学生综合信息管理系统”主文件 MAIN.PRG 的完整内容。

```
Set Talk Off
Set Safety Off                                    &&关闭安全提示
Set Status Bar Off                                &&关闭系统提示栏
```

```
Set Century On                          &&打开世纪开关
Set Deleted On                          &&屏蔽删除项
Set Sysmenu Off                         &&关闭系统菜单
Set Notify Off                          &&关闭提示
Set Sysmenu To
Clear
_Screen.Caption="学生档案管理系统"
Public Cpath
Cpath=Sys(5)+Sys(2003)                  &&获取当前目录
Clear
Do Form Cpath+"\Forms\用户登录.Scx"
Read Events
```

设置完主文件后，通过对项目进行连编可以查看项目的运行结果，运行的结果如图 9-10 所示。

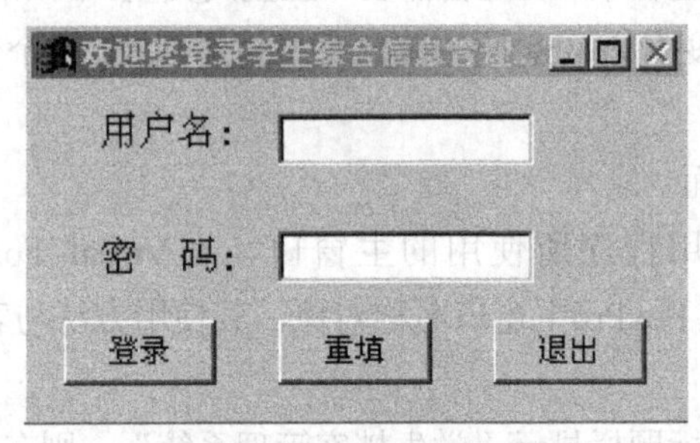

图 9-10　主程序运行结果

2. 设置文件的“包含”和“排除”

“包含”是指应用程序的运行过程中不需要更新的项目，也就是一般不会再变动的项目。它们主要有程序、图形、窗体、菜单、报表、查询等。

“排除”是指已添加在“项目管理器”中，但又在使用状态上被排除的项目。通常，允许在程序运行过程中随意地更新它们，如数据库表。对于在程序运行过程中可以更新和修改的文件，应将它们修改成“排除”状态。

指定项目的“包含”与“排除”状态的方法是：打开“项目管理器”，选择菜单栏的“项目”命令中的“包含/排除”选项；或者通过右击，在弹出的快捷菜单中，选择“包含/排除”选项。

3. 连编项目

对项目进行连编的目的是为了对程序中的引用进行校验。

具体步骤如下。

(1) 在“项目管理器”中加进所有参加连编的项目，如程序、窗体、菜单、数据库、报表、其他文本文件等。

(2) 指定主文件。具体步骤参见上面设置主文件。

(3) 对有关数据文件设置“包含/排除”状态。

(4) 确定程序(包括窗体、菜单、程序、报表)之间的明确的调用关系。

(5) 确定程序在连编完成之后的执行路径和文件名。如图 9-9 中所示，先选中主程序文件 MAIN.PRG，单击“连编”按钮，弹出如图 9-11 所示的“连编选项”对话框。

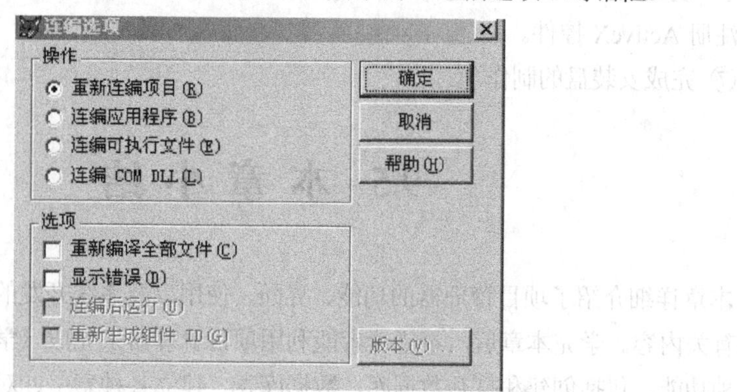

图 9-11　连编项目对话框

在上述问题确定后，即可对该项目文件进行编译。通过设置“连编选项”对话框的“选项”，可以重新连编项目中的所有文件，并对每个源文件创建其对象文件。同时在连编完成之后，可指定是否显示编译时的错误信息，也可指定连编应用程序之后，是否立即运行它。如果在项目连编过程中发生了错误，必须纠正或者说排除错误，并且反复进行操作，直到最终连编成功。

4. 打包应用程序

最后一步是用“安装向导”创建一个用于发布的应用程序包。

具体步骤如下。

(1) 建立一个源文件的目录：将编译后的.exe 文件、.dbf 文件及.idx 索引文件全部拷到此目录中。

(2) 打开 VFP，单击菜单“工具”|“向导”|“安装”，打开制作安装盘的向导。

(3) 安装向导步骤。

① 定位文件：即选定(1)中建立的目录。

② 指定组件：一般选“Visual FoxPro 运行时刻文件”即可，其他选项视情况而定。

③ 磁盘映像：1.44MB3.5 英寸、Web 安装和网络安装。

说明：

- 1.44MB3.5 英寸，则按照此尺寸建立磁盘映像；
- Web 安装，则进行压缩 Web 安装；
- 网络安装，则进行非压缩安装。

④ 安装选项：填入必要的一些安装信息。

注意：

“执行程序”中填入的程序，在安装完毕后将会立即执行此程序。

⑤ 默认目标目录，程序安装时的目录。如在“程序组”指定了名称，安装程序会为应用程序创建一个程序组，并会出现在 Windows 的“开始”菜单中。

⑥ 改变文件位置，可将一些文件安装到别的目录中，或者更改程序组属性和为用户的文件注册 ActiveX 控件。

⑦ 完成安装盘的制作。

9.5 本章小结

本章详细介绍了项目管理器的功能、界面、使用以及系统开发的基本步骤、连编应用程序等有关内容。学完本章后，希望读者能利用项目管理器来完成《学生综合信息管理系统》的各种功能，包括创建和打开数据库、数据库表、建立各种索引、对表进行增删查改操作、制作表单、设计相应的程序等分离的应用系统组件，在项目管理器中连编成一个完整的应用程序，最终编译成一个扩展名为.app 的应用文件或.exe 的可执行文件。

附录A Visual FoxPro常用文件类型一览表

表 A-1 Visual FoxPro 常用文件类型一览表

文件类型	扩展名	说明
生成的应用程序	.APP	可在 Visual FoxPro 环境支持下，用 DO 命令运行该文件
复合索引	.CDX	结构复合索引文件和独立复合索引
数据库	.DBC	存储有关该数据库的所有信息(包括和它关联的文件名和对象名)
表	.DBF	存储表结构及记录
数据库备注	.DCT	存储相应“.DBC”文件的相关信息
Windows 动态链接库	.DLL	包含能被 Visual FoxPro 和其他 Windows 应用程序使用的函数
可执行程序	.EXE	可脱离 Visual FoxPro 环境而独立运行
Visual FoxPro 动态链接库	.FLL	与“.DLL”类似，包含专为 Visual FoxPro 内部调用建立的函数
报表备注	.FRT	存储相应“.FRX”文件的有关信息
报表	.FRX	存储报表的定义数据
编译后的程序文件	.FXP	对“.PRG”文件进行编译后产生的文件
索引、压缩索引	.IDX	单个索引的标准索引及压缩索引文件
标签备注	.LBT	存储相应“.LBX”文件的有关信息
标签	.LBX	存储标签的定义数据
内存变量	.MEM	存储已定义的内存变量，以便需要时可从中恢复它们
菜单备注	.MNT	存储相应“.MNX”文件的有关信息
菜单	.MNX	存储菜单的格式
生成的菜单程序	.MPR	根据菜单格式文件而自动生成的菜单程序文件
编译后的菜单程序	.MPX	编译后的程序菜单程序
ActiveX(或 OLE)控件	.OCX	将“.OCX”并到 Visual FoxPro 后，可像基类一样使用其中对象
项目备注	.PJT	存储相应“.PJX”文件的相关信息
项目	.PJX	实现对项目中各类型文件的组织
程序	.PRG	也称命令文件，存储用 Visual FoxPro 语言编写的程序
生成的查询程序	.QPR	存储通过查询设计器设置的查询条件和查询输出要求等

(续表)

文件类型	扩展名	说明
编译后的查询程序	.QPX	对“.OPR”文件进行编译后产生的文件
表单	.SCX	存储表单格式文件
表单备注	.SCT	存储相应“.SCX”文件的有关信息
文本	.TXT	用于供 Visual FoxPro 与其他应用程序进行数据交换
可视类库	.VCX	存储一个或多个的类定义

附录B Visual FoxPro 6.0 常用命令一览表

Visual FoxPro 的命令子句较多，本附录未列出它们的完整格式，只列出其概要说明，目的是为读者寻求机器帮助提供线索，如表 B-1 所示。

表 B-1 Visual FoxPro 6.0 常用命令一览表

<table>
<tr><th>命令</th><th>功能</th></tr>
<tr><td>&&</td><td>标明命令行尾注释的开始</td></tr>
<tr><td>*</td><td>标明程序中注释行的开始</td></tr>
<tr><td>?|??</td><td>计算表达式的值，并输出计算结果</td></tr>
<tr><td>???</td><td>把结果输出到打印机</td></tr>
<tr><td>@…BOX</td><td>使用指定的坐标绘方框，现用 Shape 控件代替</td></tr>
<tr><td>@…CLASS</td><td>创建一个能够用 READ 激活的控件或对象</td></tr>
<tr><td>@…CLEAR</td><td>清除窗口的部分区域</td></tr>
<tr><td>@…EDIT-编辑框部分</td><td>创建一个编辑框，现用 Editbox 控件代替</td></tr>
<tr><td>@…FILL</td><td>更改屏幕某区域内已有文本的颜色</td></tr>
<tr><td>@…GET-按钮命令</td><td>创建一个命令按钮，现用 Commnandbutton 控件代替</td></tr>
<tr><td>@…GET-复选框命令</td><td>创建一个复选框，现用 Checkbox 控件代替</td></tr>
<tr><td>@…GET-列表框命令</td><td>创建一个列表框，现用 Listbox 控件代替</td></tr>
<tr><td>@…GET-透明按钮命令</td><td>创建一个透明命令按钮，现用 commandbutton 控件代替</td></tr>
<tr><td>@…GET-微调命令</td><td>创建一个微调控件，现用 Spinner 控件代替</td></tr>
<tr><td>@…GET-文本框命令</td><td>创建一个文本框，现用 Textbox 控件代替</td></tr>
<tr><td>@…GET-选项按钮命令</td><td>创建一组选项按钮，现用 Optiongroup 控件代替</td></tr>
<tr><td>@…GET-组合框命令</td><td>创建一个组合框，现用 Combobox 控件代替</td></tr>
<tr><td>@…MENU</td><td>创建一个菜单，现用菜单设计器和 CREATE MENU 命令</td></tr>
<tr><td>@…PROMPT</td><td>创建一个菜单栏，现用菜单设计器和 CREATE MENU 命令</td></tr>
<tr><td>@…SAY</td><td>在指定的行列显示或打印结果，现用 Label 控件和 Textbox 控件代替</td></tr>
<tr><td>@…SAY-图片&0LE 对象</td><td>显示图片和 OLE 对象，现用 Image、OLE Bound、OLEContainer 控件代替</td></tr>
<tr><td>@…SCROLL</td><td>将窗口中的某区域向上、下、左、右移动</td></tr>
<tr><td>@…TO</td><td>画一个方框、圆或椭圆，现用 Shape 控件代替</td></tr>
<tr><td>\|\\</td><td>输出文本行</td></tr>
</table>

(续表)

命令	功能
ACCEPT	从显示屏接收字符串，现用 Textlbox 控件代替
ACTIVATE MENU	显示并激活一个菜单栏
ACTIVATE POPUP	显示并激活一个菜单
ACTIVATE SCREEN	将所有后续结果输出到 Visual FoxPro 的主窗口
ACTIVATE WINDOW	显示并激活一个或多个窗口
ADD CLASS	向一个“.VCX”可视类库中添加类定义
ADD TABLE	向当前打开的数据库中添加一个自由表
ALTER TABLE-SQL	以编程方式修改表结构
APPPEIND	在表的末尾添加一个或者多个记录
APPEND FROM	将其他文件中的记录添加到当前表的末尾
APPEND FROM ARRAY	将数组的行作为记录添加到当前表中
APPEND GENERAL	从文件导入一个 OLE 对象，并将此对象置于数据库的通用字段中
APPEND MEMO	将文本文件的内容复制到备注字段中
APPEND PROCEDURES	将文本文件中的内部存储过程追加到当前数据库的内部存储过程中
ASSERT	若指定的逻辑表达式为假，则显示一个消息框
AVERAGE	计算数值型表达式或者字段的算术平均值
BEGIN TRANSACTION	开始一个事务
BLANK	清除当前记录所有字段的数据
BROWSE	打开浏览窗口
BUILD APP	创建以“.APP”为扩展名的应用程序
BUILD DLL	创建一个动态链接库
BUlLD EXE	创建一个可执行文件
BUILD PROJECT	创建并联编一个项目文件
CALCULATE	对表中的字段或字段表达式执行财务和统计操作
CALL	执行由 LOAD 命令放入内存的二进制文件、外部命令或外部函数
CANCEL	终止当前运行的 Visual FoxPro 程序文件
CD|CHDIR	将默认的 Visual FoxPro 目录改为指定的目录
CHANGE	显示要编辑的字段
CLEAR	清除屏幕，或从内存中释放指定项
CLOSE	关闭各种类型的文件
CLOSE MEMO	关闭备注编辑窗口
COMPILE	编译程序文件，并生成对应的目标文件
COMPILE DATABASE	编译数据库中的内部存储过程
COMPPILE FORM	编译表单对象
CONTINUE	继续执行前面的 LOCATE 命令
COPY FILE	复制任意类型的文件
COPY INDEXS	由单索引文件(扩展名为“.IDX”)创建复合索引文件
COPY MEMO	将当前记录的备注字段的内容复制到一个文本文件中

(续表)

命令	功能
COPY PROCEDIJRES	将当前数据库中的内部存储过程复制到文本文件中
COPY STRUCTURE	创建一个同当前表具有相同数据结构的空表
COPY STRUCTURE EXTENDED	将当前表的结构复制到新表中
COPY TAG	由复合索引文件中的某一索引标识创建一个单索引文件(扩展名“.IDX”)
COPY TO	将当前表中的数据复制到指定的新文件中
COPY TO ARRAY	将当前表中的数据复制到数组中
COUNT	计算表记录数目
CREATE	创建一个新的 Visual FoxPro 表
CREATE CLASS	打开类设计器，创建一个新的类定义
CREATE CLASSLIB	以“.VCX”为扩展名创建一个新的可视类库文件
CREATE COLOR SET	从当前颜色选项中生成一个新的颜色集
CREATE CONNECTION	创建一个命名联接，并把它存储在当前数据库中
CREATE CURSOR-SQL	创建临时表
CREATE DATABASE	创建并打开数据库
CREATE FORM	打开表单设计器
CREATE FROM	利用 COPY STRUCTURE EXTENDED 命令建立的文件创建一个表
CREATE LABEL	启动标签设计器，创建标签
CREATE MENU	启动菜单设计器，创建菜单
CREATE PROJECT	打开项目管理器，创建项目
CREATE QUERY	打开查询设计器
CREATE REPORT	在报表设计器中打开一个报表
CREATE REPORT…	快速报表命令，以编程方式创建一个报表
CREATE SCREEN	打开表单设计器
CREATE SCREEN…	快速屏幕命令，以编程方式创建屏幕画面
CREATE SQL VIEW	显示视图设计器，创建一个 SQL 视图
CREATE TABLE-SQL	创建具有指定字段的表
CREATE TRIGGER	创建一个表的触发器
CREATE VIEW	从 Visual FoxPro 环境中生成一个视图文件
DEACTIVATE MENU	使一个用户自定义的菜单栏失效，并将它从屏幕上移开
DEACTIVATE POPUP	关闭用 DEFINE POPUP 创建的菜单
DEACTIVATE WINDOW	使窗口失效，并将它们从屏幕上移开
DEBUG	打开 Visual FoxPro 调试器
DEBUGOUT	将表达式的值显示在“调试输出”窗口中
DECLARE	创建一维或二维数组
DEFINE BAR	在 DEFINE POPUP 创建的菜单上创建一个菜单项
DEFINE BOX	在打印文本周围画一个框

(续表)

命令	功能
DEFINE CLASS	创建一自定义的类或子类，同时定义这个类或子类的属性、事件和方法程序
DEFINE MENU	创建一个菜单栏
DEFINE PAD	在菜单栏上创建菜单标题
DEFINE POPUP	创建菜单
DEFINE WINDOW	创建一个窗口，并定义其属性
DELETE	对要删除的记录作标记
DELETE CONNECTION	从当前的数据库中删除一个命名联接
DELETE DATABASE	从磁盘上删除一个数据库
DELETE FILE	从磁盘上删除一个文件
DELETE FROM—SQL	对要删除的记录作标记
DELETE TAG	删除复合索引文件“.CDX”中的索引标识
DELETE TRIGGER	从当前数据库中移去一个表的触发器
DELETE VIEW	从当前数据库中删除一个 SQL 视图
DIMENSION	创建一维或二维的内存变量数组
DIR|DIRECTORY	显示目录或文件信息
DISPLAY	在窗口中显示当前表的信息
DISPLAY CONNECTIONS	在窗口中显示当前数据库中的命名联接的信息
DISPLAY DATABASE	显示当前数据库的信息
DISPLAY DLLS	显示 32 位 Windows 动态链接库函数的信息
DISPLAY FILES	显示文件的信息
DISPLAY MEMORY	显示内存或数组的当前内容
DISPLAY OBJECTS	显示一个或一组对象的信息
DISPLAY PROCEDURES	显示当前数据库中内部存储过程的名称
DISPLAY STATUS	显示 Visual FoxPro 环境的状态
DISPLAY STRUCTURE	显示表的结构
DISPLAY TABLES	显示当前数据库中的所有表及其相关信息
DISPLAY VIEWS	显示当前数据库中的视图信息
DO	执行一个 Visual FoxPro 程序或过程
DO CASE…ENDCASE	多项选择命令，执行第一组条件表达式计算为“真”(.T.)的命令
DO FORM	运行已编译的表单或表单集
DO WHILE…ENDDO	DO WHILE 循环语句，在条件循环中运行一组命令
DOEVENTS	执行所有等待的 Windows 事件
DROP TABLE	把表从数据库中移出，并从磁盘中删除
DROP VIEW	从当前数据库中删除视图
EDIT	显示要编辑的字段
EJECT	向打印机发送换页符
EJECT PAGE	向打印机发出条件走纸的指令

(续表)

命令	功能
END TRANSACTION	结束当前事务
ERASE	从磁盘上删除文件
ERROR	生成一个 Visual FoxPro 错误信息
EXIT	退出 DO WHILE、FOR 或 SCAN 循环语句
EXPORT	从表中将数据复制到不同格式的文件中
EXTERNAL	对未定义的引用，向应用程序编译器发出警告
FIND	查找命令，现用 SEEK 命令
FLUSH	将对表和索引所做的改动存入磁盘中
FOR EACH…ENDFOR	FOR 循环语句，对数组中或集合中的每一个元素执行一系列命令
FOR…ENDFOR	FOR 循环语句，按指定的次数执行一系列命令
FUNCTION	定义一个用户自定义函数
GATHER	将选定表中当前记录的数据替换为某个数组、内存变量组或对象中的 GATHER 数据
GETEXPR	显示表达式生成器，以便创建一个表达式，并将表达式存储在一个内存变量或数组元素中
GO|GOTO	移动记录指针，使它指向指定记录号的记录
HELP	打开帮助窗口
HIDE MENU	隐藏用户自定义的活动菜单栏
HIDE POPUP	隐藏用 DEFINE POPUP 命令创建的活动菜单
HIDE WINDOW	隐藏一个活动窗口
IF…ENDIF	条件转向语句，根据逻辑表达式有条件地执行一系列命令
IMPORT	从外部文件格式导入数据，创建一个 Visual FoxPro 新表
INDEX	创建一个索引文件
INPUT	从键盘输入数据，赋给一个内存变量或元素
INSERT	在当前表中插入新记录
INSERT INTO-SQL	在表尾追加一个包含指定字段值的记录
JOIN	联接两个表来创建新表
KEYBOARD	将指定的字符表达式放入键盘缓冲区
LABEL	从一个表或标签定义文件中打印标签
LIST	显示表或环境信息
LIST CONNECTIONS	显示当前数据库中命名联接的信息
LIST DATABASE	显示当前数据库的信息
LIST DLLS	显示有关 32 位 Windows DLL 函数的信息
LIST FILES	显示文件信息
LIST MEMORY	显示变量信息
LIST OBJECTS	显示一个或一组对象的信息
LIST PROCEDURES	显示数据库中内部存储过程的名称
LIST STATUS	显示状态信息

(续表)

命令	功能
LIST TABLES	显示存储在当前数据库中的所有表及其信息
LIST VIEWS	显示当前数据库中的 SQL 视图的信息
LOAD	将一个二进制文件、外部命令或者外部函数装入内存
LOCAL	创建一个本地内存变量或内存变量数组
LOCATE	按顺序查找满足指定条件(逻辑表达式)的第一个记录
LPARAMETERS	指定本地参数，接受调用程序传递来的数据
MD|MKDIR	在磁盘上创建一个新目录
MENU	创建菜单系统
MENU TO	激活菜单栏
MODIFY CLASS	打开类设计器，允许修改已有的类定义或创建新的类定义
MODIFY COMMAND	打开编辑窗口，以便修改或创建一个程序文件
MODIFY CONNECTION	显示联接设计器，允许交互地修改当前数据库中存储的命名联接
MODIFY DATABASE	打开数据库设计器，允许交互地修改当前数据库
MODIFY FILE	打开编辑窗口，以便修改或创建一个文本文件
MODIFY FORM	打开表单设计器，允许修改或创建表单
MODIFY GENERAL	打开当前记录中通用字段的编辑窗口
MODIFY LABEL	修改或创建标签，并把它们保存到标签定义文件中
MODIFY MEMO	打开一个编辑窗口，以便编辑备注字段
MODIFY MENU	打开菜单设计器，以便修改或创建菜单系统
MODIFY PROCEDURE	打开 Visual FoxPro 文本编辑器，为当前数据库创建或修改内部存储过程
MODIFY PROJECT	打开项目管理器，以便修改或创建项目文件
MODIFY QUERY	打开查询设计器，以便修改或创建查询
MODIFY REPORT	打开报表设计器，以便修改或创建报表
MODIFY SCREEN	打开表单设计器，以便修改或创建表单
MODIFY STRUCTURE	显示“表结构”对话框，允许在对话框中修改表的结构
MODIFY VIEW	显示视图设计器，允许修改已有的 SQL 视图
MODIFY WINDOW	修改窗口
MOUSE	单击、双击、移动或拖动
MOVE POPUP	把菜单移到新位置
MOVE WINDOW	把窗口移到新位置
ON BAR	指定要激活的菜单或菜单栏
ON ERROR	指定发生错误时要执行的命令
ON ESCAPE	程序或命令执行期间，指定按 Esc 键时所执行的命令
ON EXIT BAR	离开指定的菜单项时执行的命令
ON KEY LABEL	当按下指定的键(组合键)或单击时指定执行的命令
ON PAD	指定选定菜单标题时要激活的菜单或菜单栏
ON PAGE	当打印输出到达报表指定行，或使用 EJECT PAGE 时指定执行的命令
ON READERROR	指定为响应数据输入错误而执行的命令

(续表)

命令	功能
ON SELECTION BAR	指定选定菜单项时执行的命令
ON SEIECTION MENU	指定选定菜单栏的任何菜单标题时执行的命令
ON SELECTION PAD	指定选定菜单栏上的菜单标题时执行的命令
ON SELECTION POPUP	指定选定弹出式菜单的任一菜单项时执行的命令
ON SHUTDOWN	当试图退出 Visual FoxPro 和 Microsoft Windows 时执行指定的命令
OPEN DATABASE	打开数据库
PACK	对当前表中具有删除标记的所有记录完成永久删除
PACK DATABASE	从当前数据库中删除已作删除标记的记录
PARAMETERS	把调用程序传递来的数据赋给私有内存变量或数组
PLAY MACRO	执行一个键盘宏
POP KEY	恢复用 PUSH KEY 命令放入堆栈内的 ON KEY LABEL 指定的键值
POP POPUP	恢复用 PUSH POPUP 命令放入堆栈内的指定的菜单定义
PRIVATE	在当前程序文件中指定隐藏调用程序中定义的内存变量或数组
PROCEDURE	标识一个过程的开始
PUBLIC	定义全局内存变量或数组
PUSH KEY	把所有当前的 ON KEY LABEL 命令设置放入内存堆栈中
PUSH MENU	把菜单栏定义放入内存的菜单栏定义堆栈中
PUSH POPUP	把菜单定义放入内存的菜单定义堆栈中
QUIT	结束当前运行的 Visual FoxPro，并把控制移交给操作系统
RD|RMDIR	从磁盘上删除目录
READ	激活控件，现用表单设计器代替
READ EVENTS	开始事件处理
READ MENU	激活菜单，现用菜单设计器创建菜单
RECALL	在选定表中去掉指定记录的删除标记
REGIONAL	创建局部内存变量和数组
REINDEX	重建已打开的索引文件
RELEASE	从内存中删除内存变量或数组
RELEASE BAR	从内存中删除指定的菜单项或所有菜单项
RELEASE CLASSLIB	关闭包含类定义的“.VCX”可视类库
RELEASE LIBRARY	从内存中删除一个单独的外部 API 库
RELEASE MENUS	从内存中删除用户自定义的菜单栏
RELEASE PAD	从内存中删除指定的菜单标题或所有菜单标题
RELEASE POPUPS	从内存中删除指定的菜单或所有菜单
RELEASE PROCEDURE	关闭用 SET PROCEDURE 打开的过程
RELEASE WINDOWS	从内存中删除窗口
RENAME	把文件名改为新文件名
RENAME CLASS	对包含在“.VCX”可视类库的类定义重新命名
RENAME CONNECTION	给当前数据库中已命名的联接重新命名

(续表)

命令	功能
RENAME TABLE	重新命名当前数据库中的表
RENAME VIEW	重新命名当前数据库中的 SQL 视图
REPLACE	更新表的记录
PEPLACE FROM ARRAY	用数组中的值更新字段数据
REPORT FORM	显示或打印报表
RESPORE FROM	检索内存文件或备注字段中的内存变量和数组，并把它们放入内存中
RESTORE MACROS	把保存在键盘宏文件或备注字段中的键盘宏还原到内存中
RESTORE SCREEN	恢复先前保存在屏幕缓冲区、内存变量或数组元素中的窗口
RESTORE WINDOW	把保存在窗口文件或备注字段中的窗口定义或窗口状态恢复到内存
RESUME	继续执行挂起的程序
RETRY	重新执行同一个命令
RETURN	程序控制返回调用程序
ROLLBACK	取消当前事务期间所作的任何改变
RUN|?	运行外部操作命令或程序
SAVE TO	把当前内存变量或数组保存到内存变量文件或备注字段中
SAVE WINDOWS	把窗口定义保存到窗口文件或备注字段中
SCAN…ENDSCAN	记录指针遍历当前选定的表，并对所有满足指定条件的记录执行一组命令
SCATTER	把当前记录的数据复制到一组变量或数组中
SCROLL	向上、下、左或右滚动窗口的一个区域
SEEK	在当前表中查找首次出现的、索引关键字与通用表达式匹配的记录
SELECT	激活指定的工作区
SELECT-SQL	从表中查询数据
SET	打开“数据工作期”窗口
SET ALTERNATE	把?、??、DISPLAY 或 LIST 命令创建的输出定向到一个文本文件
SET ANSI	确定 Visual FoxPro SQL 命令中如何用操作符对不同长度的字符串进行比较
SET ASSERTS	确定是否执行 ASSERT 命令
SET AUTOSAVE	当退出 READ 或返回到命令窗口时，确定 Visual FoxPro 是否把缓冲区中的数据保存到磁盘上
SET BELL	打开或关闭计算机的铃声，并设置铃声属性
SET BLINK	设置闪烁属性或高密度属性
SET BLOCKSIZE	指定 Visual FoxPro 如何为保存备注字段分配磁盘空间
SET BORDER	为要创建的框、菜单和窗口定义边框，现用 BorderStyleProperty 代替
SET BRSTATUS	控制浏览窗口中状态栏的显示
SET CARRY	确定是否将当前记录的数据送到新记录中
SET CENTURY	确定是否显示日期表达式的世纪部分
SET CLASSLIB	打开一个包含类定义的“.VCX”可视类库
SET CLEAR	当 SET FORMAT 执行时，确定是否清除 Visual FoxPro 主窗口

(续表)

命令	功能
SET CLOCK	确定是否显示系统时钟
SET COLLATE	指定在后续索引和排序操作中字符字段的排序顺序
SET COLOR OF	指定用户自定义菜单和窗口的颜色
SET COLOR OF SCHEME	指定配色方案中的颜色
SET COLOR SET	加载已定义的颜色集
SET COLOR TO	指定用户自定义菜单和窗口的颜色
SET COMPATIBLE	控制与 FoxBase+以及其他 XBase 语言的兼容性
SET CONFIRM	指定是否可以通过在文本框中输入最后一个字符来退出文本框
SET CONSOLE	启用或废止从程序内向窗口的输出
SET COVERAGE	开或关编辑日志，或指定一文本文件，编辑日志的所有信息并输出到其中
SET CPCOMPILE	指定编译程序的代码页
SET CPDIALOG	打开表时，指定是否显示“代码页”对话框
SET CURRENCY	定义货币符号，并指定货币符号在数值型表达式中的显示位置
SET CURSOR	Visual FoxPro 等待输入时，确定是否显示插入点
SET DATASESSION	激活指定的表单的数据工作期
SET DATE	指定日期表达式(日期时间表达式)的显示格式
SET DATEBASE	指定当前数据库
SET DEBUG	从 Visual FoxPro 的菜单系统中打开“调试”窗口和“跟踪”窗口
SET DEBUGOUT	将调试结果输出到文件
SET DECIMALS	显示数值表达式时指定小数位数
SET DEFAULT	指定默认驱动器、目录(文件夹)
SET DELETED	指定 Visual FoxPro 是否处理带有删除标记的记录
SET DELIMITED	指定是否分隔文本框
SET DEVELOPMENT	在运行程序时，比较目标文件的编译时间与程序的创建日期时间
SET DEVICE	指定@…SAY 产生的输出定向到屏幕、打印机或文件中
SET DISPLAY	在支持不同显示方式的监视器上允许更改当前显示方式
SET DOHISTORY	把程序中执行过的命令放入命令窗口或文本文件中
SET ECHO	打开程序调试器及“跟踪”窗口
SET ESCAPE	按下 Esc 键时中断所执行的程序和命令
SET EVENTLIST	指定调试时跟踪的事件
SET EVENTTRACKING	开启或关闭事件跟踪，或将事件跟踪结果输出到文件
SET EXACT	指定用精确或模糊规则来比较两个不同长度的字符串
SET EXCLUSIVE	指定 Visual FoxPro 以独占方式还是以共享方式打开表
SET FDOW	指定一星期的第一天要满足的条件
SET FIELDS	指定可以访问表中的哪些字段
SET FILTER	指定访问当前表中记录时必须满足的条件
SET FIXED	数值数据显示时，指定小数位数是否固定
SET FULLPATH	指定 CDX()、DBF()、IDX()和 NDX()是否返回文件名中的路径

(续表)

命令	功能
SET FUNCTION	把表达式(键盘宏)赋给功能键或组合键
SET FWEEK	指定一年的第一周要满足的条件
SET HEADINGS	指定显示文件内容时，是否显示字段的列标头
SET HELP	启用或废止 Visual FoxPro 的联机帮助功能，或指定一个帮助文件
SET HELPFILTER	让 Visual FoxPro 在帮助窗口显示“.DBF”风格帮助主题的子集
SET HOURS	将系统时钟设置成 12 或 24 小时制
SET INDEX	打开索引文件
SET KEY	指定基于索引键的访问记录范围
SET KEYCOMP	控制 Visual FoxPro 的击键位置
SET LIBRARY	打开一个外部 API(应用程序接口)库文件
SET LOCK	激活或废止在某些命令中的自动锁定文件
SET LOGERRORS	确定 visual FoxPro 是否将编译错误信息送到一个文本文件中
SET MACKEY	指定显示“宏键定义”对话框的单个键或组合键
SET MARGIN	设定打印的左页边距，并对所有定向到打印机的输出结果都起作用
SET MARK OF	为菜单标题或菜单项指定标记字符
SET MARK TO	指定日期表达式显示时的分隔符
SET MEMOWIDTH	指定备注字段和字符表达式的显示宽度
SET MESSAGE	定义在 VisualFoxPro 主窗口或图形状态栏中显示的信息
SET MOUSE	设置鼠标能否使用，并控制鼠标的灵敏度
SET MULTILOCKS	可以用 LOCK()或 RLOCK()锁住多个记录
SET NEAR	FIND 或 SEEK 查找命令不成功时，确定记录指针停留的位置
SET NOCPTRANS	防止把已打开表中的选定字段转到另一个代码页
SET NOTIFY	显示某种系统信息
SET NULL	确定 ALTER TABIE、CREATE TABLE、INSERT—SQL 命令是否支持 NULL 值
SET NULLDISPLAY	指定 NULL 值显示时对应的字符串
SET ODOMETER	为处理记录的命令设置计数器的报告间隔
SET OLEOBJECT	Visual FoxPro 找不到对象时，指定是否在 Windows Registry 中查找
SET OPTIMIZE	使用 Rushmorle 优化
SET ORDER	为表指定一个控制索引文件或索引标识
SET PALETTE	指定 Visual FoxPro 使用默认调色板
SET PATH	指定文件搜索路径
SFT PDSETUP	加载/清除打印机驱动程序
SET POINT	显示数值表达式或货币表达式时，确定小数点字符
SET PRINTER	指定输出到打印机
SET PROCEDURE	打开一个过程文件
SET READBORDER	确定是否在@...GET 创建的文本框周围放上边框
SET REFRESH	当网络上的其他用户修改记录时，确定能否更新浏览窗口

(续表)

命令	功能
SET RELATION	建立两个或多个已打开的表之间的关系
SET RELATION OFF	解除当前选定工作区父表与相关子表之间已建立的关系
SET REPROCESS	指定一次锁定尝试不成功时，再尝试加锁的次数或时间
SET RESOURCE	指定或更新资源文件
SET SAFETY	在改写已有文件之前，确定是否显示对话框
SET SCOREBOARD	指定在何处显示 Num Lock、Caps Lock 和 Insert 等键的状态
SET SECONDS	当显示日期时间值时，指定显示时间部分的秒
SET SEPARATOR	在小数点左边，指定每三位数一组所用的分隔字符
SET SHADOWS	给窗口、菜单、对话框和警告信息放上阴影
SET SKIP	在表之间建立一对多的关系
SET SKIP OF	启用或废止用户自定义菜单或 Visual FoxPro 系统菜单的菜单栏、菜单标题或菜单项
SET SPACE	设置?或??命令时，确定字段或表达式之间是否要显示一个空格
SET STATUS	显示或删除字符表示的状态栏
SET STATUS BAR	显示或删除图形状态栏
SET STEP	为程序调试打开跟踪窗口并挂起程序
SET STICKY	在选择一个菜单项、按 Esc 键或在菜单区域外单击鼠标之前，指定菜单保持拉下状态
SET SYSFORMATS	指定 Visual FoxPro 系统设置是否随当前 Windows 系统设置而更新
SET SYSMENU	在程序运行期间，启用或废止 Visual FoxPro 系统菜单栏，并对其重新配置
SET TALK	确定是否显示命令执行结果
SET TEXTMERGE	指定是否对文本合并分隔符括起的内容进行计算，允许指定文本合并输出
SET TEXTMERGE DELIMETERS	指定文本合并分隔符
SET TOPIC	激活 Visual FoxPro 帮助系统时，指定打开的帮助主题
SET TOPIC ID	激活 Visual FoxPro 帮助系统时，指定显示的帮助主题
SET TRBETWEEN	在跟踪窗口的断点之间启用或废止跟踪
SET TYPEAHEAD	指定键盘输入缓冲区可以存储的最大字符数
SET UDFPARMS	指定参数传递方式(按值传递或引用传递)
SET UNIQUE	指定有重复索引关键字值的记录是否被保留在索引文件中
SET VIEW	打开或关闭“数据工作期”窗口，或从一个视图文件中恢复 Visual FoxPro 环境
SET WINDOW OF MEMO	指定可以编辑备注字段的窗口
SHOW GET	重新显示所指定到内存变量、数组元素或字段的控件
SHOW GETS	重新显示所有控件
SHOW MENU	显示用户自定义菜单栏，但不激活该菜单

(续表)

命令	功能
SHOW OBJECT	重新显示指定控件
SHOW POPUP	显示用 DEFINE POPUP 定义的菜单，但不激活它们
SHOW WINDOW	显示窗口，但不激活它们
SIZE POPUP	改变用 DEFINE POPUP 创建的菜单大小
SIZE WINDOW	更改窗口的大小
SKIP	使记录指针在表中向前或向后移动
SORT	对当前表排序，并将排序后的记录输出到一个新表中
STORE	把数据存储到内存变量、数组或数组元素中
SUM	对当前表的指定数值字段或全部数值字段进行求和
SUSPEND	暂停程序的执行，并返回到 Visual FoxPro 交互状态
TEXT…ENDTEXT	输出若干行文本、表达式和函数的结果
TOTAL	计算当前表中数值字段的总和
TYPE	显示文件的内容
UNLOCK	从表中释放记录锁定或文件锁定
UPDATE	用其他表的数据更新当前选定工作区中打开的表
UPDATE-SQL	以新值更新表中的记录
USE	打开表及其相关索引文件，或打开一个 SQL 视图，或关闭所有表
VALIDATE DATABASE	保证当前数据库中表和索引位置的正确性
WAIT	显示信息并暂停 Visual FoxPro 的执行，等待按任意键的输入
WITH…ENDWITH	给对象指定多个属性
ZAP	清空打开的表，只留下表的结构
ZOOMWINDOW	改变窗口的大小及位置

附录C　Visual FoxPro 6.0 常用函数一览表

本附录中使用的函数参数具有其英文单词(串)表示的意义，如 nExpression 表示参数为数值表达式，cExpression 为字符串表达式，lExpression 为逻辑型表达式等。Visual FoxPro 6.0 常用函数如表 C-1 所示。

表 C-1　Visual FoxPro 6.0 常用函数一览表

函数	功能
&	宏代换函数
ABS(nExpression)	求绝对值
ACLASS(ArrayName，oExpression)	将对象的类名代入数组
ACOPY(SourceArrayName，DestinationArrayName[，nFirstSource—Element[，nNumberElements[，nFirst—DestElement]]])	复制数组
ACOS(nExpression)	返回弧度制余弦值
ADATABASES(ArrayName)	将打开的数据库的名字代入数组
ADBOBJECTS(ArrayName，cSetting)	将当前数据库中表等对象的名字代入数组
ADDBS(cPath)	在路径末尾加反斜杠
ADEL(ArrayName，nElementNumber[，2])	删除一维数组元素，或二维数组的行或列
ADIR(ArrayName[，cFileSkeletonE，cAttribute]])	文件信息写入数组并返回文件数
AELEMENT(ArrayName，nRowSubscript[，nColumnSubscript])	由数组下标返回数组元素号
AERROR(ArrayName)	创建包含最近 Visual FoxPro、OLE、ODBC 错误信息的数组
AFIELDS(ArrayNameV，nWorkArea | cTableAlias))	当前表的结构存入数组并返回字段数
AFONT(ArrayName[，cFontName[，nFontSize]])	将字体名、字体尺寸代入数组
AGETCLASS(ArrayName[，cLibraryName[，cClassName[，cTitleText[，cFileNameCaption[，ButtonCaption]]]]])	在打开对话框中显示类库，并创建包含类库名和所选类的数组

(续表)

函数	功能
AGETFILEVERSION(ArrayName, cFileName)	创建包含 Windows 版本文件信息的数组
AINS(ArrayName，nElementNumber[，2])	一维数组插入元素，二维数组插入行或列
AINSTANCE(ArrayName，cClassName)	将类的实例代入数组，并返回实例数
ALEN(ArrayName[，nArrayAttribute])	返回数组元素数、行或列数
ALIAS([nWorkArea | cTableAlias])	返回表的别名，或指定工作区的别名
ALINES(ArrayName，cExpressionE，lTrim))	字符表达式或备注型字段按行复制到数组
ALLTRIM(cExpression)	删除字符串前后空格
AMEMBERS(ArrayName，ObjectName | cClassName[，1| 2])	将对象的属性、过程、对象成员名代入数组
AMOUSEOBJ(ArrayName[，1])	创建包含鼠标指针位置信息的数组
ANETRESOURCES(ArrayName，cNetworkName，NresourceType)	将网络共享或打印机名代入数组，返回资源数
APRINTERS(ArrayName)	将 Windows 打印管理器的当前打印机名代入数组
ASC(cExpression)	取字符串首字符的 ASCII 码值
ASCAN(ArrayName，eExpression[，nStartElement[，nElementsSearched]])	数组中找指定表达式
ASELOBJ(ArrayName，[1 | 2])	将表单设计器当前控件的对象引用代入数组
ASIN(nExpression)	求反正弦值
ASORT(ArrayName[，nStartElemem[，nNumberSorted[，nSortOrder]]])	将数组元素排序
ASUBSCRIPT(ArrayName，nElementNumber，nSubscript)	从数组元素序号返回该元素行或列的下标
AT(cSearchExpression，cExpressionSearched[，nOccurrence])	求子字符串的起始位置
AT_C(cSearehExpression，cExpressionSearched[，nOccurrence])	可用于双字节字符表达式，对于单字节同 AT
ATAN(nExpression)	求反正切值
ATC(cSearchExpression，cExpressionSearched[，nOccurrence])	类似 AT，但不分大小写
ATCC(cSearchExpression，cExpressionSearched[，nOccurrence])	类似 AT_C，但不分大小写
ATCLINE(cSearchExpression，cExpressionSearched)	子串行号函数
ATLINE(cSearchExpression，cExpressionSearched)	子串行号函数，但不分大小写
ATN2(nYCoordinate，nXCoordinate)	由坐标值求反正切值
AUSED(ArrayName[，nDataSessionNumber])	将表的别名和工作区代入数组
AVCXCLASSES(ArrayName，cLibraryName)	将类库中类的信息代入数组

(续表)

函数	功能
BAR()	返回所选弹出式菜单或 Visual FoxPro 菜单命令项号
BETWEEN(eTestValue，eLowValue，eHighValue)	表达式值是否在其他两个表达式值之间
BINTOC(nExpression[，nSize])	整型值转换为二进制字符
BITAND(nExpressionl，nExpression2)	按二进制 AND 操作的结果返回两个数值
BITCLEAR(nExpressionl，nExpression2)	对数值中指定的二进制位置零，并返回结果
BITLSHIFT(nExpression1，nExpression2)	按二进制左移结果返回数值
BITNOT(nExpression)	按二进制 NOT 操作的结果返回数值
BITOR(nExpressionl，nExpression2)	按二进制 OR 操作的结果返回数值
BITRSHIFT(nExpressionl，nExpression2)	按二进制右移结果返回数值
BITSET(nExpressionl，nExpression2)	对数值中指定的二进制位置 1，并返回结果
BITTEST(nExpressionl，nExpression2)	若数值中指定的二进位置 1，则返回.T.
BITXOR(nExpressionl，nExpression2)	按二进制 XOR 操作的结果返回数值
BOF([nWorkArea | cTableAlias])	判断记录指针是否移动到文件头
CANDIDATE([nIndexNumber][，nWorkArea | cTableAlias])	判断索引标识是否为候选索引
CAPSLOCK([1Expression])	返回 Caps Lock 键的状态 On 或 Off
CDOW(dExpression | tExpression)	返回英文星期几
CDX(nIndexNumber[，nWorkArea | cTableAlias])	返回复合索引文件名
CEILING(nExpression)	返回不小于某值的最小整数
CHR(nANSICode)	由 ASCII 码转换为相应字符
CHRSAW([nSeconds])	判断键盘缓冲区是否有字符
CHRTRAN(cSearchedExpression，cSearchExpression，cReplacementExpression)	替换字符
CHRTRANC(cSearched，cSearchFor，cReplacement)	替换双字节字符，对于单字节等同于 CHRTRAN
CMONTH(dExpression | tExpression)	返回英文月份
CNTBAR(cMenuName)	返回菜单项数
CNTPAD(cMenuBarName)	返回菜单标题数
COL()	返回光标所在列，现用 CurrentX 属性代替
COMPOBJ(oExpressionl，oExpression2)	比较两个对象属性是否相同
COS(nExpression)	返回余弦值
CPCONVERT(nCurrentCodePage，mNewCodePage，cExpression)	备注型字段或字符表达式转为另一代码页
CPCURRENT([1 | 2])	返回 Visual FoxPro 配置文件或操作系统代码页
CPDBF([nWorkArea | cTableAlias])	返回打开的表被标记的代码页
CREATEBINARY(cExpression)	转换字符型数据为二进制字符串

(续表)

函数	功能
CREATEOBJECT(ClassName[，eParameterl，eParameter2，…])	从类定义创建对象
CREATEOBJECTEX(cCLSID | cPROGID，cComputerName)	创建远程计算机上注册为 COM 对象的实例
CREATEOFFLINE(ViewName[，cPath])	取消存在的视图
CTOBIN(cExpression)	二进制字符转换为整型值
CTOD(eExpression)	日期字符串转换为字符型
CTOT(eCharacterExpression)	从字符表达式返回日期时间
CURDIR()	返回 DOS 当前目录
CURSORGETPROP(cProperty[，nWorkArea | cTableAlias])	返回为表或临时表设置的当前属性
CURSORSETPROP(cProperty[，eExpression][，cTableAlias | nWorkArea])	为表或临时表设置属性
CURVAL(cExpression[，cTableAlias | nWorkArea])	直接从磁盘返回字段值
DATE(nYear，nMonth，nDay))	返回当前系统日期
DATETIME([nYear，nMonth，nDay[，nHours[，nMinutes[，nSeconds]]]])	返回当前日期时间
DAY(dExpression | tExpression)	返回日期数
DBC( )	返回当前数据库名
DBF([cTableAlias | nWorkArea])	指定工作区中的表名
DBGETPROP( )	返回当前数据库、字段、表或视图的属性
DBSETPROP(eName，cType，cProperty，ePropertyValue)	为当前数据库、字段、表或视图设置属性
DBUSED(cDatabaseName)	判断数据库是否打开
DDEAborTrans(nTransactionNumber)	中断 DDE 处理
DDEAdvise(nChannelNumber，cItemName，cUDFName，nLinkType)	创建或关闭一个温式或热式联接
DDEEnabled([1Expressionl | nChannelNumber[，1Expression2]])	允许或禁止 DDE 处理，或返回 DDE 状态
DDEExecute(nChannelNumber，eCommand[，cUDFName])	利用 DDE 执行服务器的命令
DDEInitiate(cServiceName，cTopicName)	建立 DDE 通道，初始化 DDE 对话
DDELastError( )	返回最后一次 DDE 函数的错误
DDEPoke(nChannelNumber，cItemName，cDataSent[，cDataFormat[，cUDFName]])	在客户和服务器之间传送数据
DDERequest(nChannelNumber，cItemName[，cDataFormat[，cUDFName]])	向服务器程序获取数据

(续表)

函数	功能
DDESetOption(cOption[, nTimeoutValue | 1Expression])	改变或返回 DDE 的设置
DDESetService(cServiceName, cOption[, cDataFormat | lExpression])	创建、释放或修改 DDE 服务名和设置
DDETerminate(nChannelNumber | cServiceName)	关闭 DDE 通道
DELETED([cTableAlias | nWorkArea])	测试指定工作区当前记录是否有删除标记
DIFFERENCE(cExpressionl, cExpression2)	用数表示两字符串拼法的区别
DIRECTORY(cDirectoryName)	目录在磁盘上找到时返回.T.
DISKSPACE([cVolumeNarne])	返回磁盘可用空间的字节数
DMY(dExpression | tExpression)	以 day-month-year 格式返回日期
DOW(dExpression, tExpression[, nFirstDayOfWeek])	返回星期几
DRIVETYPE(cDrive)	返回驱动器类型
DTOC(dExpression | tExpression[, 1])	日期型转换为字符型
DTOR(nExpression)	度转换为弧度
DTOS(dExpression | tExpression)	以 yyyymmdd 格式返回字符串日期
DTOT(dDateExpression)	从日期表达式返回日期时间
EMPTY(eExpression)	判断表达式是否为空
EOF([nWorkArea | cTableAlias])	判断记录指针是否在表尾后
ERROR( )	返回错误号
EVALUATE(cExpression)	返回表达式的值
EXP(nExpression)	返回指数值
FCHSIZE(nFileHandle, nNewFileSize)	改变文件的大小
FCLOSE(nFileHandle)	关闭文件或通信口
FCOUNT([nWorkArea | cTableAlias])	返回字段数
FCREATE(cFileName[, nFileAttribute])	创建并打开低级文件
FDATE(cFileName[, nType])	返回最后修改日期或日期时间
FEOF(nFileHandle)	判断指针是否指向文件尾部
FERROR( )	返回执行文件的出错信息号
FFLUSH(nFileHandle)	存盘
FGETS(nFileHandle[, nBytes])	取主件内容
FIELD(nFieldNumber[, nWorkArea | cTableAlias])	返回字段名
FILE(cFileName)	测试指定文件名是否存在
FILETOSTR(cFileName)	以字符串返回文件内容
FILTER([nWorkArea | cTableAlias])	SET FIL TER 中设置的过滤器
FKLABEL(nFunctionKeyNumber)	返回功能键名

(续表)

函数	功能
FKMAX( )	可编程的功能键个数
FLOCK([nWorkArea | cTableAlias])	企图对当前表或指定表加锁
FLOOR(nExpression)	返回不大于指定数的最大整数
FONTMETRIC(nAttribute[，cFontName，nFontSize[，cFontStyle]])	从当前安装的操作系统字体返回字体属性
FOPEN(cFileName[，n. Attribute])	打开文件
FOR([nlndexNumber[，nWorkArea | cTableAlias]])	返回索引表达式
FOUND([nWorkArea | cTableAlias])	判断最近一次搜索数据是否成功
FPUTS(nFileHandle，cExpression[，nCharactersWritten])	向文件中写内容
FREAD(nFileHandle，nBytes)	读文件内容
FSEEK(nFileHandle，nBytesMoved[，nRelativePosition])	移动文件指针
FSIZE(cFieldName[，nWorkArea | cTableAlias]] cFileName)	指定字段字节数
FTIME(cFileName)	返回文件的最后修改时间
FULLPATH(cFileNamel[，nMSDOSPath | cFileName2])	路径函数
FV(nPayment，nInterestRate，nPeriods)	未来值函数
FWRITE(nFileHandle，cExpression[，nCharactersWritten])	向文件中写内容
GETBAR(MenultemName，nMenuPosition)	返回菜单项数
GETCOLOR[nDefaultColorNumber]	显示“窗口颜色”对话框，返回所选颜色数
GETCP([nCodePage][，cText][，cDialogTitle])	显示“代码页”对话框
GETDIR([cDirectory[，cText]])	显示“选择目录”对话框
GETENV(cVariableName)	返回指定的 MS-DOS 环境变量内容
GETFILE([cFileExtensions][，eText][，cOpenButtonCaption] [，nButtonType][，cTitleBarCaption])	显示“打开”对话框，返回所选文件名
GETFlDSTATE(cFieldName| nFieldNumber[，cTableAlias | nWorkArea])	表或临时表的字段被编辑返回的数值
GETFONrr(cFontName[，nFontsize[，cFontStyle]])	显示“字体”对话框，返回选取的字体名
GETHOST( )	返回对象引用
GETOBJECT(FileName[，ClassName])	激活自动对象，创建对象引用
GETPAD(cMenuBarName，nMenuBarPosition)	返回菜单标题

(续表)

函数	功能
GETPEM(oObjectName | cClassName，cProperty | cEvent cMethod)	返回属性值、事件或方法程序的代码
GETPICT([cFileExtensions][，cFileNameCaption][，cOpenButtonCaption])	显示“打开图像”对话框，返回所选图像的文件名
GETPRINTER( )	显示“打印”对话框，返回所选的打印机名
GOMONTH(dExpression | tExpression，nNumberOfMonths)	返回指定月的日期
HEADER([nWorkArea | cTableAlias])	返回当前表或指定表头部字节数
HOME([nLocation])	返回 Visual FoxPro 和 Visual Studio 目录名
HOUR(tgxpression)	返回小时
IIF(1Expression，eExpressionl，eExpression2)	类似于 IF…ENDIF
INDBC(cDatabaseObjeciName，cType)	指定的数据库是当前数据库时返回.T.
INDEXSEEK(eExpression[，lMovePointer[，nWorkArea | cTableAlias [，nlndexNumber | cIDXIndexFileName | cTagName]]])	不移动记录指针搜索索引表
INKEY(EnSeconds)[，cHideCursor])	返回所按键的 ASCII 码
INLIST(eExpressionl，eExpressiort2[，eExpression3…])	判断表达式是否在表达式清单中
INSMODE([lExpression])	返回或设置 INSERT 方式
INT(nExpression)	取整
ISALPHA(cExpression)	判断字符串是否以数字开头，是结果为.F.
ISBLANK(eExpression)	判断表达式是否为空格
ISCOLOR( )	判断是否在彩色方式下运行
ISDIGIT(cExpression)	判断字符串是否以数字开头，是结果为.T.
ISEXCLUSIVE([TableAlias | nWorkArea | cDatabaseNaIne[，nType]])	表或数据库以独占方式打开时返回.T.
ISFLOCKED([nWorkArea | cTableAlias])	返回表锁定状态
ISLOWER(cExpression)	判断字符串是否以小写字母开头
ISMOUSE( )	有鼠标硬件时返回.T.
ISNULL(eExpressioIn)	表达式是 NULL 值时返回.T.
ISREADONLY([nWorkArea | eTableAlias])	决定表是否以只读方式打开
ISRLOCKED([nRecordNumber，[nWorkArea | cTableAlias]])	返回记录锁定状态
ISUPPERI(cExpression)	字符串是否以大写字母开头
JUSTDRIVE(cPath)	从全路径返回驱动器字符
JUSTEXT(Cpath)	从全路径返回 3 个字符的扩展名
JUSTFNAME(eFileName)	从全路径返回文件名
JUSTPATH(cFileName)	返回路径

(续表)

函数	功能
JUSTSTEM(cFileName)	返回文件主名
KEY([CDXFileName，]nIndexNurmber[，nWorkArea | cTableAlias])	返回索引关键表达式
KEYMATCH(eIndexKey[，nIndexNumber[，nWorkArea | cTableAlias]])	搜索索引标识或索引文件
LASTKEY()	取最后的按键值
LEFT(cExpression，nExpression)	取字符串左子串函数
LEFTC(cExpression，nExpression)	取字符串左子串函数，用于双字节字符
LEN(cExpression)	取字符串长度函数
LENC(cExprcssion)	取字符串长度函数，用于双字节字符
LIKE(cExpressionl，cExpression2)	取字符串包含函数
LIKEC(cExpressionl，cExpression2)	取字符串包含函数，用于双字节字符
LINENO([1])	返回从主程序开始的程序执行行数
LOADPICTURE([cFileName]	创建图形对象引用
LOCFILE(cFileName[，eFileExtensions][，cFileNameCaption])	查找文件函数
LOCK([nWorkArea | cTableAlias]][eReeordNumberList，nWorkArea | cTableAlias])	对当前记录加锁
LOG(nExpression)	求自然对数函数
LOG10(nExpression)	求常用对数函数
LOOKUP(RetunField，eSearchExpression，SearchedField[，eTagName])	搜索表中匹配的第一条记录
LOWER(cExpression)	大写转换小写函数
LTRIM(cExpression)	除去字符串前导空格
LUPDATE([nWorkArea | cTableAlias])	返回表的最后修改日期
MAX(eExpressionl，eExpression2[，eExpression3…])	求最大值函数
MCOL([cWindowName[，nScaleMode]])	返回鼠标指针在窗口中列的位置
MDX(nIndexNumber[，nWorkArea | cTableAlias])	由序号返回“. CDX”索引文件名
MDY(dExpression | tExpression)	返回 month-day-year 格式日期或日期时间
MEMLINES(MemoFieldName)	返回备注型字段行数
MEMORY()	返回内存可用空间
MENU()	返回活动菜单项名
MESSAGE([1])	由 ON ERROR 所得的出错信息字符串
MESSAGEBOX(cMessageText[，nDialogBoxType[，eTitleBarText]])	显示“信息”对话框

(续表)

函数	功能
MIN(eExpressionl，eExpression2[，eExpression3…])	求最小值函数
MINUTE(tExpression)	从日期时间表达式返回分钟
MLINE(MemoFieldName，nLineNumber[，nNumberOffCharacters])	从备注型字段返回指定行
MOD(nDividend，nDivisor)	相除返回余数
MONTH(dExpression | tExpression)	求月份函数
MRKBAR(cMenuName，nMenuItemNumber | cSystemMenuItemName)	菜单项是否作标识
MRKPAD(cMenuBarName，cMenuTitleName)	菜单标题是否作标识
MROW([cWindowName[，nScaleMode]])	返回鼠标指针在窗口中行的位置
MTON(mExpression)	从货币表达式返回数值
MWINDOW([cWindowName])	鼠标指针是否指定在窗口内
NDX(nIndexNumber[，nworkArea | eTableAlias])	返回索引文件名
NEWOBJECT(cClassName[，cModule[，clnApplication[，eParameter1，eParamoter2，…]]])	从“. VCX”类库或程序创建新类或对象
NTOM(nExpression)	数值型转换为货币型
NUMLOCK([lExpression])	返回或设置 Num Lock 键状态
OBJTOCLIENT(ObjectName，nPosition)	返回控件或与表单有关对象的位置或大小
OCCURS(cSearchExpression，cExpressionSearched)	返回字符表达式出现的次数
OEMTOANSI( )	将 OEM 字符转换成 ANSI 字符集中的相应字符
OLDVAL(cExpression[，cTableAlias | nWorkArea])	返回源字段值
ON(cOnCommand[，KeyLabelName])	返回发生指定情况时执行的命令
ORDER([nWorkArea | cTableAlias[，nPath]])	返回控制索引文件或标识名
OS([1 | 2])	返回操作系统名和版本号
PAD([cMenuTitle[，cMenuBarName]])	返回菜单标题
PADL(eExpression，nResultSize[，cPadCharacter])	返回串，并在左边、右边、两头加字符
PARAMETERS( )	返回调用程序时的传递参数个数
PAYMENT(nPrincipal，nInterestRate，nPayments)	分期付款函数
PCOL( )	返回打印机头当前列的坐标
PCOUNT( )	返回经过当前程序的参数个数

(续表)

函数	功能
PEMSTATUS(oObjectName | eClassName，cProperty | cEvent |cMethod | cObject，nAttribute)	返回属性
PI( )	返回 π 常数
POPUP([cMenuName])	返回活动菜单名
PRIMARY([nIndexNumber][，nWorkArea | cTableAlias])	主索引标识时返回.T.
PRINTSTATUS( )	打印机在线时返回.T.
PRMBAR(MenuName，nMenuItemNumber)	返回菜单项文本
PRMPAD(MenuBarName，MenuTitleName)	返回菜单标题文本
PROGRAM([nLevel])	返回当前执行程序的程序名
PROMPT( )	返回所选的菜单标题的文本
PROPER(cExpression)	首字母大写，其余字母小写形式
PROW( )	返回打印机头当前行的坐标
PRTINFO(nPfinterSetting[，ePrinterName])	返回当前指定的打印机设置
PUTFILE([cCustomText][，eFileName][，cFileExtensions])	引用 Save As 对话框，返回指定的文件名
RAND([nSeedValue])	生成 0~1 之间一个随机数
RAT(cSearchExpression，cExpressionSearehed[，nOccurrence])	返回最后一个子串位置
RATLINE(cSearchExpression，cExpressionSearched)	返回最后行号
RECCOUNT([nWorkArea | cTableAlias])	返回记录个数
RECNO([nWorkArea | cTableAlias])	返回当前记录号
RECSIZE([nWorkArea | cTableAlias])	返回记录长度
REFRESH([nRecords[，nRecordOffset]][，cTableAlias | nWorkArea])	更新数据
RELATION(nRelationNumber[，nWorkArea | cTableAlias])	返回关联表达式
REPLICATE(cExpression，nTimes)	返回重复字符串
REQUERY([nWorkArea | cTableAlias])	搜索数据
RGB(nRedValue，nGreenValue，nBlueValue)	返回颜色值
RGBSCHEME(nColorSchemeNumber[，nColorPairPosition])	返回 ROB 色彩对
RIGHT(cExpression，nCharacters)	返回字符串的右子串
RLOCK([nWorkArea|cTableAlias]|[cRecordNumberList，nWorkArea|cTableAlias])	记录加锁
ROUND(nExpression，nDecimalPlaces)	四舍五入

(续表)

函数	功能
ROW( )	光标行坐标
RTOD(nExpression)	弧度转化为角度
RTRIM(cExprcssion)	去掉字符串尾部空格
SAVEPCTURE(oObjectReference，cFileName)	创建位图文件
SCHEME(nSchemeNumber[，nColorPairNumber])	返回一个颜色对
SCOLS( )	屏幕列数函数
SEC(tExpression)	返回秒数
SECONDS( )	返回经过的秒数
SEEK(eExpression[，nWorkArea | eTableAlias[，nIndexNumber| cIDXIndexFileName | cTagName])	索引查找函数
Select([0 | 1 | cTableAlias])	返回当前工作区号
SET(cSETCornmand[，1 | cExpression | 2 | 3])	返回指定 SET 命令的状态
SIGN(nExpression)	符号函数，返回数值为 1、-1 或 0
S1N(nExpression)	求正弦值
SKPBAR(cMenuName，MenuItemNumber)	决定菜单项是否可用
SKPPAD(cMenuBarName，cMenuTitleName)	决定菜单标题是否可用
SOUNDEX(cExpression)	字符串语音描述
SPACE(nSpaces)	产生空格字符串
SQLCANCEL(nConnecfionHandle)	取消执行 SQL 语句查询
SQRT(nExpression)	求平方根
SROWS( )	返回 Visual FoxPro 主屏幕的可用行数
STR(nExpression[, nLength[, nDecimalPlaces]])	数值型转换成字符型
STRCONV(cExpression，nConversionSetting[，nLocaleID])	字符表达式转为单精度或双精度描述的串
STRTOFILE(cExpression，cFileName[，1Additive])	将字符串写入文件
STRTRAN(cSearched，cSearchFor[，cReplacement][，nStartOccurrence][，nNumberOfOccurrences])	子串替换
TUFF(cExpression，nStartReplacement，nCharactersReplaced，cReplacement)	修改字符串
SUBSTR(cExpression，nStartPosition[，nCharactersReturned])	求子串
SYS( )	返回 Visual FoxPro 的系统信息
SYS(0)	返回网络机器信息
SYS(1)	旧历函数

(续表)

函数	功能
SYS(2)	返回当天秒数
SYS(3)	取文件名函数
SYS(5)	默认驱动器函数
SYS(6)	打印机设置函数
SYS(7)	格式文件名函数
SYS(9)	Visual FoxPro 序列号函数
SYS(10)	新历函数
SYS(11)	旧历函数
SYS(12)	内存变量函数
SYS(13)	打印机状态函数
SYS(14)	索引表达式函数
SYS(15)	转换字符函数
SYS(16)	执行程序名函数
SYS(17)	中央处理器类型函数
SYS(21)	控制索引号函数
SYS(22)	控制标识或索引名函数
SYS(23)	EMS 存储空间函数
SYS(24)	EMS 限制函数
SYS(100)	SET CONSOLE 状态函数
SYS(101)	SETDEVICE 状态函数
SYS(102)	SET PRINTER 状态函数
SYS(103)	SET TALK 状态函数
SYS(1001)	内存总空间函数
SYS(1016)	用户占用内存函数
SYS(1037)	打印设置对话框函数
SYS(1270)	对象位置函数
SYS(1271)	对象的“. SCX”文件函数
SYS(2000)	输出文件名函数
SYS(2001)	指定 SET 命令的当前值函数
SYS(2002)	光标状态函数
SYS(2003)	当前目录函数
SYS(2004)	系统路径函数
SYS(2005)	当前源文件名函数
SYS(2006)	图形卡和显示器函数
SYS(2010)	返回 CONFIG. SYS 中文件设置
SYS(2011)	加锁状态函数
SYS(2012)	备注型字段数据块尺寸函数

(续表)

函数	功能
SYS(2013)	系统菜单内部名函数
SYS(2014)	文件最短路径函数
SYS(2015)	唯一过程名函数
SYS(2018)	错误参数函数
SYS(2019)	Visual FoxPro配置文件名和位置函数
SYS(2020)	返回默认盘空间
SYS(2021)	索引条件函数
SYS(2022)	簇函数
SYS(2023)	返回临时文件路径
SYS(2029)	表类型函数
SYSMETRIC(nScreenElement)	返回窗口类型显示元素的大小
TAG([CDXFileName，]nTagNumber[，nWorkArea|cTableAlias])	返回一个".CDX"的标识名或".IDX"索引文件名
TAGCOUNT([CDxFileName[，nExpression | cExpression]])	返回".CDX"标识或".IDX"索引数
TAGNO([IndexName[，CDXFileNarne[，nExpression | cExpression]]])	返回".CDX"标识或".IDX"索引位置
TAN(nExpression)	正切函数
TARGET(nRelationshipNumber[，nWorkArea | eTableAlias])	被关联表的别名
TIME([nExpression])	返回系统时间
TRANSFORM(eExpression[，cFormatCodes])	按格式返回字符串
TRIM(cExpression)	去掉字符串尾部空格
TTOC(tExpression[，1 | 2])	将日期时间转换为字符串
TTOD(tExpression)	从日期时间返回日期
TXNLEVEL( )	返回当前处理的级数
TXTWIDTH(cExpression[，cFontName，nFontSize[，cFontStyle]])	返回字符串表达式的长度
TYPE(cExpression)	返回表达式类型
UPDATED( )	现用InteractiveChange或Programmatic- Change事件来代替
UPPER(cExpression)	小写转换大写
USED([nWorkArea | cTableAlias])	决定别名是否已用或表被打开
VAL(cExpression)	字符串转换为数值型
VARTYPE(eExpression[，1NullDataType])	返回表达式数据类型
VERSION(nExpression)	FoxPro版本函数
WBORDER([WindowName])	窗口边框函数
WCHILD([WindowName][nChildWindow])	子窗函数
WCOLS([WindowName])	窗口列函数

(续表)

函数	功能
WEEK(dExpression(tExpression[，nFirstWeek] [，nFirstDayOfWeek])	返回一年的星期数
WEXIST(WindowName)	窗口存在函数
WFONT(nFontAttribute[，WindowName])	返回当前窗口的字体名称、类型和大小
WLAST([WindowName])	前一窗口函数
WLCOL([WindowName])	窗口列坐标函数
WLROW([WindowName])	窗口横坐标函数
WMAXIMUM([WindowName])	判断窗口是否最大的函数
WMINIMUM([WindowName])	判断窗口是否最小的函数
WONTOP([WindowName])	最前窗口函数
WOUTPUT([WindowName])	输出窗口函数
WPARENT([WindowName])	父窗函数
WROWS([WindowName])	返回窗口行数
WTITLE([WindowName])	返回窗口标题
WVISIBLE(WindowName)	判断窗口是否被激活并且未隐藏
YEAR(dExpression | tExpression)	返回日期型数据的年份

附录D　全国计算机等级考试二级 Visual FoxPro数据库程序设计考试大纲

二级(Visual FoxPro 数据库程序设计)考试大纲

基本要求

1. 具有数据库系统的基础知识。
2. 基本了解面向对象的概念。
3. 掌握关系数据库的基本原理。
4. 掌握数据库程序设计方法。
5. 能够使用 Visual FoxPro 建立一个小型数据库应用系统。

考试内容

一、Visual FoxPro 基础知识

1. 基本概念。
数据库、数据模型、数据库管理系统、类和对象、事件、方法。
2. 关系数据库。
(1) 关系数据库：关系模型、关系模式、关系、元组、属性、域、主关键字和外部关键字。
(2) 关系运算：选择、投影、连接。
(3) 数据的一致性和完整性：实体完整性、域完整性、参照完整性。
3. Visual FoxPro 系统特点与工作方式。
(1) Windows 版本数据库的特点。
(2) 数据类型和主要文件类型。
(3) 各种设计器和向导。
(4) 工作方式：交互方式(命令方式、可视化操作)和程序运行方式。
4. Visual FoxPro 的基本数据元素。
(1) 常量、变量、表达式。
(2) 常用函数：字符处理函数、数值计算函数、日期时间函数、数据类型转换函数、测试函数。

二、Visual FoxPro 数据库的基本操作

1. 数据库和表的建立、修改与有效性检验。

(1) 表结构的建立与修改。

(2) 表记录的浏览、增加、删除与修改。

(3) 创建数据库，向数据库添加或移出表。

(4) 设定字段级规则和记录级规则。

(5) 表的索引：主索引、候选索引、普通索引、唯一索引。

2. 多表操作。

(1) 选择工作区。

(2) 建立表之间的关联：一对一的关联；一对多的关联。

(3) 设置参照完整性。

(4) 建立表间临时关联。

3. 建立视图与数据查询。

(1) 查询文件的建立、执行与修改。

(2) 视图文件的建立、查看与修改。

(3) 建立多表查询。

(4) 建立多表视图。

三、关系数据库标准语言 SQL

1. SQL 的数据定义功能。

(1) CREATE TABLE-SQL。

(2) ALTER TABLE-SQL。

2. SQL 的数据修改功能。

(1) DELETE-SQL。

(2) INSERT-SQL。

(3) UPDATE-SQL。

3. SQL 的数据查询功能。

(1) 简单查询。

(2) 嵌套查询。

(3) 连接查询。

内连接。

外连接：左连接，右连接，完全连接。

(4) 分组计算查询。

(5) 集合的并运算。

四、项目管理器、设计器和向导的使用

1. 使用项目管理器。

(1) 使用“数据”选项卡。

(2) 使用“文档”选项卡。

2. 使用表单设计器。

(1) 在表单中加入和修改控件对象。

(2) 设定数据环境。

3. 使用菜单设计器。

(1) 建立主选项。

(2) 设计子菜单。

(3) 设定菜单选项程序代码。

4. 使用报表设计器。

(1) 生成快速报表。

(2) 修改报表布局。

(3) 设计分组报表。

(4) 设计多栏报表。

5. 使用应用程序向导。

6. 应用程序生成器与连编应用程序。

五、Visual FoxPro 程序设计

1. 命令文件的建立与运行。

(1) 程序文件的建立。

(2) 简单的交互式输入输出命令。

(3) 应用程序的调试与执行。

2. 结构化程序设计。

(1) 顺序结构程序设计。

(2) 选择结构程序设计。

(3) 循环结构程序设计。

3. 过程与过程调用。

(1) 子程序设计与调用。

(2) 过程与过程文件。

(3) 局部变量和全局变量、过程调用中的参数传递。

4. 用户定义对话框(MESSAGEBOX)的使用。

考试方式

1. 笔试：90 分钟，满分 100 分，其中含公共基础知识部分的 30 分。

2. 上机操作：90 分钟，满分 100 分。

(1) 基本操作。

(2) 简单应用。

(3) 综合应用。

附录E　全国计算机等级考试二级Visual FoxPro数据库程序设计笔试

模拟试卷及参考答案

2014年3月全国计算机等级考试二级笔试模拟试卷 Visual FoxPro数据库程序设计

(考试时间90分钟，满分100分)

一、选择题(每小题2分，共70分)

下列各题(A)、(B)、(C)、(D)四个选项中，只有一个选项是正确的。请将正确选项填涂在答题卡相应位置上，答在试卷上不得分。

(1) 下列关于栈叙述正确的是(　　)。

(A) 栈顶元素最先能被删除

(B) 栈顶元素最后才能被删除

(C) 栈底元素永远不能被删除

(D) 以上三种说法都不对

(2) 下列叙述中正确的是(　　)。

(A) 有一个以上根结点的数据结构不一定是非线性结构

(B) 只有一个根结点的数据结构不一定是线性结构

(C) 循环链表是非线性结构

(D) 双向链表是非线性结构

(3) 某二叉树共有7个结点，其中叶子结点只有1个，则该二叉树的深度为(假设根结点在第1层)(　　)。

(A) 3

(B) 4

(C) 6

(D) 7

(4) 在软件开发中，需求分析阶段产生的主要文档是(　　)。

(A) 软件集成测试计划

(B) 软件详细设计说明书

(C) 用户手册

(D) 软件需求规格说明书

(5) 结构化程序所要求的基本结构不包括(　　)。

(A) 顺序结构

(B) GOTO 跳转

(C) 选择(分支)结构

(D) 重复(循环)结构

(6) 下面描述中错误的是(　　)。

(A) 系统总体结构图支持软件系统的详细设计

(B) 软件设计是将软件需求转换为软件表示的过程

(C) 数据结构与数据库设计是软件设计的任务之一

(D) PAD 图是软件详细设计的表示工具

(7) 负责数据库中查询操作的数据库语言是(　　)。

(A) 数据定义语言

(B) 数据管理语言

(C) 数据操纵语言

(D) 数据控制语言

(8) 一个教师可讲授多门课程，一门课程可由多个教师讲授。则实体教师和课程间的联系是(　　)。

(A) 1∶1 联系

(B) 1∶m 联系

(C) m∶1 联系

(D) m∶n 联系

(9) 有 3 个关系 R、S 和 T 如下：

R

A	B	C
a	1	2
b	2	1
c	3	1

S

A	B
c	3

T

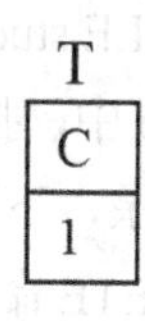

C
1

则由关系 R 和 S 得到关系 T 的操作是(　　)。

(A) 自然连接

(B) 交

(C) 除

(D) 并

(10) 定义无符号整数类为 UInt，下面可以作为类 T 实例化值的是(　　)。

(A) -369

(B) 369

(C) 0.369

(D) 整数集合 {1，2，3，4，5}

(11) 在建立数据库表时给该表指定了主索引，该索引实现了数据完整性中的(　　)。

(A) 参照完整性

(B) 实体完整性

(C) 域完整性

(D) 用户定义完整性

(12) 执行如下命令的输出结果是(　　)。

```
? 15%4, 15%-4
```

(A) 3　-1

(B) 3　3

(C) 1　1

(D) 1　-1

(13) 在数据库表中，要求指定字段或表达式不出现重复值，应该建立的索引是(　　)。

(A) 唯一索引

(B) 唯一索引和候选索引

(C) 唯一索引和主索引

(D) 主索引和候选索引

(14) 给 student 表增加一个“平均成绩”字段(数值型，总宽度 6，2 位小数)的 SQL 命令是(　　)。

(A) ALTER TABLE student ADD 平均成绩 N(b，2)

(B) ALTER TABLE student ADD 平均成绩 D(6，2)

(C) ALTER TABLE student ADD 平均成绩 E(6，2)

(D) ALTER TABLE student ADD 平均成绩 Y(6，2)

(15) 在 Visual FoxPro 中，执行 SQL 的 DELETE 命令和传统的 FoxPro DELETE 命令都可以删除数据库表中的记录，下面正确的描述是(　　)。

(A) SQL 的 DELETE 命令删除数据库表中的记录之前，不需要先用 USE 命令打开表

(B) SQL 的 DELETE 命令和传统的 FoxPro DELETE 命令删除数据库表中的记录之前，都需要先用命令 USE 打开表

(C) SQL的DELETE命令可以物理地删除数据库表中的记录，而传统的FoxPro DELETE命令只能逻辑删除数据库表中的记录

(D) 传统的 FoxPro DELETE 命令还可以删除其他工作区中打开的数据库表中的记录

(16) 在 Visual FoxPro 中，如果希望跳出 SCAN…ENDSCAN 循环语句、执行 ENDSCAN 后面的语句，应使用(　　)。

(A) LOOP 语句

(B) EXIT 语句

(C) BREAK 语句

(D) RETURN 语句

(17) 在 Visual FoxPro 中，“表”通常是指(　　)。

(A) 表单

(B) 报表

(C) 关系数据库中的关系

(D) 以上都不对

(18) 删除 student 表的“平均成绩”字段的正确 SQL 命令是(　　)。

(A) DELETE TABLE student DELETE COLUMN 平均成绩

(B) ALTER TABLE student DELETE COLUMN 平均成绩

(C) ALTER TABLE student DROP COLUMN 平均成绩

(D) DELETE TABLE student DROP COLUMN 平均成绩

(19) 在 Visual FoxPro 中，关于视图的正确描述是(　　)。

(A) 视图也称作窗口

(B) 视图是一个预先定义好的 SQL SELECT 语句文件

(C) 视图是一种用 SQL SELECT 语句定义的虚拟表

(D) 视图是一个存储数据的特殊表

(20) 从 student 表删除年龄大于 30 的记录的正确 SQL 命令是(　　)。

(A) DELETE FOR 年龄>30

(B) DELETE FROM student WHERE 年龄>30

(C) DEL ETE student FOP 年龄>30

(D) DELETE student WF IERE 年龄>30

(21) 在 Visual FoxPro 中，使用 LOCATE FOR<表达式>命令按条件查找记录，当查找到满足条件的第一条记录后，如果还需要查找下一条满足条件的记录，应该(　　)。

(A) 再次使用 LOCATE 命令重新查询

(B) 使用 SKIP 命令

(C) 使用 CONTINUE 命令

(D) 使用 GO 命令

(22) 为了在报表中打印当前时间，应该插入的控件是(　　)。

(A) 文本框控件

(B) 表达式

(C) 标签控件

(D) 域控件

(23) 在 Visual FoxPro 中，假设 student 表中有 40 条记录，执行下面的命令后，屏幕显示的结果是(　　)。

```
? RECCOUNT()
```

(A) 0

(B) 1

(C) 40

(D) 出错

(24) 向 student 表插入一条新记录的正确 SQL 语句是(　　)。

(A) APPEND INTO student VALUES('0401'，'王芳'，'女'，18)

(B) APPEND student VALUES('0401'，'王芳'，'女'，18):

(C) INSERT INTO student VALUES('0401'，'王芳'，'女'，18)

(D) INSERT student VALUES('0401'，'王芳'，'女'，18)

(25) 在一个空的表单中添加一个选项按钮组控件，该控件可能的默认名称是(　　)。

(A) Optiongroup1

(B) Checkl

(C) Spinnerl

(D) Listl

(26) 恢复系统默认菜单的命令是(　　)。

(A) SET MENU TO DEFAULT

(B) SET SYSMENU TO DEFAULT

(C) SET SYSTEM MENU TO DEFAULT

(D) SET SYSTEM TO DEFAULT

(27) 在 Visual FoxPro 中，用于设置表单标题的属性是(　　)。

(A) Text

(B) Title

(C) Lable

(D) Caption

(28) 消除 SQL SELECT 查询结果中的重复记录，可采取的方法是(　　)。

(A) 通过指定主关键字

(B) 通过指定唯一索引

(C) 使用 DISTINCT 短语

(D) 使用 UNIQUE 短语

(29) 在设计界面时，为提供多选功能，通常使用的控件是(　　)。

(A) 选项按钮组

(B) 一组复选框

(C) 编辑框

(D) 命令按钮组

(30) 为了使表单界面中的控件不可用，需将控件的某个属性设置为假，该属性是(　　)。

(A) Default

(B) Enabled

(C) Use

(D) Enuse

第(31)~(35)题使用如下 3 个数据库表。

学生表：student(学号，姓名，性别，出生日期，院系)

课程表：course(课程号，课程名，学时)

选课成绩表：score(学号，课程号，成绩)

其中，出生日期的数据类型为日期型，学时和成绩为数值型，其他均为字符型。

(31) 查询“计算机系”学生的学号、姓名、学生所选课程的课程名和成绩，正确的命令是(　　)。

(A) SELECT s.学号，姓名，课程名，成绩
FROM student s，　score sc，　course c
WHERE s.学号= sc.学号，sc.课程号=c. 课程号，院系＝'计算机系'

(B) SELECT 学号，姓名，课程名，成绩
FROM student s，　score sc，　course c
WHERE s.学号＝sc.学号 AND sc.课程号＝c.课程号 AND 院系＝'计算机系'

(C) SELECT s.学号，姓名，课程名，成绩
FROM(student s JOIN score sc ON s.学号＝sc.学号).
JOIN course ON sc.课程号＝c. 课程号
WHERE 院系＝'计算机系'

(D) SELECT 学号，姓名，课程名，成绩
FROM(student s JOIN score sc ON s.学号＝sc.学号)
JOIN course c ON sc.课程号＝c.课程号
WHERE 院系＝'计算机系'

(32) 查询所修课程成绩都大于等于 85 分的学生的学号和姓名，正确的命令是(　　)。

(A) SELECT 学号，姓名 FROM student s WHERE NOT EXISTS
(SELECT*FROM score sc WHERE sc.学号＝s.学号 AND 成绩<85)

(B) SELECT 学号，姓名 FROM student s WHERE NOT EXISTS
(SELECT * FROM score sc WHERE sc.学号=s.学号 AND 成绩>= 85)

(C) SELECT 学号，姓名 FROM student s，score sc
WHERE s.学号=sc.学号 AND 成绩>= 85

(D) SELECT 学号，姓名 FROM student s，score sc
WHERE s.学号＝sc.学号 AND ALL 成绩>=85

(33) 查询选修课程在 5 门以上(含 5 门)的学生的学号、姓名和平均成绩，并按平均成绩降序排序，正确的命令是(　　)。

(A) SELECT s.学号，姓名，平均成绩 FROM student s，score sc
WHERE s.学号=sc.学号
GROUP BY s.学号 HAVING COUNT(*)>=5 ORDER BY 平均成绩 DESC

(B) SELECT 学号，姓名，AVG(成绩)FROM student s，score sc
WHERE s.学号＝sc.学号 AND COUNT(*)>=5
GROUP BY 学号 ORDER BY 3 DESC

(C) SELECT s.学号，姓名，AVG(成绩)平均成绩 FROM student s，score sc
WHERE s.学号=sc.学号 AND COUNT(*)>= 5
GROUP BY s.学号 ORDER BY 平均成绩 DESC

(D) SELECT s.学号，姓名，AVG(成绩)平均成绩 FROM student s，score sc
WHERE s.学号=sc.学号
GROUP BY s.学号 HAVING COUNT(*)>=5 ORDER BY 3 DESC

(34) 查询同时选修课程号为 C1 和 C5 课程的学生的学号，正确的命令是(　　)。

(A) SELECT 学号 FROM score sc WHERE 课程号＝'C 1'AND 学号 IN
(SELECT 学号 FROM score sc WHERE 课程号＝'C5')

(B) SELECT 学号 FROM score sc WHERE 课程号＝'C1'AND 学号＝
(SELECT 学号 FROM score sc WHERE 课程号＝'C5')

(C) SELECT 学号 FROM score sc WHERE 课程号='C 1' AND 课程号='C5'

(D) SELECT 学号 FROM score sc WHERE 课程号＝'C 1'OR 'C5'

(35) 删除学号为“20091001”且课程号为“C1”的选课记录，正确的命令是(　　)。

(A) DELETE FROM score WHERE 课程号＝'C 1'AND 学号='20091001'

(B) DELETE FROM score WHERE 课程号＝'C 1'OR 学号='20091001'

(C) DELETE FORM score WHERE 课程号＝'C 1'AND 学号='20091001'

(D) DELETE score WHERE 课程号＝'C 1'AND 学号='20091001'

二、填空题(每空 2 分，共 30 分)

请将每一个空的正确答案写在答题卡【1】-【15】序号的横线上，答在试卷上不得分。注意：以命令关键字填空的必须拼写完整。

(1) 有序线性表能进行二分查找的前提是该线性表必须是【1】存储的。

(2) 一棵二叉树的中序遍历结果为 DBEAFC，前序遍历结果为 ABDECF，则后序遍历结果为【2】。

(3) 对软件设计的最小单位(模块或程序单元)进行的测试通常称为【3】测试。

(4) 实体完整性约束要求关系数据库中元组的【4】属性值不能为空。

(5) 在关系 A(S，SN，D)和关系 B(D，CN，NM)中，A 的主关键字是 S，B 的主关键字是 D，则称【5】是关系 A 的外码。

(6) 表达式 EMPTY(.NULL.)的值是【6】。

(7) 假设当前表、当前记录的“科目”字段值为“计算机”(字符型)，在命令窗口输入如下命令将显示结果【7】。

```
m=科目-"考试"
? m
```

(8) 在 Visual FoxPro 中假设有查询文件 queryl.qpr，要执行该文件应使用命令【8】。

(9) SQL 语句“SELECT TOP 10 PERCENT*FROM 订单 ORDER BY 金额 DESC”的查询结果是订单中金额【9】的 10%的订单信息。

(10) 在表单设计中，关键字【10】表示当前对象所在的表单。

(11) 使用 SQL 的 CREATE TABLE 语句建立数据库表时，为了说明主关键字应该使用关键词【11】KEY。

(12) 在 Visual FoxPro 中，要想将日期型或日期时间型数据中的年份用 4 位数字显示，应当使用 SET CENTURY【12】命令进行设置。

(13) 在建立表间一对多的永久联系时，主表的索引类型必须是【13】。

(14) 为将一个表单定义为顶层表单，需要设置的属性是【14】。

(15) 在使用报表向导创建报表时，如果数据源包括父表和子表，应该选取【15】报表向导。

2014 年 3 月全国计算机等级考试二级笔试模拟试卷参考答案

Visual FoxPro 数据库程序设计

一、选择题

(1) A　(2) C　(3) D　(4) D　(5) B　(6) A　(7) C　(8) D　(9) C
(10) B　(11) B　(12) A　(13) D　(14) A　(15) A　(16) B　(17) C　(18) C
(19) A　(20) B　(21) C　(22) D　(23) A　(24) C　(25) A　(26) B　(27) D
(28) C　(29) B　(30) B　(31) C　(32) A　(33) D　(34) A　(35) A

二、填空题

(1) 有序　(2) DEBFCA　(3) 单元　(4) 主关键字　(5) 关键字 D
(6) .F.　(7) 计算机考试　(8) do query1.qpr　(9) 最高　(10) thisform
(11) primary　(12) on　(13) 主索引　(14) ShowWindow　(15) 一对多

参 考 文 献

[1] 王利. Visual FoxPro 教程[M]. 北京：高等教育出版社，2005.

[2] 孔庆彦. Visual FoxPro 程序设计与应用教程[M]. 北京：中国铁道出版社，2007.

[3] 任向民等. Visual FoxPro 程序设计实用教程[M]. 北京：清华大学出版社，2010.

[4] 张洪瀚等. 新编 Visual FoxPro 程序设计实用教程[M]. 北京：中国铁道出版社，2010.

[5] 李人贤等. 任务驱动式 Visual FoxPro 实用教程[M]. 北京：清华大学出版社，2011.

[6] 王珊等. 数据库系统原理教程[M]. 北京：清华大学出版社，2011.

[7] 宋耀文等. Visual FoxPro 程序设计基础[M]. 北京：中国铁道出版社，2012.